PHYSIQUE

Tout exemplaire de cet ouvrage non revêtu de ma griffe sera réputé contrefait.

EN VENTE DE LA MÊME COLLECTION

Chimie agricole, ouvrage autorisé par S. Ex. le Ministre de l'Instruction publique et recommandé par Mgr l'Archevêque d'Avignon 4ᵉ édition. 1 vol. in-12, cartonné........................ 1 25

La terre, ou Physique du globe. 3ᵉ édition. 1 vol. in-18 jésus, avec figures intercalées dans le texte, cartonné................... 2 »

Le ciel, ou Notions élémentaires de Cosmographie. 3ᵉ édition. 1 vol. in-18 jésus, avec figures intercalées dans le texte, cartonné... 2 »

Les ravageurs, récits de l'oncle Paul sur les *insectes nuisibles à l'agriculture.* 1 vol. in-18 jésus, avec figures, cart.......... 1 25

Les auxiliaires, récits de l'oncle Paul sur les *animaux utiles à l'agriculture.* 1 vol. in-18 jésus, avec figures, cartonné...... 2 »

Les serviteurs, récits de l'oncle Paul sur les *animaux domestiques.* 1 vol. in-18 jésus, avec figures, cartonné........ .... 2 »

3277-77 — Corbeil. Typ. et stér. de Crété.

LA
SCIENCE ÉLÉMENTAIRE

LECTURES COURANTES POUR TOUTES LES ÉCOLES

PAR

J. HENRI FABRE

Ancien élève de l'École normale primaire de Vaucluse, Docteur ès sciences
Professeur de physique et de chimie
au Lycée et aux Écoles municipales d'Avignon.

PHYSIQUE

CINQUIÈME ÉDITION

OUVRAGE RECOMMANDÉ PAR LE CONSEIL SUPÉRIEUR DE PERFECTIONNEMENT
DE L'ENSEIGNEMENT SECONDAIRE SPÉCIAL

PARIS
LIBRAIRIE CH. DELAGRAVE
58, RUE DES ÉCOLES, 58

1878

AVANT-PROPOS

———

Avec les simples ressources expérimentales dont chacun peut disposer, peut-on rendre intelligibles pour tous, pour les enfants surtout de nos écoles primaires, les grandes lois naturelles d'où l'industrie retire de si merveilleuses applications et dont la connaissance vient en aide à la morale en montrant, par échappées, la Main souveraine qui gouverne les rouages de l'univers ? Est-il possible, sans le secours du matériel ordinaire, de parler avec fruit science à des enfants, de leur expliquer, en les intéressant, le jeu essentiel, par exemple, de la locomotive et du télégraphe électrique; de leur donner des notions élémentaires mais exactes sur le son, le vent, la neige, la foudre, le tonnerre, la lumière, la chaleur, etc. ? Est-il possible enfin de leur faire entrevoir l'admirable physique du globe, au grand avantage de l'intelligence, qui se meuble d'idées précieuses, et de l'âme, qui s'élève devant le spectacle mieux compris de la création? L'auteur le croit; et tel est le motif qui l'a porté à écrire ce petit livre.

J. H. FABRE,

Ancien élève de l'école normale primaire de Vaucluse, docteur ès-sciences, professeur de physique et de chimie au lycée et aux écoles municipales d'Avignon.

LEÇONS ÉLÉMENTAIRES

DE PHYSIQUE

PREMIÈRE LEÇON

L'ATMOSPHÈRE

1. Malgré sa grande subtilité qui laisse, en général, si peu de prise à nos sens, l'air est une substance matérielle qu'il est possible de voir, de toucher, de manier. Passez rapidement la main devant le visage : ne sentez-vous pas un souffle vous courir sur les joues? Ce souffle, c'est l'air. En repos, il ne produisait aucune impression sur vous ; mis en mouvement par la main, il révèle sa présence par un choc léger qui produit une sensation de fraîcheur. Mais le choc de l'air n'est pas toujours, comme ici, une simple caresse; il peut devenir très-brutal : un vent impétueux qui déracine parfois les arbres et renverse les habitations est encore de l'air en mouvement.

L'air est invisible parce qu'il est transparent et à peu

près incolore. Mais s'il forme une couche très-épaisse à travers laquelle plonge le regard, sa faible coloration devient sensible. Vue en petite quantité, l'eau parait également sans couleur; vue en couche profonde, dans la mer, dans un lac, dans un fleuve, elle est bleue ou verte. Il en est de même de l'air : sous une faible épaisseur, il semble dépourvu de coloration ; sous une épaisseur de quelques lieues, il est bleu. Un paysage éloigné nous parait bleuâtre, parce que l'épaisse couche d'air qui nous en sépare lui communique sa propre teinte. Le bleu si pur du ciel n'a pas d'autre cause que la coloration de l'air.

Voulez-vous rendre l'air sensible à la vue, même lorsqu'il est en très-petite quantité? Faites l'expérience suivante. Mais remarquons d'abord que tous nos ustensiles, tels que verres, flacons, bouteilles, lorsque nous les qualifions de vides, sont en réalité pleins d'air, de quelque manière que nous les tenions, soit droits, soit renversés ; de même qu'ils resteraient pleins d'eau, dans toutes les positions, s'ils étaient plongés en entier dans ce liquide. Cela dit, plongez un verre dans l'eau, l'orifice en bas : vainement vous l'enfoncerez, en le tenant toujours bien droit, vous ne verrez jamais l'eau monter dans le verre et le remplir. Pourquoi cela ? Tout simplement, parce que l'air dont le verre est plein s'oppose à l'entrée de l'eau. Il est hors de doute, en effet, qu'un vase déjà plein d'une substance ne peut en recevoir une seconde dans sa capacité, si la première ne s'échappe pour faire place à l'autre. Ce fait seul démontre que l'air, au point de vue de la matérialité, ne diffère des autres corps qui frappent davantage nos sens que par sa grande subtilité. Une matière seule peut barrer le passage à une autre qui tend à occuper la place de la première.

Maintenant, inclinez un peu le verre, en le tenant toujours dans l'eau. Lorsque l'inclinaison sera suffisante, vous verrez s'échapper du verre de grosses bulles tumultueuses, qui font bouillonner l'eau et viennent crever à la surface, où elles se dissipent. Ces bulles ne sont autre chose que de l'air. L'air est donc quelque chose de matériel; on peut le voir, on peut le manier.

2. Pendant le jour, au-dessus de nos têtes, semble s'arrondir une voûte lumineuse et bleue que nous appelons le ciel. Or, cette merveilleuse coupole azurée n'est qu'une illusion occasionnée par l'air, qui, de toutes parts, couvre la Terre et lui forme une enveloppe d'une quinzaine de lieues d'épaisseur, nommée atmosphère. L'atmosphère constitue donc un immense océan aérien dont le fond repose aussi bien sur les mers que sur les continents, et dont la surface se perd dans de hautes régions que le sommet de la montagne la plus élevée est bien loin d'atteindre, et que l'aile de l'oiseau n'a jamais explorées [1].

Pour pénétrer un peu avant dans l'épaisseur de cet océan atmosphérique et nous apprendre ce qui s'y passe, divers savants se sont élevés, en aérostat, à une hauteur verticale de deux à trois lieues [2]. — Deux à trois lieues sur quinze, c'est bien peu de chose; pourquoi n'allaient-ils pas plus haut?—Ah! ce n'est pas le désir d'atteindre une plus grande élévation qui leur manqua, ni le courage nécessaire qui leur fit défaut; mais, dans ces régions redoutables, la vie est impossible. A cette hauteur, où ne monte aucun bruit de la Terre, règne un éternel et morne silence, qui porte l'épouvante dans l'âme. La Terre cesse d'être visible, ou plutôt les accidents du sol, plaines, vallées, montagnes, se confondent en un rideau brumeux où le regard ne saisit

[1] La plus haute montagne de la Terre se trouve en Asie. Elle n'a que 8840 mètres de hauteur; un peu plus de deux lieues.

[2] Le 16 septembre 1804, Gay-Lussac atteignit, en aérostat, une hauteur de 7 000 mètres. Bixio et Barral s'élevèrent encore à 7 000 mètres le 27 juillet 1850. Le 5 septembre 1862, Glaisher et Coxwell sont parvenus à la hauteur de 10 000 mètres. C'est la plus grande élévation que l'homme ait jamais atteinte. A 8 850 mètres, Glaisher perdit connaissance; à 10 000, Coxwell ne pouvait plus se servir de ses mains.

aucun détail. Le ciel lui-même change d'aspect : le bleu de la voûte céleste se rembrunit à mesure qu'on s'élève, et finit par faire place à une teinte sombre presque noire. Un froid pénétrant, comme on en éprouve à peine au milieu des plus grandes rigueurs de l'hiver, vous paralyse, vous transit. Le découragement, le malaise, le vertige, vous saisissent ; la respiration devient haletante ; les yeux s'injectent de sang ; les oreilles bourdonnent ; tout enfin annonce que la prudence commande de ne pas aller plus loin, car la vie est grandement en péril dans ces solitudes glacées.

5. Tous ceux qui ont escaladé la cime de quelque montagne très-élevée ont constaté les mêmes faits : tous ont été saisis de malaise, tous ont reconnu que la température s'abaisse rapidement et que l'azur lumineux du ciel se rembrunit jusqu'au point de rendre visibles, au milieu du jour, les étoiles les plus brillantes.

Puisqu'il est impossible d'explorer directement toute l'épaisseur de l'atmosphère, pourrions-nous du moins tenter cette exploration avec les yeux de l'esprit ? — Oui, certes : au moyen de déductions rigoureuses tirées des faits observés, la science raconte, avec toute la certitude désirable, ce qui se passe dans l'épaisseur entière de l'océan aérien, et même dans les régions situées par delà. Et voici ce qu'elle dit.

Le malaise augmente avec l'élévation, et, à une hauteur qu'on ne saurait bien préciser, la mort survient infailliblement. En second lieu, la couleur du ciel s'obscurcit de plus en plus, et, malgré la présence du Soleil, finit par devenir aussi noire que pendant la nuit la plus sombre. Enfin, la température décroît avec une telle rapidité, que, bien en dessous des limites de l'atmosphère, le froid, en toute saison, est plus vif que celui qui règne au cœur de l'hiver dans les contrées les plus froides de la Terre. Par delà l'atmosphère, la température descend, suivant toute apparence, à 140 degrés au-dessous du point de congélation de l'eau. Vous n'avez jamais éprouvé, et vous n'éprouverez jamais rien qui puisse vous donner une idée de ce refroidissement inouï.

4. Avant d'abandonner les régions situées par delà l'atmosphère où la science vient de nous transporter en esprit, jetons un regard autour de nous. Ici le jour n'existe plus. Si nous faisons face au Soleil, une lumière pénétrante que rien n'adoucit, nous frappe d'éblouissement ; si nous nous tournons d'un autre côté, l'espace est obscur, noir comme pendant une nuit profonde, et les étoiles y brillent de tout leur éclat comme autant de points lumineux semés sur une tenture de deuil. A nos pieds, roulant sur son axe, la Terre s'avance enveloppée de son atmosphère, océan sans rivages d'un bleu si transparent que les énormes vagues ondulant à sa surface sont à peine sensibles. A travers les quinze lieues d'épaisseur de cet océan d'air, apparaissent les plaines brillantes des mers et la surface raboteuse et grisâtre des continents. De grandes taches à formes changeantes, les unes sombres, les autres blanches ou empourprées, nagent lentement dans les profondeurs de l'atmosphère ; ce sont les nuages. Parfois, ces taches se réunissent, se fondent les unes dans les autres, et, comme un rideau déployé, nous cachent la vue de la Terre ; puis ce rideau se déchire, et, par les trouées, la Terre reparaît. Voilà ce qu'on verrait, s'il était possible de se transporter au delà de l'atmosphère, dans ces régions que la Terre parcourt dans son voyage annuel autour du Soleil, et qu'on nomme espaces célestes.

5. D'où vient ce noir profond des régions situées par delà l'atmosphère ? Qu'est-ce que ces espaces célestes si froids, si effrayants, où il n'y a plus de jour ? Où est alors le ciel, le véritable ciel, puisque celui que nous nous figurions avec sa voûte bleue qui tremble sous le char retentissant de la milice céleste et produit les roulements du tonnerre, puisque le ciel de notre enfance est une illusion produite par l'atmosphère ? Où est le ciel que la foi nous enseigne

et où nous attendent ceux qui nous ont précédés dans la vie? — Dieu s'en est réservé le secret ; toutefois aucun doute n'est possible : ce ciel, qui est le véritable, existe quelque part. Une preuve s'en trouve même dans l'ardeur de nos désirs. Dieu n'a rien créé d'inutile et sans but : s'il a mis en nous la soif inextinguible de la vie future, c'est que cette vie future nous attend ; s'il a éveillé en notre âme l'indomptable espoir d'un séjour de récompenses, c'est que ce séjour existe réellement. Tout proclame les immortelles destinées de l'âme : la science en ses études comme la foi en ses sublimes illuminations.

Si la science détruit une de nos illusions, celle de la coupole bleue du ciel, elle nous donne, rendons-lui cette justice, de bien grandes idées sur la souveraine majesté de la Création. Elle nous apprend que la Terre n'est qu'un point dans l'immensité des œuvres de Dieu ; elle nous dit qu'au delà de ce point s'étendent en tous sens des espaces peuplés de soleils, en telle profusion que le chiffre se fatigue à les dénombrer. Compteriez-vous les étoiles, qui brillent la nuit au firmament? Eh bien, ces étoiles dont la faiblesse de notre vue ne nous permet d'apercevoir sans instruments qu'une bien minime partie, sont autant de soleils qui, pour l'éclat et la grosseur, ne le cèdent en rien à notre Soleil, plus d'un million de fois aussi gros que la Terre. Si ces astres nous paraissent si petits et si faibles d'éclat, c'est la prodigieuse distance à laquelle ils se trouvent de nous qui en est cause. Mais, dans une autre leçon, nous reviendrons sur cet imposant sujet ; bornons-nous, pour le moment, à l'étude de la voûte bleue que l'atmosphère arrondit sur nos têtes.

6. Quand un rayon de soleil pénètre, par une fente des volets, dans l'obscurité d'un appartement fermé, il forme, vous le savez, une bande lumineuse, dans laquelle tourbillonnent les fines particules de poussière en suspension dans l'air. Profitez de cette expérience, si facile à répéter,

pour étudier quelques-unes des propriétés de la lumière. Vous reconnaîtrez d'abord que la lumière marche, se propage en ligne droite, puisque la bande lumineuse est d'une rectitude parfaite. Vous reconnaîtrez, en outre, en vous retirant dans un coin obscur de l'appartement hors de la bande lumineuse, que cette bande devient de moins en moins visible, à mesure que la poussière qui flottait dans son étendue se dépose par le repos; et qu'au contraire elle devient plus brillante si vous soulevez, par l'agitation, de nouveaux tourbillons de poussière. Ainsi, la bande de lumière solaire est plus ou moins brillante suivant qu'elle rencontre, sur son trajet, plus ou moins de grains de poussière. Ces grains seraient-ils cause de la lumière? Non, certes; mais ils la rendent sensible du point où vous êtes, et où elle n'arriverait pas sans cela. Chaque grain qui pénètre dans la bande s'illumine, devient un point brillant, et vous transmet la lumière qui le frappe. S'il n'y avait absolument pas de poussière sur le trajet de la bande lumineuse, celle-ci ne cesserait pas tout à fait d'être visible du coin obscur où l'on se retire pour l'observer, mais elle deviendrait incomparablement moins brillante. Je dis plus : elle serait totalement invisible s'il n'y avait rien, absolument rien sur son trajet.

Mais il y a toujours quelque chose, il y a une matière, il y a de l'air. Or l'air, pour la question qui nous occupe, peut être regardé comme une poussière arrivée au dernier degré de finesse; et c'est lui qui rend visible la bande de lumière solaire, en l'absence de toute autre substance plus grossière. Il est bien entendu qu'en l'absence de toute poussière et même de l'air, la bande lumineuse serait visible si, au lieu de la regarder de côté, on la recevait directement dans les yeux. De là résulte que la lumière ne devient sensible pour nous qu'en deux cas : lorsqu'elle arrive directement à nos yeux, et lorsque nous regardons une matière quelconque illuminée par elle. Mais au delà de l'atmosphère, dans les espaces célestes, dans ces immenses étendues qui séparent la Terre des globes voisins, il n'y a rien. Alors, la lumière solaire qui traverse ces espaces peut-elle les illuminer de manière à les rendre visibles? Évidemment non. Dans ce cas, ils sont pour nous dans une obscurité profonde, et leur teinte doit être du noir le plus intense, c'est incontestable.

7. Voyons maintenant ce qui se passe sur la Terre. Au-dessus de nous s'élève l'épaisse couche de l'atmosphère. Cette masse d'air, illuminée par les rayons directs du Soleil, renvoie vers nous la lumière qu'elle reçoit, comme le faisaient les grains de poussière de tout à l'heure, et nous verse la clarté du jour. D'autre part, l'air, vu sous une épaisseur considérable, a une belle teinte bleue; par conséquent, l'atmosphère, vue d'ici-bas, doit nous apparaître comme une voûte illuminée et teintée d'azur. Mais, dans de hautes régions, la couche d'air qui reste au-dessus de nos têtes étant moins épaisse, le voile qui nous cache la sombre obscurité des espaces célestes devient plus transparent, et le bleu du ciel se rembrunit, peu à peu remplacé par la couleur sombre de ces espaces. A ce point de vue, l'atmosphère est un immense réflecteur qui nous distribue le jour d'une manière égale, et un voile riant qui nous cache les ténèbres voisines.

Il y a plus : l'atmosphère allonge la durée du jour, et nous fait passer par des transitions insensibles de la nuit au jour et du jour à la nuit. C'est en effet à l'illumination des hautes régions de l'air par le Soleil encore sous l'horizon, que nous devons cette fraîche lueur matinale qu'on appelle l'aurore ; c'est à la même cause que nous devons le demi-jour succédant au coucher du Soleil et nommé crépuscule. Ainsi, sans atmosphère, point d'aurore, point de crépuscule; le matin, le Soleil nous éblouirait brusquement de ses rayons; le soir, au moment de sa disparition sous l'horizon, il nous laisserait tout d'un coup dans l'obscurité. La transition de la clarté aux ténèbres serait aussi brusque que celle que nous obtenons en soufflant la nuit la lampe qui nous éclaire.

8. L'atmosphère nous rend bien d'autres services. En voici encore un. Les espaces dans lesquels la Terre se meut sont, avons-nous dit, à une température tellement basse, que les hivers les plus rigoureux ne peuvent en donner une idée. Si rien ne protégeait la Terre contre le refroidissement occasionné par le voisinage de ces étendues glacées, la chaleur qu'elle reçoit du Soleil serait insuffisante, et la vie y deviendrait impossible. Ce qui la protège, c'est l'atmosphère, matelas d'air sous lequel s'abrite tout ce qui vit, admirable manteau jeté sur les êtres organisés pour les garantir de la mortelle atteinte d'un froid excessif. Et voyez comme sur les hautes montagnes, faute d'une épaisseur assez grande, l'enveloppe aérienne devient inefficace contre le refroidissement. A 4800 mètres de hauteur, au sommet du mont Blanc, le manteau d'air qui reste au-dessus est fort loin d'être un abri suffisant. La neige et la glace couvrent seules d'une couche éternelle ces hautes solitudes. Si quelque hardi voyageur escalade la cime du mont, il jette un rapide regard sur les sublimes horreurs qui l'entourent et se hâte de redescendre. Quelques heures de séjour sur ce redoutable sommet, c'est tout ce que les forces humaines se peuvent permettre. Sur toutes les montagnes du globe, les mêmes faits se présentent. A mesure qu'on s'y élève plus haut, on trouve que la température baisse davantage, parce que la couche d'air qu'on laisse au-dessous de soi est de moins dans l'épaisseur de l'enveloppe protectrice, on constate que la végétation est plus chétive, que les animaux deviennent plus rares, et qu'enfin, à une hauteur variable suivant la région de la Terre, tout être organisé disparaît, la plante comme l'animal. A cette hauteur où cessent les conditions de chaleur nécessaires à la vie, s'étendent, jusqu'au sommet du pic, d'immenses nappes de neige et de glace que le soleil ne parvient jamais à fondre. On nomme.

ces hautes regions : régions des neiges éternelles. Dans les climats les plus chauds de la terre, les neiges éternelles commencent à une hauteur de 4800 mètres; dans nos contrées, dans les Alpes et les Pyrénées, elles se montrent à 2700 mètres.

DEUXIÈME LEÇON

LA PRESSION DE L'AIR

Poids d'un litre d'air. — Poids total de l'atmosphère. — Supériorité de l'âme sur l'univers matériel. — Expérience de la carafe. — Suspension de l'eau dans un tube jusqu'à la hauteur de 10 mètres. — Poids d'une colonne atmosphérique d'un mètre carré de base. — Suspension du mercure à 76 centimètres de hauteur. — Baromètre. — Mesure des hauteurs avec le baromètre. — Pression de l'atmosphère sur le corps. — Pression éprouvée par les poissons au fond de la mer. — Comment l'organisation résiste à cette pression. — Compressibilité, élasticité de l'air. — Diminution de la densité de l'air avec la hauteur. — Conséquence relative à la température de la Terre. — Mal des montagnes.

1. Comme tout ce qui est matière, l'air est pesant. Pour s'en convaincre, il suffit de peser deux fois un même vase, d'abord plein d'air, puis rigoureusement vide. La première pesée fournit un poids plus fort. Toute la difficulté dans cette opération consiste à enlever en entier l'air du vase. On y parvient au moyen d'une pompe, appelée machine pneumatique, qui aspire l'air à peu près comme nous-mêmes l'aspirons, mais bien moins énergiquement, avec la bouche. On trouve ainsi que le poids d'un litre d'air est de 1 gramme 3 décigrammes.

C'est bien peu de chose : l'eau, sous ce même volume d'un litre, pèse 1000 grammes, c'est-à-dire 769 fois plus. Cependant, telle est l'énorme étendue de l'atmosphère que le poids de la totalité de l'air qui la compose dépasse certainement tout ce que votre imagination pourrait supposer. S'il était possible de placer tout l'air de l'atmosphère dans l'un des plateaux d'une immense balance, quel poids croyez-vous qu'il faudrait mettre dans l'autre plateau pour faire équilibre à cet air? Ne craignez pas d'exagérer votre réponse, vous pouvez entasser mille sur mille kilogrammes; si l'air est très-léger, l'atmosphère est très-vaste. — Mettons quelques millions de kilogrammes. — Bagatelle que tout cela : le bassin où se trouve l'atmosphère ne bougera pas. — Décuplons, centuplons, — Ce n'est pas encore assez : le bassin ne sera pas soulevé. Mais laissez-moi vous dire la réponse, car, dans cette supputation, les mots numériques vous manqueraient peut-être. Pour la colossale pesée que je suppose, les poids les plus forts que nous employons seraient insignifiants. Il faut en imaginer de nouveaux. Figurez-vous donc un cube de cuivre ayant un kilomètre de côté; ce dé métallique d'un quart de lieue en tous sens sera l'unité de poids. Le cuivre pesant 9 kilogrammes par décimètre cube, chacun de ces dés représente neuf mille millions de kilogrammes. Eh bien, pour faire équilibre au poids de l'atmosphère, il faudrait, dans l'autre bassin de la balance, placer 585 000 dés pareils! Je vous l'avais bien dit : la plus puissante imagination chercherait en vain à se représenter cette effrayante masse. Et cependant, l'atmosphère est composée de ce qu'il y a de plus léger; et, sur la Terre, elle occupe bien peu de place. Comparativement, le duvet d'une pêche en occupe plus sur ce fruit. Ah! que nous sommes peu de chose matériellement, nous qui nous agitons, atomes d'un jour, au fond de la masse atmosphérique; mais que nous sommes grands par la pensée, qui se fait un jeu de peser l'atmosphère, et la Terre elle-même! En vain l'univers matériel nous écrase de son immensité, l'âme lui est supérieure parce que seule elle se connaît, et, par un sublime privilège, elle a connaissance de son divin Auteur.

2. Mais comment a-t-on fait pour trouver le poids de

l'atmosphère entière, comme s'il était réellement possible de la mettre dans la balance que nous avons supposée? C'est ce que je vais tâcher de vous faire comprendre.

Plongez une carafe dans l'eau d'un baquet, et une fois pleine, soulevez-la, en la tenant par le fond. Vous pouvez alors la sortir de l'eau presque en entier; pourvu que l'orifice reste toujours immergé, l'eau qu'elle contient ne s'écoulera pas. Pour quel motif le contenu de la carafe reste-t-il ainsi suspendu au-dessus du niveau extérieur de l'eau? Évidemment, ce contenu tend à descendre, à regagner le niveau de l'eau du baquet; s'il ne le fait pas, il faut que quelque chose le tienne refoulé dans la carafe. Ce quelque chose, c'est l'air. En effet, puisque l'atmosphère est composée d'une substance pesante, elle doit peser de tout son poids sur les objets qui y sont plongés; elle doit les presser en dessus, en dessous, à droite, à gauche, en tous sens. Elle presse, en particulier, sur l'eau du baquet: et cette pression, se communiquant jusqu'à l'orifice de la carafe, maintient l'eau de celle-ci suspendue au-dessus du niveau extérieur.

Fig. 1.

Pour achever de vous convaincre de la poussée de l'air, vous pouvez faire aussi l'expérience suivante. Après avoir entièrement rempli une carafe d'eau, on applique sur l'orifice une rondelle de papier mouillé, et, tout en maintenant cette rondelle en place avec la main, on renverse doucement le vase sens dessus dessous. On peut alors retirer la main qui retenait le papier sans que l'eau s'écoule de la carafe renversée. C'est encore la poussée atmosphérique, s'exerçant aussi bien de bas en haut que de haut en bas, qui retient l'eau et s'oppose à son écoulement. Le rôle du papier est d'empêcher l'air de s'insinuer dans la

masse liquide, de la diviser, ce qui amènerait aussitôt la
fuite de l'eau.

3. Dans notre première expérience, tant que l'orifice de
la carafe est immergé, l'eau que celle-ci renferme reste,
disons-nous, suspendue au-dessus du niveau du baquet par
l'effet de la poussée de l'air. Qu'arriverait-il si cette carafe
était remplacée par un vase très-allongé, par un long tuyau,
par exemple, exactement fermé à son extrémité supérieure ?
Ce tuyau, quelle que fût sa longueur, demeurerait-il toujours plein lorsqu'on le soulèverait hors de l'eau en entier,
moins l'orifice ? Non : si le tuyau s'élevait seulement de
10 mètres au-dessus de l'eau, il se maintiendrait plein ; mais
s'il dépassait cette hauteur, toute la portion excédant
10 mètres serait complétement vide. La pression de l'atmosphère ne peut donc tenir soulevée qu'une colonne d'eau de
10 mètres de hauteur.

Représentez-vous maintenant un canal à deux branches ver-
ticales, communiquant par leur partie inférieure et s'étendant
depuis le sol jusqu'à la limite supérieure de l'atmosphère. Si
l'une de ces branches se trouvait remplie d'air dans toute sa
hauteur, tandis que l'autre contiendrait de l'eau seulement
jusqu'à la hauteur de 10 mètres, il y aurait, d'après ce qui
précède, égalité dans les poussées réciproques de l'air et de
l'eau ; en d'autres termes, le poids de la colonne d'eau serait
égal au poids de la colonne d'air. Rien n'est plus simple
alors que de calculer le poids d'une portion de l'atmosphère
s'élevant sur une surface déterminée : il suffit de calculer
le poids d'une colonne d'eau de 10 mètres de hauteur et re-
posant sur la même surface. Effectuons ce calcul pour un décimètre carré de surface. Coupons, par la pensée, la colonne
d'eau qui représente la pression ou le poids atmosphérique
en tranches d'un décimètre d'épaisseur. Nous aurons 100 de
ces tranches, puisque le décimètre est contenu 10 fois dans
un mètre. Chacune de ces tranches ayant un décimètre en
longueur et en largeur, à cause du décimètre carré pris pour

base, et un décimètre en hauteur, sera un décimètre cube, c'est-à-dire un litre. Mais un litre d'eau pèse un kilogramme, donc le poids total de la colonne d'eau est de 100 kilogrammes ; c'est-à-dire que, sur chaque décimètre carré de surface, l'atmosphère exerce une pression de 100 kilogrammes. Sur un mètre carré ce serait 100 fois plus ou 10 000 kilogrammes.

Si nous savions en mètres carrés la surface de la Terre, mers et continents compris, n'est-il pas vrai qu'en multipliant ce nombre de mètres carrés par 10 000 kilogrammes, nous aurions le poids total de l'atmosphère? Or, cette surface est parfaitement connue, de même que le tour de la Terre, qui est, vous le savez, de 40 millions de mètres. On peut donc avoir le poids de l'atmosphère entière, comme si la pesée pouvait s'en faire avec une balance.

4. Il y a des liquides beaucoup plus lourds que l'eau. Le plus remarquable d'entre eux est le mercure ou vif-argent. C'est un métal comme le plomb, l'argent, l'étain, etc. Mais, tandis que ces derniers ne sont fluides qu'à l'aide d'une forte chaleur, le mercure a la propriété singulière d'être fluide à la température ordinaire et de couler, quoique froid, comme du plomb fondu. Il pèse environ 13 fois plus que l'eau. Ne voyez-vous pas tout de suite que si, dans les expériences précédentes, on s'était servi de mercure au lieu d'eau, la colonne de ce métal soulevée par l'air n'aurait pu atteindre 10 mètres de hauteur? Pour contre-balancer le poids de la colonne atmosphérique, ne faut-il pas évidemment une colonne de liquide d'autant plus courte que ce liquide est plus lourd? Alors, le mercure, 13 fois plus lourd que l'eau, ne doit être soulevé par la pression de l'air qu'à la treizième partie de 10 mètres, c'est-à-dire à 76 centimètres. Cela se vérifie de la manière suivante. On remplit entièrement de mercure un tube en verre fermé à l'une de ses extrémités et long de huit à neuf décimètres. Une fois plein, on le bouche avec le doigt et on le renverse pour en plonger l'ex-

trémité ouverte dans une petite cuvette pleine de mercure.
Le doigt est alors retiré; le mercure descend un peu et
s'arrête, dans le tube, à une hauteur
de 76 centimètres environ, à partir du
niveau de la cuvette.

5.. Supposez que, pour en mesurer la
longueur, cette colonne de mercure soit
accompagnée d'une règle divisée en mil-
limètres, et vous aurez ce qu'on appelle
un *baromètre*, sorte de balance d'une
sensibilité parfaite qui nous avertit des
changements de pression survenus dans
l'atmosphère.. Le baromètre, en effet,
ne se maintient pas toujours, en un
même lieu, à 76 centimètres de hauteur. Tantôt il monte un peu plus, tantôt un peu moins; preuve que l'atmosphère éprouve des modifications dans
son épaisseur.

Fig. 2.

Dans la plaine, la colonne de mer-
cure se maintient suspendue à une hauteur de 76 centimètres environ, par l'effet de la poussée de toute l'épaisseur
de l'atmosphère; mais au sommet d'une montagne et dans
les régions élevées qu'on visite avec un aérostat, la portion
de l'atmosphère qui se trouve en dessous ne pesant plus
sur la cuvette du baromètre, la colonne mercurielle soulevée devient moindre. C'est ainsi, pour ne citer qu'un exemple, que, lors de son expédition aérienne dont il a été question dans une note de la précédente leçon, Gay-Lussac vit le
baromètre, qui marquait 76 centimètres au niveau du sol,
descendre à 32 centimètres au point le plus haut de l'ascension. A mesure qu'on s'élève plus haut, la colonne barométrique s'abaisse donc davantage; et s'il était possible
d'atteindre l'extrème limite de l'atmosphère, le mercure
descendrait dans le tube tout juste au niveau de la cuvette,

parce qu'alors il n'y aurait plus de pression pour le tenir soulevé. On sait par des calculs, trop compliqués pour nous, déduire la hauteur où l'on est arrivé de la quantité dont s'est abaissée la colonne mercurielle du baromètre. C'est ainsi que les aéronautes calculent l'élévation où ils sont parvenus avec leur ballon; c'est ainsi encore que l'on détermine la hauteur d'une montagne dont on a gravi le sommet. Dans l'un et l'autre cas, il suffit d'observer la hauteur du baromètre au niveau de la plaine, et sa hauteur au point culminant de l'ascension.

6. Étendez devant vous la main ouverte, et tenez ferme au moins, car, je vous en avertis, elle pourrait céder sous le poids qu'elle porte. — Allons donc! et quel poids, puisqu'il n'y a rien dans la main? — Un poids, tout simplement, d'une centaine de kilogrammes. Ne le perdez pas de vue : l'air pèse indifféremment sur tous les corps, sur nous-mêmes comme sur le premier objet venu. Rien que sur la main ouverte, pèsent cent kilogrammes d'air, à peu près, comme cela a lieu pour un décimètre carré d'une surface quelconque. Cela vous paraît impossible; vous vous demandez comment votre main seule peut supporter sans effort un poids aussi considérable, tandis qu'en employant toutes vos forces, vous ne parviendriez pas à soulever un fardeau de même valeur, et comment encore, sous une telle pression, la main n'éprouve aucune gêne. Tout cela s'explique en remarquant que, si l'air placé au-dessus de la main pèse sur elle, l'air placé au-dessous la soutient, la soulève avec une force égale. — C'est juste; mais alors, la main devrait être écrasée entre ces deux pressions en sens inverses, comme entre les mâchoires d'un étau. — Pas du tout : dans son épaisseur, la main elle-même est pénétrée d'air, comme une éponge mouillée est imbibée d'eau; et cet air intérieur tient en respect la poussée de l'air extérieur, si bien que la main n'a pas à souffrir de la pression et qu'elle jouit d'une complète liberté dans ses mouvements.

Allons plus loin : on peut évaluer la surface entière du corps, pour une personne de moyenne grandeur, à un mètre carré et demi. A cette surface correspond une pression atmosphérique de 15 000 kilogrammes. Telle est l'effroyable pression que, sans en être écrasés, sans en être gênés dans nos mouvements, sans même nous en apercevoir, nous éprouvons en réalité de la part de l'air.

7. Cent litres d'eau, placés dans un vase sur la tête, suffiraient, et au delà, pour nous accabler de leur poids. Cependant les plongeurs supportent sans fatigue, à plusieurs mètres de profondeur, le poids bien plus considérable de toute l'eau qu'ils ont au-dessus d'eux. Les poissons supportent des pressions plus fortes encore. En mer, on en prend quelquefois à 1000 mètres de profondeur au-dessous de la surface. Une colonne d'eau de 10 mètres de haut représentant la pression de l'atmosphère, ces poissons se trouvent donc chargés, au fond de leurs abîmes, d'un poids 100 fois plus considérable que celui dont l'atmosphère nous charge nous-mêmes. Ils vivent cependant sous ce poids énorme, ils vont et viennent sans aucune gêne. C'est bien plus merveilleux de les voir conserver toute leur agilité sous le fardeau de l'océan, que de nous voir nous-mêmes porter avec aisance le fardeau de l'air, comparativement si léger ; ou plutôt, il n'y a rien là de merveilleux. Le corps des poissons est, en effet, également pressé en dessus et en dessous, à droite et à gauche, par l'eau qui le baigne de toutes parts ; de sorte que les pressions, s'opposant l'une à l'autre, se contre-balancent, se détruisent et laissent au corps toute sa liberté d'action. D'autre part, les poissons sont préservés de l'écrasement par les liquides dont leur corps est pénétré, et qui résistent aux pressions extérieures agissant en sens contraire.

Pour nous, qui supportons le poids de l'air, pareille chose se passe. Si dans nos mouvements, nous n'éprouvons pas de difficultés, c'est que la pression atmosphérique se contre-balance elle-même en s'exerçant en tous sens ; si nous ne sommes pas écrasés par les pressions contraires, c'est qu'à ces pressions résistent les liquides et l'air dont le corps est tout imprégné. L'air a accès dans la masse entière du corps, les os même en renferment ; divers liquides, le sang en particulier, imbibent tous nos organes. Nous péririons écrasés par le poids de l'atmosphère si l'air qui est en nous venait, par impossible, à disparaître ; nous péririons également si nous étions brusquement déchargés de la pression atmosphérique, car alors, l'air intérieur n'ayant plus rien qui lui résistât, se détendrait comme un ressort comprimé qu'on abandonne à lui-même, et déchirerait nos organes en les ballonnant. Mais ni l'un ni l'autre de ces dangers n'est à craindre : une Main prévoyante a savamment équilibré les moyens de résistance de notre organisation et le fardeau atmosphérique que nous avons à supporter. Vous savez cependant qu'en s'élevant à de grandes hauteurs, on éprouve un violent malaise. Ce malaise provient en partie de la diminution que subit à ces hauteurs la valeur de la pression atmosphérique.

8. Revenons sur une expérience de la précédente leçon. Lorsqu'on plonge un verre dans l'eau, en le tenant bien d'aplomb et renversé, l'air qu'il renferme s'oppose, avons-nous dit, à l'entrée de l'eau. Celle-ci, pourtant, ne s'arrête pas juste à l'orifice, comme semblerait l'exiger la matérialité de l'air dont le verre était d'abord exactement rempli ; en y mettant quelque attention, on voit qu'elle monte un peu dans l'intérieur du verre, et d'autant plus que ce dernier est enfoncé plus profondément. Puisqu'il fait place à l'eau, l'air emprisonné dans le verre se resserre donc, s'amoindrit en volume par la pression qu'on lui fait éprouver en maintenant le verre forcément immergé ; de même que s'amoindrit un peloton de laine fortement serré dans la main. On donne le nom de *compressibilité* à cette propriété de diminuer de volume par l'effet de la pression. On la retrouve

jusque dans les matières les plus compactes, jusque dans les métaux ; mais ces derniers ne cèdent qu'aux efforts les plus violents. La compressibilité atteint son plus haut degré dans l'air et dans d'autres substances qui lui ressemblent par leur subtilité et qu'on désigne par le nom collectif de Gaz. A l'aide d'instruments convenables et d'énergiques pressions, on peut comprimer l'air jusqu'à réduire extrêmement son volume, jusqu'à ne lui faire occuper, par exemple, que le dixième, le vingtième, etc., de son volume primitif. Mais, dès que la compression cesse d'agir, l'air se détend violemment et reprend son premier volume. Cette propriété de l'air, de revenir brusquement à son volume primitif quand cesse l'effort qui la comprimait, prend le nom d'*élasticité*.

9. Voici une des conséquences de la compressibilité de l'air. Supposons que l'atmosphère soit divisée en couches d'égale épaisseur, depuis sa limite supérieure à quinze ou seize lieues d'élévation jusqu'à la surface du sol ; et comptons les couches de haut en bas. La seconde couche, supportant le poids de la première, sera comprimée par ce poids ; la troisième, supportant le poids des deux précédentes, sera à son tour plus comprimée que la seconde ; la quatrième, pour les mêmes motifs, le sera plus que la troisième ; et ainsi de suite jusqu'à la couche la plus inférieure, qui, supportant le poids de toutes celles qui la précèdent, sera la plus comprimée de toutes. On voit par là que l'air est d'autant plus resserré, compacte, condensé, qu'il est situé dans une couche atmosphérique plus rapprochée du sol. Il est clair que cet air plus compacte renferme plus de matière sous un même volume, et que par suite il pèse plus. Ainsi, à la surface de la terre, le poids d'un litre d'air est de $1^{gr},3$; mais un litre d'air pris dans de hautes régions pèse moins ; et pris, si c'était possible, à la limite supérieure de l'atmosphère, il n'aurait plus qu'un poids inappréciable.

Nous avons vu plus haut que l'atmosphère est un manteau

jeté sur la Terre pour la garantir du refroidissement qu'a-
mènerait la basse température des espaces où elle se meut.
Nous avons reconnu, en outre, qu'une diminution de quelques mille mètres dans l'épaisseur de ce manteau suffit
pour amener un froid incompatible avec les conditions
d'existence des plantes et des animaux. Dans les Alpes, à
2700 mètres de hauteur seulement, commencent les neiges
éternelles. Il paraît tout d'abord que cette diminution de
trois quarts de lieue environ est insignifiante dans l'épaisseur d'une couverture qui s'élève à une quinzaine de lieues,
et l'on ne se rend pas bien compte du refroidissement si
rapide des hautes régions. Ce qui précède dissipe cette difficulté. La couche d'air de moins dans l'enveloppe protectrice étant la plus rapprochée du sol, est aussi la plus comprimée, la plus riche en matière, et, par suite, la plus efficace
pour s'opposer au refroidissement.

On voit encore, par ce qui précède, pourquoi, à des hauteurs considérables, la respiration s'accélère, devient pénible et haletante. Dans les couches supérieures de l'atmosphère, l'air, n'ayant plus la même richesse que dans la
plaine, il faut en inspirer davantage et plus fréquemment
pour satisfaire aux besoins impérieux de la respiration. Il
arrive un moment où le soin de respirer occupe à lui seul
toutes vos forces, et alors un malaise intolérable vous saisit
et vous rend incapables du moindre effort. On donne à ce
malaise le nom de *mal des montagnes*.

TROISIÈME LEÇON

L'AÉROSTAT

Le seau plongé dans l'eau. — Poussée des liquides. — Pourquoi une poutre flotte sur l'eau ; et une aiguille, non. — Comment on peut faire flotter le fer sur l'eau. — Les navires en fer. — Archimède. — Découverte du principe qui porte son nom. — Siége de Syracuse. — Principe des corps flottants. — Le navire et la barque. — Vessie natatoire des poissons. — Ressources de la Providence. — Poussée de l'air. — Les frères Montgolfier. — Ascension d'une montgolfière. — Pilâtre des Rosiers. — La vessie qui se gonfle devant le feu. — Dilatation de l'air par la chaleur. — Cause de l'ascension des montgolfières. — Les aérostats.

1. L'eau supporte une poutre et laisse aller au fond une légère aiguille ; elle laisse flotter un navire d'un poids énorme et ne peut soutenir le moindre grain de sable. Rendons-nous compte de cette étrange contradiction.

L'eau dans laquelle plonge un objet étranger fait effort pour reprendre la place que cet objet occupe. Vous pouvez le constater de la manière suivante. Prenez un seau vide et tâchez de l'enfoncer dans l'eau, en le maintenant droit pour qu'il ne s'emplisse pas. A mesure que vous l'enfoncerez davantage, vous éprouverez une résistance de plus en plus forte ; et, s'il est un peu grand, il n'obéira bientôt plus à vos efforts et s'échappera de vos mains, violemment repoussé par le liquide dont il avait pris la place. Vous pouvez encore vérifier le fait avec une carafe vide ; mais ici la victoire vous restera, et vous parviendrez à enfoncer le vase en entier, non sans un léger effort cependant. Il est donc reconnu que, lorsqu'un corps plonge dans l'eau, celle-ci fait effort pour le repousser au dehors. Toutes les substances fluides, quelles qu'elles soient, se comportent à ce sujet de la même manière que l'eau. Cette propriété n'est pas due, comme vous pourriez vous l'imaginer, à une sorte de répulsion qu'auraient les substances fluides pour les corps étrangers ; c'est tout simplement une conséquence de leur fluidité, par laquelle elles tendent à reprendre le niveau que l'objet immergé est venu altérer.

On donne le nom de poussée à l'effort que font les liquides pour rejeter hors de leur sein les corps qui s'y trouvent plongés. Il importe de connaitre exactement la valeur de cette poussée. Reprenons l'expérience du seau, qu'il nous est fort difficile et même impossible de faire plonger en entier quand il est vide; mais, cette fois-ci, remplissons-le d'eau graduellement. A mesure qu'il se remplit, le seau plonge davantage ; et, quand il est à peu près plein, il s'enfonce entièrement de lui-même, sans aucun effort de notre part. La poussée de l'eau s'exerce cependant toujours ; alors si, malgré cette poussée, le seau plonge en entier sans effort, ce ne peut être que parce qu'il est devenu assez lourd pour la contre-balancer exactement. Mais le seau, en se remplissant, est devenu plus lourd d'une quantité égale au poids de l'eau qu'il renferme ; ou bien, en négligeant son épaisseur, au poids l'eau dont il occupe la place. Le poids de l'eau déplacée représente donc la valeur de la poussée.

Ce résultat s'appliquant aux liquides de toute nature, on voit que *la poussée d'un liquide sur un corps qui y est plongé est égale au poids du liquide dont ce corps occupe la place.*

2. Ainsi, un corps plongé dans un liquide tend, d'une part, à tomber au fond à cause de son poids, et, d'autre part, à remonter à la surface à cause de la poussée du liquide. Le corps descendra au fond si la poussée est moindre que son poids ; il remontera et flottera à la surface si la poussée est, au contraire, plus forte que le poids ; il se maintiendra dans l'intérieur du liquide, sans monter ni descendre, si la poussée et le poids ont exactement même valeur. La poutre et le vaisseau flottent parce qu'ils déplacent un grand volume d'eau, dont la poussée contre-balance leur poids ; l'aiguille et le grain de sable tombent au fond parce qu'ils ne déplacent qu'un très-petit volume d'eau, dont la poussée est inférieure à leur poids.

Le fer cependant et toutes les matières, si lourdes qu'elles soient, peuvent flotter quand on leur donne une forme convenable. Soit un bloc de fer pesant 500 kilogrammes. Nul ne s'avisera de vouloir le faire flotter tel qu'il est ; ce serait exiger l'impossible, ce serait vouloir faire flotter la lourde enclume d'une forge. Mais supposons que ce bloc de fer soit réduit en plaques ; puis, assemblons ces plaques en forme de caisse bien fermée, à laquelle nous donnerons un volume d'un mètre cube. La caisse en fer, pesant toujours 500 kilogrammes, flottera maintenant à merveille ; car, si nous l'enfoncions en entier, elle occuperait la place d'un mètre cube d'eau, et, par suite, elle éprouverait une poussée égale au poids de ce volume d'eau, c'est-à-dire à 1000 kilogrammes. Si le poids qui tend à l'entraîner au fond n'est que de 500 kilogrammes, tandis que la poussée qui la soulève est de 1000, il est clair que cette caisse ne peut rester dans l'eau, mais qu'elle doit remonter et flotter, en ne s'enfonçant que d'une quantité telle, que la poussée éprouvée par la partie plongée soit égale au poids total de la masse de fer, à 500 kilogrammes. Alors le poids du fer et la poussée de l'eau se feront équilibre, et la caisse n'aura plus de tendance ni à monter ni à descendre. Beaucoup de grands navires sont aujourd'hui construits presque entièrement en fer. Ces prodigieuses masses de métal flottent aussi bien que le bois pour les mêmes raisons qui font flotter notre caisse de fer.

3. On donne le nom de principe d'Archimède au principe énoncé plus haut, savoir : *Tout liquide exerce sur les corps qui y sont plongés une poussée de bas en haut égale au poids du liquide dont ces corps occupent la place.* — Qu'était-ce qu'Archimède, et comment découvrit-il son principe ?— Il y a plus de deux mille ans, régnait à Syracuse, en Sicile, un roi nommé Hiéron, qui comptait au nombre de ses amis un géomètre d'un génie supérieur, appelé Archimède. Un jour, Hiéron remit à son orfèvre une certaine quantité d'or pour en faire une couronne. La couronne faite, le travail en fut

trouvé merveilleux ; mais l'orfèvre fut soupçonné d'avoir, à
une partie de l'or, substitué un poids égal d'argent. Pour
s'en assurer, il aurait fallu détruire le chef-d'œuvre de l'artiste, et c'eût été grand dommage, car il était d'une rare
perfection. La difficulté fut soumise à Archimède. Longtemps,
le savant se creusa la tête pour savoir, sans altérer en rien
la couronne, le poids de l'argent qui pouvait y entrer. Il
cherchait, cherchait toujours, combinant et réfléchissant ;
mais la réponse n'arrivait pas. Un jour, comme il était au
bain, une lumière soudaine se fit en son esprit : la facilité
avec laquelle il soulevait le bras dans l'eau le mit sur la voie
de la poussée des liquides ; et, de cette idée fondamentale, il
arriva bientôt à la résolution de son problème. Ivre de joie,
dit l'histoire, il sortit aussitôt du bain et parcourut les rues
de Syracuse en s'écriant : Je l'ai trouvé, je l'ai trouvé !

Était-ce folie ? — Avant de juger Archimède, attendez la
fin de son histoire.

4. Rome n'est pas loin de la Sicile. Les Romains, déjà
maîtres d'une grande partie de l'Italie, devaient étendre un
jour leur domination sur le monde entier alors connu. La
Sicile, par sa proximité, ne pouvait manquer de les tenter.
Une puissante armée, montée sur une centaine de vaisseaux,
vint mettre le siége devant Syracuse. La ville était dans la
consternation : comment opposer une résistance sérieuse à
l'attaque qui se préparait avec un tel ensemble de forces ?

Un vieillard cependant, à l'aide d'une savante industrie,
va déconcerter, à lui seul, les desseins de l'armée romaine.
Ce vieillard, c'est Archimède. Il fait construire, d'après ses
indications, une foule de machines cachées derrière les
remparts. A l'approche de l'armée ennemie, ces machines
lancent une grêle de fragments de rochers d'une pesanteur
énorme, qui traversent l'air avec des bruissements horribles,
et renversent, écrasent tout sur leur passage. L'armée de
Rome est en complète déroute. On essaye d'attaquer Syracuse du côté de la mer ; mais il tombe des remparts de grosses

poutres chargées à une extrémité d'un poids immense. Chaque vaisseau atteint s'ouvre sous le choc et s'abîme dans la mer. D'autres fois, des crampons de fer fixés à l'extrémité d'une forte chaîne sont lancés sur un vaisseau ; une machine retire la chaîne, soulève en l'air le vaiseau accroché, le fait pirouetter quelque temps, puis le laisse retomber de tout son poids sur les rochers aigus du bord de la mer, où il s'écrase avec son équipage. Enfin, la frayeur est telle dans l'armée romaine, qu'à l'aspect d'un seul bout de corde, ou d'une simple pièce de bois apparaissant sur les murailles, les soldats prennent la fuite, criant qu'Archimède va lancer contre eux quelque effroyable machine.

L'armée ennemie est ainsi tenue longtemps en échec par la seule science d'Archimède ; et il est douteux qu'elle se fût jamais rendue maîtresse de Syracuse, si la vigilance des assiégés n'avait fait défaut, un jour de fête. Les Romains profitèrent de ce manque de vigilance et pénétrèrent dans la ville. Au milieu des horreurs de la tuerie et du pillage, Archimède, ignorant l'invasion de l'ennemi, était dans sa maison occupé à tracer sur le sable quelques figures de géométrie, ayant rapport peut-être à quelque nouvelle machine destinée à repousser les Romains. Un soldat se présente et lui ordonne brutalement de le suivre. Archimède le prie d'attendre, un moment, que son problème soit résolu. Le soldat, impatient et peu soucieux du problème, lui casse la tête d'un coup de son arme. Le général romain, Marcellus, fut vivement affligé de la perte de cet homme illustre, et il lui fit faire de magnifiques funérailles.

5. Le principe d'Archimède nous enseigne qu'un objet flottant à la surface de l'eau a un poids total précisément égal à celui de l'eau dont sa partie plongée occupe la place. Ainsi, un morceau de bois pesant 10 kilogrammes, et un vaisseau du poids de 1000 tonnes[1], s'enfoncent tout juste

---

[1] La tonne est le poids d'un mètre cube d'eau. Elle vaut, par conséquent, 1000 kilogrammes.

assez pour occuper la place, le premier, de 10 kilogrammes ou de 10 litres d'eau ; le second, de 1000 mètres cubes d'eau. Si la charge augmente, pour chaque tonne ajoutée, le vaisseau occupera dans l'eau un mètre cube en plus ; si la charge diminue, pour chaque tonne enlevée, il occupera dans l'eau un mètre cube en moins. Même résultat pour la plus simple barque : son poids, réuni à celui des personnes qu'elle porte, a même valeur que le poids de l'eau déplacée. Pour chaque personne qui entre ou qui sort, la barque s'enfonce ou se relève d'autant de décimètres cubes que la personne pèse elle-même de kilogrammes.

Lorsqu'un corps entièrement plongé a un poids égal à celui de l'eau dont il occupe la place, ce corps, vous ai-je dit, ne peut ni monter ni descendre, parce que son poids tend à le faire descendre avec la même force que la poussée du liquide tend à le faire monter. Il reste alors stationnaire au point où il se trouve. Les poissons semblent d'abord être dans ce cas. Quand ils se tiennent immobiles au milieu de l'eau, il faut que leur poids soit rigoureusement égal à la poussée du liquide. Comment, alors, peuvent-ils venir à la surface happer les moucherons dont ils se nourrissent ; ou bien gagner leurs retraites, parmi les herbes aquatiques du fond ? La Providence a des ressources infinies : pour la moindre de ses créatures elle sait mettre en jeu les lois les plus savantes. S'il entre dans ses vues qu'un tout petit poisson aille de la surface au fond de l'eau, et du fond à la surface, le poisson ira, montant et descendant sans obstacle, comme si l'intelligence supérieure de quelque Archimède s'était complue à l'organiser exprès. Un poisson peut, à volonté, se faire plus petit ou plus grand ; plus petit pour descendre, plus grand pour remonter. Cette faculté lui vient d'un organe merveilleux placé, dans l'intérieur, au milieu du corps, et nommé *vessie natatoire*. C'est un petit sac transparent, d'une extrême finesse, divisé en deux par un étranglement et plein d'air. Au gré de l'animal, la vessie natatoire se gonfle ou se dégonfle. Quand elle se gonfle, le poisson, sans augmenter de poids, devient plus volumineux, déplace une plus grande quantité d'eau, et, par conséquent, éprouve une poussée plus grande de la part du liquide. Cet excédant de poussée le fait monter. Quand elle se dégonfle, le poisson, devenu plus petit tout en conservant un même poids, éprouve une poussée moindre, et, par suite, descend. Archimède n'eût pas trouvé mieux. Il était habile cependant, le grand homme, lui qui disait avec raison à Hiéron : Si j'avais un point d'appui pour mes machines, je soulèverais la Terre.

Fig. 5.

6. Le principe d'Archimède nous rend encore compte de l'ascension des aérostats dans l'air. Puisque l'eau n'exerce sa poussée de bas en haut sur les corps qui y sont plongés que par suite de sa fluidité, en vertu de laquelle elle fait effort pour reprendre la place occupée par ces corps, il est évident que l'air, encore plus fluide que l'eau, doit également exercer sur tout ce qui s'y trouve plongé une poussée de bas en haut; seulement, à cause du faible poids de l'air, cette poussée ne peut avoir la valeur de celle de l'eau. Ainsi, l'air exerce sur les corps qui y sont plongés une poussée de bas en haut égale au poids de l'air dont ces corps occupent la place. Sur un corps d'un décimètre cube de volume, par exemple, la poussée de l'air est de $1^{gr},3$, puisque l'air pèse $1^{gr},3$ par décimètre cube ou par litre. Si le corps lui-même ne pèse que 1 gramme, il montera dans l'atmosphère, soulevé par l'excédant de la poussée ou $0^{gr},3$; s'il pèse 2 gram-

mes, il descendra, entraîné par l'excès de son poids ou $0^{gr},7$; enfin, s'il pèse juste $1^{gr},5$, il restera immobile, suspendu dans l'air. Tout cela se comprend fort bien sans autre explication. L'ascension d'un ballon ne reconnaît pas d'autre cause : le ballon s'élève parce que son poids total est moindre que le poids de l'air dont il occupe la place ; ou, en d'autres termes, parce que la poussée qui le soulève l'emporte sur le poids qui tend à l'entraîner à terre.

7. Deux fabricants de papier de la petite ville d'Annonay, dans l'Ardèche, les frères Montgolfier, conçurent les premiers l'idée de s'élever dans l'atmosphère à l'aide d'un immense globe de toile, doublé de papier et rempli d'air chaud. L'ascension d'un ballon est devenue aujourd'hui chose si commune, qu'il n'est guère de localités où cette belle expérience ne soit connue.

Au milieu d'un cercle de spectateurs, gît à terre un amas informe de toile enchevêtré de cordages. On allume quelques brassées de paille, et, au-dessus de la flamme, on présente l'orifice d'une espèce d'immense bourse que forme cette toile. Voilà que la bourse se déploie, s'emplit d'air chaud, se gonfle et finit par étaler ses flancs rebondis. C'est maintenant une vaste machine qui se balance mollement dans l'air, retenue prisonnière par des mains vigoureuses. Sa forme est celle d'une poire dont la pointe largement ouverte est en bas, au-dessus de la paille qui flambe. Un réseau de cordelettes l'enveloppe dans sa partie supérieure. De ce réseau, vers le milieu du ballon, partent d'autres cordes qui pendent au-dessous de l'orifice et se rattachent à une grande corbeille d'osier appelée nacelle. Tout est prêt : l'aéronaute se met dans la nacelle avec tous les engins dont il peut avoir besoin dans son voyage ; et, à un signal donné, les gens qui retiennent le ballon le lâchent à la fois. Le voilà parti... Un frisson court parmi les spectateurs. Le ballon s'élève majestueusement ; le voilà par-dessus les toits, le voilà par-dessus le clocher de l'église. Encore quelques instants, et il aura atteint la région des nuages. L'audacieux voyageur salue cependant du haut des airs.

8. Les premières expériences des frères Montgolfier, faites dans le midi de la France, à Annonay et à Avignon, eurent bientôt un grand retentissement. Chacun prenait un vif intérêt à leur tentative de se frayer une route dans les airs. Un essai mémorable eut lieu à Versailles, le 19 septembre 1783, en présence du roi Louis XVI. Personne n'osant encore se confier à la nouvelle machine qu'on appelait montgolfière, du nom des inventeurs, on suspendit au ballon une cage contenant un mouton, un coq et un canard. Ces premiers navigateurs aériens revinrent sains et saufs de leur voyage; l'ascension et la descente se firent sans accidents. Bientôt après, deux hardis jeunes gens, Pilâtre des Rosiers et le marquis d'Arlandes, s'aventurèrent dans la nacelle. Le ballon, retenu à l'aide d'une longue corde, s'éleva, à plusieurs reprises, à une centaine de mètres de hauteur. La réussite de cette entreprise les encouragea, et, le 20 novembre 1783, les deux aventureux voyageurs s'élevèrent dans une montgolfière libre de tous liens. Le ballon traversa Paris dans toute sa largeur, aux acclamations enthousiastes de la foule, et, sans accident, descendit au bout d'un quart d'heure à deux lieues du point de départ. Pilâtre des Rosiers devait bientôt payer de sa vie son effrayante témérité. Il résolut de traverser en ballon le bras de mer qui sépare la France de l'Angleterre; mais, quelques instants après le départ, le ballon se déchira, et l'aéronaute, précipité du haut des airs, périt fracassé sur la plage.

9. Examinons maintenant comment l'air chaud peut élever les montgolfières. La chaleur produit sur l'air un effet contraire à celui qu'amène la compression; elle en augmente le volume, elle le dilate. Rien n'est plus simple à vérifier. Prenons une vessie, et, après l'avoir ramollie dans l'eau, insufflons-y de l'air de manière à ne la remplir qu'à moitié;

puis nouons l'orifice avec un cordon. En cet état, la vessie est flasque et ridée; mais approchons-la du feu, chauffons-la fortement. La voilà qui se déride, se ballonne; en peu de temps elle est toute pleine et rebondie. Que s'est-il passé? — En s'échauffant, l'air s'est dilaté et a fini par acquérir un volume suffisant pour gonfler entièrement la vessie. Maintenant éloignons-la du foyer. En se refroidissant, elle se dégonfle en partie; preuve que l'air reprend son volume primitif. Ainsi, par l'effet de la chaleur, l'air augmente de volume ou se dilate; par l'effet du refroidissement, il diminue de volume ou se contracte. Il ne faut pas de longues réflexions pour comprendre que, à volume égal, l'air chaud est plus léger que l'air froid. Si, par exemple, un litre d'air froid, qui pèse 1^{gr}, 3, est dilaté par la chaleur jusqu'à occuper deux litres, un litre seul de cet air chaud pèsera juste la moitié de 1^{gr}, 3. On voit également bien que l'air sera d'autant plus léger qu'il sera plus chaud, parce que sa dilatation sera plus grande.

Supposons une montgolfière de 10 mètres de largeur. Ce ballon, bien gonflé, a un volume de 565 mètres cubes. L'air chaud dont il est plein ne pèse, par exemple, que 1 gramme par litre, tandis que l'air froid dont il occupe la place pèse 1^{gr}, 3. Le poids total de l'air chaud est alors de 565 kilogrammes, et celui de l'air froid déplacé de 734 kilogrammes. L'air chaud tend donc à s'élever par l'effet d'une poussée de bas en haut égale à la différence de ces deux poids, c'est-à-dire à 169 kilogrammes. Alors, si le poids de la toile, des cordages, de la nacelle, de l'aéronaute et de ses instruments n'atteint pas cette valeur de 169 kilogrammes, le ballon s'élèvera, parce que son poids total sera moindre que la poussée de l'air froid. Après l'ascension du ballon, arrive sa descente, occasionnée par le refroidissement graduel de l'air qui le gonfle. En se refroidissant, cet air se contracte, laisse pénétrer l'air extérieur; et le ballon, devenant peu à peu plus lourd, redescend lentement.

10. Les ballons à air chaud ne sont plus employés par les aéronautes, car, à moins d'avoir un énorme volume, ils ne

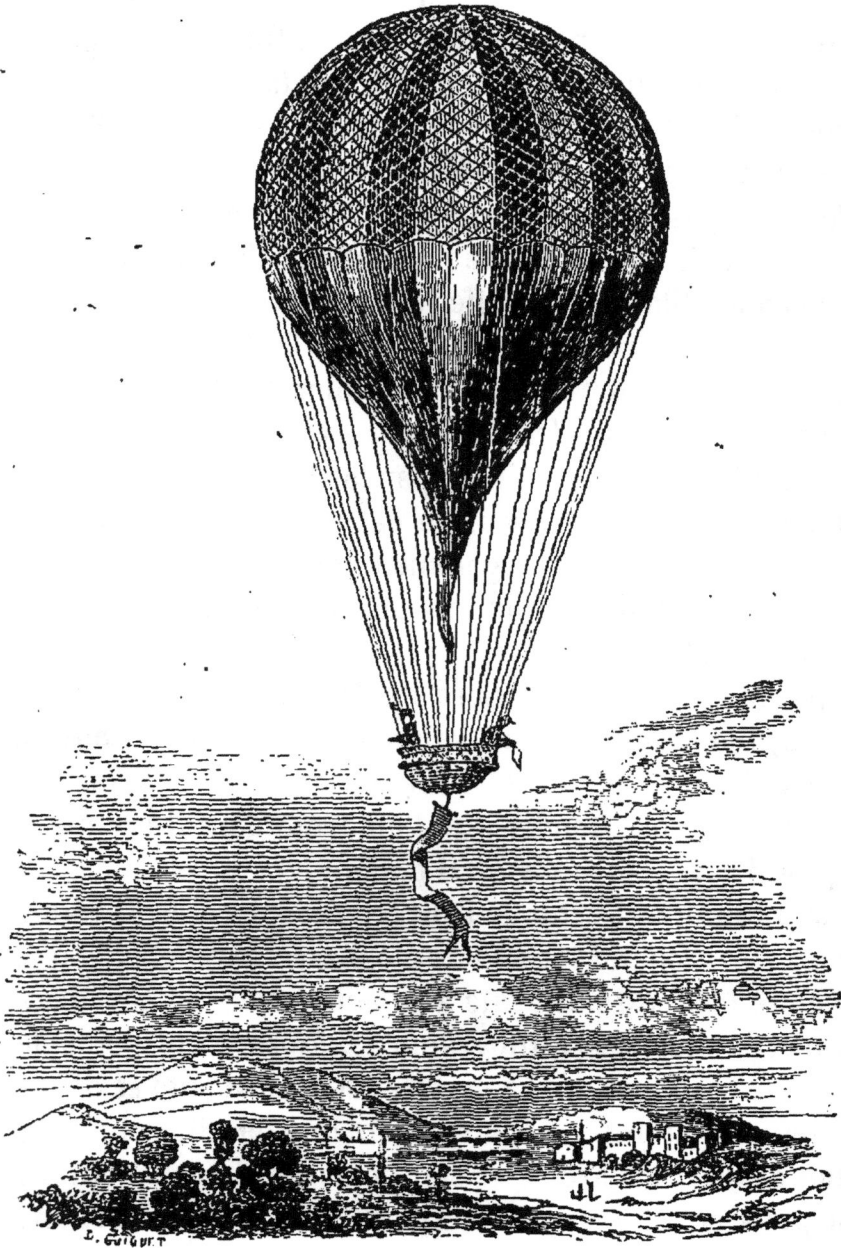

Fig. 4. — L'Aérostat.

peuvent emporter qu'une charge assez faible, le poids de l'air chaud ne différant pas assez de celui de l'air froid. Ils

présentent, en outre, le danger d'être incendiés d'un mo·
ment à l'autre par le feu qu'il faut entretenir au-dessous
pour maintenir l'air chaud, quand le voyage aérien doit
durer quelque temps. A la toile doublée de papier des montgolfières, on a substitué du taffetas vernissé ; et l'air chaud
a été remplacé avec grand avantage par de l'hydrogène, gaz
quatorze fois plus léger que l'air. Les ballons ainsi construits
se nomment aérostats. L'aéronaute emporte avec lui, dans
la nacelle, un baromètre et du lest, c'est-à-dire des sacs
pleins de sable. Le baromètre lui indique s'il monte ou s'il
descend. Il monte si la colonne barométrique s'abaisse ; il
descend, au contraire, si la colonne barométrique monte. Le
même instrument sert encore à calculer la hauteur la plus
grande à laquelle l'aérostat est parvenu. La partie supérieure
du ballon est munie d'une soupape que l'aéronaute ouvre
ou ferme à volonté, au moyen d'un cordon qui pend à sa
portée. Lorsqu'il veut descendre, il ouvre la soupape : une
partie de l'hydrogène s'échappe pour faire place à l'air, et
le ballon devenu plus lourd descend lentement. C'est alors
que le lest peut être d'une grande utilité. Si le ballon, en
arrivant dans le voisinage de la terre, se trouve au-dessus
d'un lieu dangereux, d'un fleuve, d'une forêt, d'un préci-
pice, l'aéronaute doit remonter un peu pour aller plus loin
opérer sa descente en un endroit propice. Il remonte en re-
jetant une partie de sa provision de sable hors de la nacelle.
Le ballon allégé remonte aussitôt. C'est de la sorte que
l'aéronaute, tant qu'il a du lest à sa disposition, peut choisir
le lieu de sa descente. Le premier ballon à gaz hydrogène
fut lancé à Paris par Charles et Robert, aux applaudisse-
ments de trois cent mille spectateurs.

QUATRIÈME LEÇON

LE SOLEIL

Le lever du Soleil. — Distance de la Terre au Soleil. — Temps que mettraient un voyageur à pied et une locomotive pour parcourir pareille distance. — Temps employé par la lumière. — Illusions occasionnées par la distance. — Comparaison de la Terre et de la plus haute montagne. — Volume du Soleil. — Immensité des cieux. — Constitution probable du Soleil. — Quantité de chaleur fournie par le Soleil. — Quantité qu'en reçoit la Terre. — Dilatation des corps par la chaleur. — La marmite qui verse. — Expérience de la fiole pleine d'eau. — Le charron et la roue de voiture. — Les rails d'un chemin de fer. — Le thermomètre.

1. A l'orient, le ciel blanchit, les étoiles pâlissent et s'éteignent une à une. Des flocons de nuages roses nagent au milieu d'une bande brillante d'où monte graduellement une douce clarté. L'illumination gagne les hauteurs du ciel, et le bleu du jour renaît avec toute sa délicate transparence. Cette fraîche lueur matinale, ce demi-jour qui précède le lever du Soleil, c'est l'aurore ou crépuscule du matin.

Cependant l'alouette, la joie des sillons, s'élance au haut des nues, comme une fusée, et salue la première le réveil du jour. Elle monte, elle monte encore, toujours en chantant, comme pour se porter au-devant du Soleil, et de ses chants enthousiastes célèbre la gloire de l'astre jusqu'au plus haut des airs. Écoutez : un souffle court dans la feuillée qui s'agite et bruit; les oisillons s'éveillent et gazouillent; le bœuf, déjà conduit aux travaux des champs, s'arrête pensif, lève ses grands yeux pleins de douceur et mugit; tout s'anime, et, dans son langage, rend grâces au Maître de toutes choses, qui de sa main puissante nous ramène le Soleil.

Mais le voici : un vif filet de lumière jaillit, et les sommets des montagnes s'allument soudain. C'est le bord du Soleil qui commence à surgir au-dessus de l'horizon. Le disque étincelant monte toujours : le voilà à peine échancré, le voilà tout entier, pareil à une meule de fer rouge de feu. La brume du matin en modère l'éclat et permet de le contempler en face; mais, dans peu de temps, nul regard n'en pourra supporter l'éblouissante splendeur. Cependant, ses rayons inondent la plaine; une douce chaleur succède à la piquante fraîcheur de la nuit; les brouillards montent du fond des vallées et se dissipent; la rosée, amassée sur les feuilles, s'échauffe et s'évapore; tout reprend la vie, l'animation interrompue la nuit. Et tout le jour, parcourant sa carrière d'orient en occident, le Soleil va verser à torrents sur la Terre la lumière et la chaleur, mûrissant la blonde moisson, donnant le parfum aux fleurs, la saveur aux fruits, la vie à toute créature.

2. Or, qu'est-ce que le Soleil? Est-il bien grand, est-il bien loin? Voilà certes de belles questions auxquelles nul ne peut être indifférent.

Pour mesurer la distance d'un point à un autre, vous ne connaissez qu'un moyen : celui de porter l'unité de longueur, le mètre, d'un bout à l'autre de la distance à mesurer, autant de fois que cela est possible. Mais la géométrie enseigne des procédés propres à mesurer les distances qu'on ne peut parcourir; elle nous dit comment il faut faire pour trouver la hauteur d'une tour ou d'une montagne, sans en atteindre le sommet, sans même approcher de la base. Ce sont des moyens pareils que l'astronomie a employés pour calculer la distance qui nous sépare du Soleil. Le résultat de ses calculs est que nous sommes éloignés du Soleil de 38 millions de lieues de 4000 mètres chacune. Ce nombre ne dit rien à votre esprit et vous le laisseriez passer, sans en comprendre la haute éloquence, s'il n'était traduit en idées plus simples. Essayons cette traduction.

Un homme bon marcheur, qui voudrait faire à pied un voyage un peu long, aurait beaucoup de peine à faire ses dix lieues par jour. Peu résisteraient à cette marche forcée, prolongée plusieurs jours de suite sans interruption. Eh bien, imaginons que ce marcheur soit infatigable; que chaque jour il parcoure ses dix lieues, sans prendre un seul jour de repos. Quel temps mettrait-il à parcourir la distance d'ici au Soleil, en supposant que le parcours fût possible? Il lui faudrait, le croirez-vous? il lui faudrait plus de dix mille ans! La plus longue vie humaine est incomparablement trop courte pour qu'un voyage de cette longueur soit jamais accompli par un seul, et cent générations de cent années chacune, se succédant dans le trajet et réunissant leurs efforts n'y suffiraient même pas. Mon Dieu! que l'homme est petit devant ces effrayantes étendues! Mon Dieu! que vous êtes grand, vous qui de rien avez créé le Soleil et la Terre et abritez l'un et l'autre de l'ombre de votre main!

3. Et la locomotive, ce chef-d'œuvre de l'industrie, ce coursier de fer qu'on alimente avec de la houille, quel temps mettrait-elle à franchir cette distance? Vous l'avez vue passer, je suppose, sur la voie ferrée, traînant à sa suite une longue file de wagons, avec une vitesse à donner le vertige, et lançant dans les airs son panache de fumée. Imaginons que cette locomotive ne s'arrête jamais, et possède une vitesse qu'on ne lui donne que rarement, celle de quinze lieues à l'heure. Lancée avec cette vitesse, la machine se transporterait en moins d'une journée d'un bout à l'autre de la France; et cependant, pour franchir la distance de la Terre au Soleil, elle mettrait près de trois siècles, plus exactement 289 ans. Pour un pareil trajet, la machine la plus savante, la plus rapide qui soit sortie des mains de l'homme, n'est donc guère qu'un lourd colimaçon dont l'ambition serait de faire le tour de la Terre.

Cette prodigieuse distance, qu'on se fatigue vainement à comprendre, est parcourue par les rayons de lumière et de chaleur que le Soleil nous envoie en un temps si court, que l'esprit reste encore plus confondu devant la rapidité de ces rayons que devant la longueur de leur trajet. Pour nous arriver du Soleil, pour franchir la distance qu'une locomotive lancée à grande vitesse ne franchirait qu'en trois siècles, un rayon de lumière met la moitié d'un tout petit quart d'heure, environ huit minutes! Et qu'importe la distance à Celui qui pour créer la lumière n'eut qu'à dire : Que la lumière soit! S'il entre en ses desseins qu'un rayon de soleil franchisse en un instant l'immensité des cieux, pourquoi ce rayon n'obéirait-il pas, prompt comme la pensée?

4. Pour celui qui s'en rapporte au témoignage grossier de la vue, le Soleil n'est qu'un disque éblouissant, comparable à une petite meule de fer chauffée à blanc. Il y a là une double erreur occasionnée par la distance à laquelle l'astre se trouve. D'abord, le Soleil n'est pas plat comme une meule, mais il a la forme d'une boule, d'une sphère. Ensuite, il est bien plus grand qu'une meule, serait-ce celle d'un moulin.

Les objets nous paraissent d'autant plus petits qu'ils sont plus éloignés, et finissent même par devenir invisibles. Une haute montagne vue de loin ne semble qu'une colline médiocre; la croix qui surmonte un clocher, vue d'en bas, paraît bien petite malgré ses grandes dimensions. Il en est de même du Soleil : il ne paraît si petit que parce qu'il est très-éloigné; et comme son éloignement est prodigieux, il faut que sa grosseur soit excessive; sinon, bien loin d'apparaître à nos regards comme une meule éblouissante, il cesserait d'être visible pour nous. Écoutez ce que la science nous a appris sur le volume du Soleil.

Il vous est arrivé, sans doute, en parlant d'un objet très-grand, de dire : Grand comme une montagne; et vous avez cru, au moyen de cette expression, atteindre l'extrême limite des grandeurs. Mais examinons ce que devient l'imposante masse d'une montagne quand on la compare à celle de la Terre entière. La Terre est une sphère de 10 000 lieues de tour, un globe isolé de toutes parts dans l'espace. Représentons ce globe par une grosse boule de votre hauteur;

puis, sur cette boule, supposons quelques éminences propres à figurer les montagnes qui hérissent la surface de la Terre. Laissons de côté les collines plus ou moins élevées que vous pouvez connaître, et portons immédiatement notre attention sur le pic le plus remarquable de l'Europe, sur le mont Blanc, qui dresse à 4800 mètres de hauteur son dôme de neige. L'escalade de ce colosse de granit est une des plus rudes entreprises que l'on puisse se proposer; souvent, avant d'en atteindre le sommet, les plus vaillants manquent de force et de courage. Eh bien, pour figurer le mont Blanc sur la grosse boule qui représente la Terre, pour figurer la colossale montagne, il faut un tout petit grain de sable qui se perdrait entre vos doigts! Voici des nombres exacts. La plus haute montagne de la Terre se trouve dans le centre de l'Asie, elle a 8840 mètres de haut. Pour la représenter sur un globe d'un mètre et demi de hauteur, il faudrait un grain de sable d'un millimètre de relief. La Terre est donc tellement grande, que la montagne la plus considérable n'est, par rapport à elle, qu'un grain de sable insignifiant, perdu à la surface d'un globe d'un mètre et demi de hauteur.

5. Malgré ses énormes dimensions, la Terre est à son tour bien peu de chose quand on la compare au Soleil. Si le centre de l'astre venait occuper le point de l'espace où se trouve la Terre, le colosse engloberait celle-ci, perdue imperceptible dans l'immensité de ses flancs; et sa surface, débordant la région où la Lune se trouve, s'étendrait encore presque autant par delà. Le Soleil, à lui seul, remplirait donc l'espace situé tout autour de nous jusqu'à une distance presque double de celle qui nous sépare de la Lune. Pour combler la même étendue, il faudrait plus d'un million quatre cent mille globes comme la Terre!

Quelle erreur était la nôtre, en nous en rapportant aux apparences! Ce petit disque brillant, auquel nous aurions hésité à accorder, crainte d'exagération, les dimensions d'une roue, est un globe tellement gros que la Terre, la Terre si vaste, s'anéantit, comparée au colosse[1].

Le ciel aurait-il donc épuisé ses· richesses pour créer l'astre merveilleux? — Non cependant, car l'astronomie nous dit que chaque étoile, si petite qu'elle paraisse d'ici, est elle-même un soleil comparable au nôtre; elle nous dit que ces soleils, dont nous n'apercevons à la vue simple qu'une bien faible partie, sont tellement nombreux qu'il est impossible de les compter; elle nous dit que leur distance est si grande que, pour nous venir de l'étoile la plus rapprochée, la lumière met près de quatre ans, et des siècles entiers pour d'autres qui ne sont pas même les plus reculées. Rappelez-vous que pour nous venir de notre Soleil, la lumière n'emploie que huit minutes; et puis, si vous le pouvez, évaluez la distance qui nous sépare des autres soleils. Songez aussi à leur nombre et à leur volume. Mais non, n'essayez pas : l'intelligence est accablée devant ces immensités où se révèle toute la majesté de l'œuvre divine. N'essayez pas, ce serait chose vaine; mais laissez monter de votre cœur l'élan d'admiration que vous ne pouvez contenir, et bénissez Dieu, dont la puissance sans bornes a peuplé de soleils les abîmes du ciel.

6. Si nos connaissances relatives au volume et à la distance du soleil ont toute l'exactitude désirable, nous ne pouvons encore que soupçonner la constitution de l'astre et la nature des substances qui le composent. L'étude approfondie de la lumière qu'il nous envoie peut seule nous donner quelques notions sur ce grandiose sujet, et voici ce qu'elle nous apprend de plus probable.

[1] On appelle rayon d'une sphère la distance du centre de cette sphère à sa surface.

Le rayon terrestre vaut 1600 lieues. Le rayon du Soleil égale 112 rayons terrestres. Sa surface est environ 12 544 fois plus grande que celle de la Terre; et son volume est 1 404 928 fois plus grand que celui de la Terre.

La distance de la Terre à la Lune est en moyenne de 60 rayons terrestres.

Le Soleil se compose d'un globe central de matières tenues en fusion par une chaleur excessive, avec laquelle la plus violente que nous sachions produire ne peut entrer en comparaison. Autour de ce noyau fluide, océan de feu ayant, encore plus que le nôtre, ses mouvements tumultueux, ses vagues, ses tempêtes, s'enroule une enveloppe gazeuse d'une épaisseur immense, une sorte d'atmosphère de substances volatilisées par la chaleur [1]. Ce n'est donc plus ici, comme pour la Terre, une coupole bleue d'air où flottent des nuages déversant la pluie; c'est une enveloppe de flammes sillonnée d'éblouissantes fulgurations, un prodigieux entassement de vapeurs métalliques embrasées, qui retombent en averses de métaux fondus, se volatilisent encore et reproduisent indéfiniment leurs terribles cataractes.

Or, de ce brasier souverain rayonnent sans repos la chaleur et la lumière, qui vont en tous sens, dans les profondeurs de l'espace, illuminer et réchauffer la Terre et les autres planètes. Approximativement, on a pu mesurer la quantité de chaleur fournie par le Soleil. On a reconnu que chaque décimètre carré de sa surface en fournissait environ sept fois plus qu'une égale surface de la forge la plus ardente. La totalité de la chaleur solaire produite en 24 heures fondrait une couche de glace de quatre lieues et plus d'épaisseur, qui recouvrirait l'astre de partout. La Terre, si petite et comme perdue dans les immenses régions où pénètrent les rayons dardés par le Soleil, ne reçoit pour sa part, qu'une bien faible partie de cette chaleur totale. L'ensemble de la chaleur qu'elle reçoit en un an pourrait fondre une couche de glace de 30 mètres d'épaisseur qui l'envelopperait en entier.

7. Avant d'aller plus loin, il vous faut connaître l'instru-

---

[1] L'examen délicat de la lumière solaire nous enseigne qu'au nombre de ces substances, se trouvent plusieurs des métaux que nous connaissons ici, le fer, par exemple; seulement, par l'effet de la chaleur solaire, ces métaux, si difficiles à fondre dans nos forges, sont, dans le Soleil, à l'état de vapeurs incandescentes.

ment qui sert à mesurer la chaleur, c'est-à-dire le *thermomètre*. Vous avez déjà vu que l'air se dilate par la chaleur
et se contracte par le refroidissement. Cette propriété n'appartient pas uniquement à l'air; elle appartient à tous les
corps, sans exception, qu'ils soient gazeux, comme l'air, ou
liquides, comme l'eau, ou solides, comme le fer. Qui ne sait
qu'une marmite non entièrement pleine d'eau froide, étant
mise devant le feu, en laisse bientôt déverser une partie.
L'eau se dilate donc, puisque, une fois chaude, elle ne peut
plus être contenue en entier dans la capacité qui la contenait d'abord. Pour mieux juger de la dilatation des liquides,
on peut faire l'expérience bien simple que voici.

On remplit d'eau, ou de tout autre liquide, une fiole à
long col, en faisant arriver ce liquide jusqu'au milieu du col
environ. On marque le niveau actuel à l'encre, ou avec une
boucle de fil; enfin, on approche la fiole du foyer. Le niveau
monte peu à peu au-dessus du point de repère, qui permet
de suivre les progrès de la dilatation. En ayant soin de ne
pas le laisser déverser par-dessus l'orifice, on verra le liquide,
quand la fiole sera retirée de devant le foyer, redescendre
graduellement et gagner son niveau primitif. Il ne nous en
faut pas davantage pour nous convaincre que tous les liquides
se dilatent ou se contractent suivant qu'on les échauffe ou
qu'on les refroidit.

8. Une opération pratiquée par les charrons nous démon-
trera la dilatation des corps solides, du fer en particulier.
Une roue de voiture se compose de diverses parties. C'est
d'abord un morceau de bois tourné, appelé moyeu, qui en
occupe le centre et reçoit, dans un canal qui le traverse,
une grosse barre de fer, appelée essieu. Des bâtons, appelés
rais ou rayons, s'emboîtent par un bout dans le moyeu, et
par l'autre dans les pièces de bois formant le bord de la
roue et appelées jantes. Tout cela est fort compliqué et demande cependant une grande solidité. Pour assembler toutes
ces pièces avec la solidité désirable, voici ce que fait le

charron. Il prend un grand cercle de fer un peu plus étroit que la roue en bois, de telle sorte qu'il est impossible, dans les conditions actuelles, d'y faire entrer la roue. Il chauffe ce cercle; celui-ci s'élargit en tous sens, et, pendant qu'il est encore chaud, le charron y enchâsse la roue sans aucune difficulté, grâce à la dilatation du métal. Puis, le fer est brusquement refroidi avec de l'eau. La contraction du collier de fer est tellement énergique, que les jantes se resserrent sous une pression irrésistible, et que toutes les pièces de la roue sont désormais fixées l'une à l'autre de la manière la plus solide. Il est bien entendu qu'en outre de ce service, résultant de la dilatation et de la contraction du métal, le cercle en fer en rend un autre : celui de préserver les jantes du frottement contre le sol, et de les empêcher de s'user trop vite.

On tient soigneusement compte de la dilatation dans la construction des chemins de fer. Les barres de fer ou rails, qui, placées bout à bout, forment les lignes sur lesquelles roulent les wagons, ne se touchent pas à leur jonction. Pourquoi laisse-t-on ainsi un léger intervalle d'un rail au suivant? — Uniquement pour laisser un libre jeu à la dilatation pendant les chaleurs de l'été. Sans ces intervalles, les rails dilatés se pousseraient l'un l'autre avec une force impossible à maîtriser et seraient arrachés de la voie. Dans le passage de l'hiver à l'été, une ligne de rails de 100 kilomètres s'allonge de plus de 70 mètres.

Tous les corps se dilatent donc par la chaleur et se contractent par le refroidissement. Les plus dilatables sont les gaz, l'air en particulier; viennent ensuite l'eau et les autres liquides, et, enfin, les corps solides. Cette valeur inégale de la dilatation, suivant la nature des corps, vous explique pourquoi la marmite dont je vous ai parlé laisse, quand on la chauffe, se déverser une partie de l'eau, qui d'abord ne la remplissait pas en entier. Le vase et son contenu liquide se dilatent évidemment l'un et l'autre; mais le premier, beaucoup moins que le second ; et alors, le trop plein occasionné par cet excès de dilatation du liquide, doit s'écouler par-dessus les bords.

9. Puisque l'effet le plus constant de la chaleur sur les corps est de les dilater, il est tout naturel de se servir de cette dilatation pour mesurer la chaleur. Soit donc une petite ampoule en verre qui s'allonge en un tube ou col relativement fort long et d'un calibre très-étroit, comparable à celui d'un cheveu. On remplit cette ampoule d'un liquide ; et, pour que celui-ci ne puisse jamais se déperdre, on bouche l'extrémité supérieure du col en la fondant à la lampe. L'instrument ainsi construit peut se comparer à notre fiole de tout à l'heure, mais il est plus léger et plus sensible à la chaleur. Cet instrument, c'est le thermomètre. Le liquide que renferme son ampoule ou réservoir se dilate par la chaleur et s'élève plus ou moins haut dans le tube, de la même manière que l'eau chauffée s'élevait dans le col de notre fiole. Mais le canal du tube thermométrique étant extrêmement étroit, l'ascension du liquide y est bien plus apparente que dans notre grossière expérience, parce que, pour une même augmentation de volume, le liquide doit remplir en plus une portion du col d'autant plus longue que ce col est plus étroit[1].

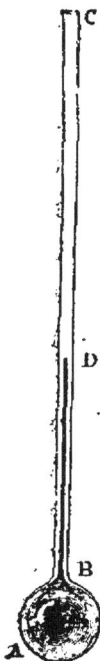

Fig. 5.

Le premier liquide venu pourrait servir à faire un thermomètre ; cependant, il y a quelques avantages à n'employer que le mercure ou l'alcool. L'alcool ou esprit-de-vin est sans couleur ; quand on l'emploie pour le thermomètre, on le colore en rouge. Le mercure, vous ai-je déjà dit, est un métal d'un blanc brillant pareil à celui de l'argent, dont il

---

[1] AB, ampoule pleine d'un liquide ; — BC, son col ; — BD, partie du col occupée par le liquide. Cette partie s'allonge ou se raccourcit suivant qu'on chauffe ou qu'on refroidit l'ampoule.

porte mal à propos le nom dans sa dénomination vulgaire d'argent vif, car il n'a rien de commun avec l'argent lui-même. Le mercure est coulant à la température ordinaire; mais il peut être durci, solidifié par un refroidissement énergique; et alors on le confondrait, pour l'aspect, avec l'argent. Le thermomètre à mercure est le plus exact et le plus employé.

CINQUIÈME LEÇON

LE THERMOMÈTRE

Graduation du thermomètre. — Points les plus remarquables de l'échelle thermométrique. — Le froid. — L'eau des puits, en apparence froide en été et chaude en hiver. — La chaleur est partout. — Rayonnement. — Refroidissement de la Terre. — Température des espaces planétaires. — Températures les plus basses observées à Paris depuis le commencement de ce siècle. — Rayonnement nocturne. — Inégale distribution de la chaleur solaire à la surface de la Terre. — Influence de l'obliquité des rayons solaires et de l'inégale durée des jours et des nuits. — La zone torride et ses caractères. — Les zones tempérées et les zones glaciales. — Leurs caractères.

1. Occupons-nous maintenant de la graduation du thermomètre. On est convenu de prendre, pour point de repère, deux températures faciles à obtenir et invariables : celle de la fusion de la glace et celle de l'ébullition de l'eau. On plonge donc le thermomètre dans la glace fondante; et, au point où s'arrête le mercure dans le tube thermométrique, on marque 0. On plonge ensuite l'instrument dans de l'eau bouillante, ou mieux dans sa vapeur, et l'on marque 100 au point qu'atteint le mercure. Enfin l'intervalle compris entre ces deux points de repère est divisé, avec le compas, en 100 parties égales, qu'on appelle degrés. On prolonge l'échelle thermométrique, tant au-dessus du point de l'eau bouillante qu'au-dessous du point de la glace fondante, en portant de part et d'autre, avec le compas, la longueur d'un degré autant que le permet la longueur du tube. Tantôt les degrés sont gravés sur le tube de verre lui-même, tantôt ils sont inscrits sur une planchette à laquelle le thermomètre est fixé.

Voici quelques-uns des points les plus remarquables de l'échelle thermométrique. Le signe °, placé au haut d'un nombre, se lit : *degré*. Le signe +, qui se prononce *plus*, veut dire au-dessus du 0 du thermomètre; le signe —, qui se prononce *moins*, veut dire au-dessous du 0.

— 140°, température probable des espaces célestes.

— 110°, température la plus basse que l'on sache obtenir artificiellement.

— 57°, température la plus basse observée dans les régions les plus froides de la Terre.

0°, température à laquelle la glace se fond. C'est aussi à cette température que l'eau se prend en glace.

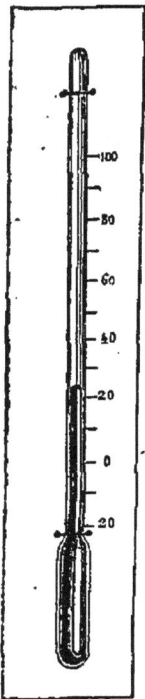

Fig. 6.

+ 38°, température du corps humain.

+ 54°, température la plus haute observée à l'ombre dans les pays les plus chauds de la Terre.

+ 100°, température de l'eau bouillante.

+ 350°, point d'ébullition du mercure.

+ 700°, température du fer rouge.

+ 1600°, température nécessaire à la fusion des métaux les plus difficiles à fondre.

+ 2070°, température la plus élevée que l'on sache produire.

Au delà de + 350°, le thermomètre à mercure ne peut plus servir, parce que le métal entre en ébullition et casse l'instrument. A plus forte raison ne peut-on se servir, pour des températures élevées, du thermomètre à alcool, qui bout à +78°. On emploie alors d'autres instruments qu'on appelle *pyromètres*. Pour des températures plus basses que — 40°, point où se solidifie le mercure, on emploie le thermomètre à alcool, qui ne se congèle à aucune température connue.

2. Si je ne me trompe, en lisant attentivement le tableau des principales températures que je viens de vous donner, et où se trouve le degré de froid le plus violent que l'on sache produire, vous devez vous demander comment il se fait que le thermomètre, construit pour mesurer la chaleur, soit apte aussi à mesurer le froid. Qu'est-ce donc que le froid? A-t-il une existence propre, est-ce quelque chose d'opposé à la chaleur? — Ma réponse vous fera sourire d'incrédulité, si je réponds : Non, le froid n'est rien. Expliquons vite ce paradoxe.

Soit l'eau d'un puits profond, au moment où elle vient d'être tirée. Elle est froide en été, chaude en hiver; c'est du moins ainsi que nous en jugeons d'après l'impression faite sur nos organes. Mais si, dans cette eau, soit en hiver, soit en été, nous plongeons un thermomètre, l'instrument, essentiellement véridique, accuse, malgré la différence des saisons, une température exactement la même. Dans ce conflit, à qui s'en rapporter, à nos organes ou au thermomètre? — Évidemment, à ce dernier. En effet, si l'eau du puits conserve en toute saison une température constante, celle de 10° par exemple, tandis que l'air qui nous baigne descend en hiver à 0° et au-dessous, pour monter, en été, à 25° ou 30°, en plongeant la main de l'air à 0° dans cette eau à 10°, celle-ci nous paraîtra chaude; au contraire, en la plongeant de l'air à 25° dans la même eau à 10°, cette dernière nous paraîtra froide.

Ainsi, une température réellement toujours la même peut être tour à tour qualifiée de froide ou de chaude, suivant les circonstances. Cela étant, le froid n'a pas d'existence propre. Un corps n'est froid que relativement à un autre corps plus chaud; ou, pour mieux dire, tous les corps

sont chauds, seulement à des degrés divers; et nous les qualifions de chauds ou de froids suivant qu'ils sont plus chauds
ou moins chauds que nos organes mis en contact avec eux.
La glace est chaude, et même très-chaude; car on pourrait
encore en abaisser énormément la température; les hautes
régions des neiges éternelles ont aussi leur chaleur, car la
température en est encore plus élevée que celle des régions
polaires, où le mercure se congèle et le vin se découpe à
coups de hache; ces dernières à leur tour ont leur chaleur,
car les espaces planétaires, dans lesquels la Terre se meut,
sont encore plus froids; et ainsi de suite, sans qu'il soit possible de savoir où s'arrête cette progression décroissante de
la chaleur. La chaleur est donc partout; et le froid n'est
qu'un mot servant à désigner les degrés inférieurs de
chaleur.

3. Lorsque différents corps inégalement riches en chaleur
se trouvent dans le voisinage l'un de l'autre, il se fait entre
eux un échange qui, tôt ou tard, amène une même température, commune à tous. Les plus chauds se refroidissent, en
fournissant de la chaleur aux plus froids; ceux-ci se réchauffent, en prenant de la chaleur aux plus chauds. On donne le
nom de *rayonnement* à cette émission de chaleur des corps
les plus chauds vers les corps les plus froids; et l'on dit qu'un
corps rayonne de la chaleur pour exprimer qu'il en envoie.

Un morceau de métal rougi au feu, quand il est retiré du
milieu des charbons et abandonné à lui-même, se refroidit
parce qu'il cède sa chaleur aux objets voisins moins chauds
que lui. De même, un boulet de fer, fortement chauffé d'a-
bord, puis suspendu au milieu d'un appartement, rayonne
de la chaleur dans tous les sens, et finit par ne plus
avoir que la température même de cet appartement. Or, la
Terre, au point de vue de la chaleur, est comparable à ce
boulet : elle est isolée de partout au milieu de l'espace,
beaucoup plus froid qu'elle. Elle perd donc de la chaleur
dans les étendues glaciales qu'elle parcourt; et, si le Soleil

ne venait chaque jour lui en fournir une nouvelle provision, elle finirait par se refroidir jusqu'à la température de ces étendues, comme le boulet se refroidit jusqu'à la température de l'appartement. Remarquons que le boulet, si grande que soit sa déperdition de chaleur, ne peut devenir plus froid que l'appartement au milieu duquel il est suspendu; tout au plus, après un temps suffisant, peut-il devenir tout juste aussi froid que lui. La Terre également, en aucun point de sa surface, ne doit être jamais plus froide que les espaces qu'elle parcourt.

4. Cette remarque peut nous servir pour évaluer, par à peu près, la température de ces espaces. Les régions de la Terre voisines des pôles sont privées du Soleil pendant des mois entiers. Pour ces régions, le refroidissement, occasionné par la déperdition de chaleur dans les espaces célestes, n'étant pas de longtemps compensé par la chaleur solaire, atteint un degré excessif, qui ne doit pas cependant dépasser la basse température de ces espaces. Or, on a vu, dans les régions polaires, le thermomètre descendre jusqu'à 57 degrés au-dessous de 0. Il est donc certain que la température des espaces parcourus par la Terre est au moins d'une soixantaine de degrés au-dessous du point de la formation de la glace. Se faire une idée exacte de ce degré de froid n'est pas chose facile. Depuis l'année 1800 jusqu'à nos jours, le thermomètre n'est jamais descendu à Paris, pendant les hivers les plus rigoureux, à 20 degrés au-dessous de 0. Trois fois seulement il a atteint de — 17° à — 19°, savoir : — 17° en 1829 et 1830, et — 19° en 1838. Dans les hivers ordinaires, le froid le plus vif n'atteint guère que —10°. Ainsi, la température des espaces célestes est, en tout temps, au moins six fois plus froide que celle des journées les plus rigoureuses des hivers ordinaires à Paris, et trois fois plus froide que les températures les plus basses des hivers extraordinaires, survenus trois fois seulement en plus de soixante ans. D'après des considérations trop élevées pour

trouver place ici, on croit même que la température des espaces célestes descend bien plus bas encore, jusqu'à
— 140° environ. Peu nous importe, après tout, la valeur
exacte de cette température; il nous suffit d'avoir reconnu,
au moyen du plus grand froid observé vers les pôles, que
l'étendue où circule la Terre est extrêmement froide. Nous
nous rendons ainsi compte du refroidissement qu'éprouvent tour à tour, pendant la nuit, les diverses régions de la
Terre. En l'absence du Soleil, ces régions, ne recevant plus
de chaleur et rayonnant celle qu'elles possèdent vers les espaces célestes, doivent se refroidir d'autant plus qu'elles
restent plus longtemps privées de la présence du Soleil. On
donne à cette déperdition de chaleur pendant la nuit le nom
de rayonnement nocturne.

5. La chaleur qui nous vient du Soleil est distribuée d'une
manière très-inégale à la surface de la Terre. L'efficacité des
rayons solaires dépend, en effet, d'une foule de circonstances, parmi lesquelles domine l'obliquité de ces rayons.
Pour comprendre ce qui va suivre, il suffit d'avoir observé
que, pour jouir en plein de la chaleur d'un foyer, il faut se
placer en face de ce foyer; et, qu'en se mettant, au contraire,
de côté, on reçoit bien moins de chaleur. Dans le premier
cas, la chaleur tombe d'aplomb sur nous et produit le plus
d'effet; dans le second cas, elle nous arrive d'une manière oblique et se trouve très-affaiblie. Cela dit, remarquons
que, par suite de sa rotation annuelle autour du Soleil, la
Terre présente ses différentes régions aux rayons solaires
sous une inclinaison variable; de sorte que tantôt ces
rayons arrivent d'aplomb sur le sol, tantôt plus ou moins
obliquement. De là résultent des températures fort différentes. Dans nos climats, par exemple, qui ne sait qu'en été
le Soleil est presque au-dessus de nos têtes à midi, tandis
qu'en hiver il est considérablement abaissé vers le sud? La
différence en température de ces deux saisons résulte précisément de ces différentes positions du Soleil. En été, nos

contrées sont dans le cas d'une personne qui se chauffe bien en face du foyer; en hiver, d'une personne retirée sur les côtés du foyer.

Relativement à la direction des rayons solaires, la surface entière de la Terre peut se partager en cinq régions appelées zones. La première région, nommée zone torride, est traversée, en son milieu, par une ligne circulaire idéale qu'en géographie on nomme équateur. Elle se termine au nord et au sud, par deux autres lignes appelées tropiques.

6. Dans la zone torride, le Soleil, à l'heure de midi, est toujours à peu près au point le plus haut du ciel ; ses rayons arrivent d'aplomb sur le sol et produisent cette haute température qui caractérise les pays compris entre les deux tropiques. Comme, d'autre part, les nuits et les jours conservent toute l'année, sous l'équateur, une valeur égale de douze heures, et s'écartent peu de cette égalité pour le reste de la zone, le refroidissement nocturne est exactement compensé par le réchauffement diurne, et la température ne varie pas d'une manière notable d'une saison à l'autre.

Dans ces contrées favorisées du soleil, c'est, d'un bout à l'autre de l'année, un été perpétuel. Les arbres n'y perdent jamais leur verdure, comme les nôtres dans nos tristes hivers; ils sont couverts en tout temps de fleurs et de fruits à la fois. C'est là que les forêts se peuplent de palmiers, dont la tige s'élance d'un seul jet pour déployer au-dessus des arbres les plus élevés un immense parasol de feuilles élégantes ; c'est là que, à profusion, éclosent ces fleurs éclatantes, ornements de nos serres, mais si frileuses que tous nos soins ne peuvent leur faire oublier ici le soleil de leur tiède patrie. Plus somptueux encore que les fleurs mêmes, les oiseaux y rivalisent d'éclat avec les pierres fines et les métaux précieux. Sur la gorge du colibri s'allume l'éclair du rubis, de l'émeraude et de l'or poli. Là vivent encore l'éléphant et les autres colosses du règne animal, qui font trembler le sol sous le poids de leurs massives charpentes ;

là rugissent le tigre et la panthère altérés de sang ; là rampent de monstrueux reptiles, couleuvres et lézards, dont le corps s'ouvre un sillon parmi les hautes herbes comme un tronc d'arbre en mouvement. Au milieu de cette puissante nature, l'homme seul est misérable. Bronzé, noirci par le soleil, dominé par un climat énervant, il reste inhabile aux travaux du corps comme à ceux de la pensée : le pays du soleil n'est le pays ni de l'activité ni de l'intelligence.

7. De chaque côté de la zone torride s'étendent, l'une dans l'hémisphère nord, l'autre dans l'hémisphère sud, deux nouvelles zones appelées tempérées. Elles ont pour limites, d'un côté, les tropiques, qui les séparent de la zone torride, et, de l'autre, les lignes, également fictives, nommées cercles polaires, qui les séparent des zones glaciales. Les habitants des zones tempérées n'ont jamais le Soleil exactement au-dessus de leurs têtes. Les rayons de l'astre n'arrivent au sol que sous une direction oblique en toute saison, mais beaucoup plus en hiver qu'en été pour notre hémisphère. De là résulte une température moindre que dans la zone torride. Enfin, si la durée du jour et de la nuit est rigoureusement égale en tout temps sous l'équateur, centre de la zone torride, à mesure qu'on s'écarte de cette ligne, la longueur de la journée et celle de la nuit deviennent variables d'une saison à l'autre. Dans chaque zone tempérée, la durée du plus long jour de l'année est, suivant la distance du lieu considéré à l'équateur, de 14, 15, 16, etc., jusqu'à 24 heures. En cette saison des plus longs jours, la chaleur solaire va s'accumulant, parce qu'elle n'est pas compensée par le rayonnement des nuits correspondantes, trop courtes : et la température s'élève beaucoup. Par contre, dans la saison opposée, c'est la durée des nuits qui l'emporte sur celle des jours ; et alors la température descend d'autant plus que le rayonnement nocturne dure plus longtemps. De ces deux causes réunies, savoir : l'obliquité variable des rayons solaires et l'inégalité des jours et des nuits en durée, résulte,

pour les zones tempérées, une différence considérable entre les températures les plus chaudes et les températures les plus froides de l'année.

Cette différence engendre les saisons : le printemps, dont les tièdes souffles font épanouir les fleurs ; l'été, qui dore la moisson aux ardeurs du soleil ; l'automne, qui récolte la grappe sucrée du raisin ; l'hiver, époque de repos pour la végétation. Moins riches, moins variées que les productions de la zone torride, celles des zones tempérées ont cependant plus de valeur pour nous. Le froment, la vigne et les plus précieux des animaux domestiques ne prospèrent que dans les contrées à climats tempérés. C'est, d'ailleurs, sous ces climats que l'homme déploie toute son activité, toutes les ressources de la pensée, et que se développent en plein les merveilles de l'art, de la science et de l'industrie. La France, tête et cœur des nations, occupe la partie la plus favorisée des zones tempérées.

8. Au delà de chaque cercle polaire s'étendent, jusqu'au pôle correspondant, les deux dernières zones, appelées glaciales. Ici l'obliquité des rayons solaires et l'inégalité des jours et des nuits sont plus grandes que partout ailleurs. Sous les cercles polaires mêmes, le plus long jour et la plus longue nuit de l'année sont de 24 heures. A partir de là, cette plus longue durée augmente graduellement jusqu'à atteindre la valeur de six mois aux pôles, où le Soleil reste, sans interruption, visible une moitié de l'année, et, sans interruption, invisible pendant l'autre moitié ; de sorte que l'année polaire se compose d'un seul jour et d'une seule nuit. Or, pendant ces longues journées où le Soleil tourne autour du spectateur sans se coucher, également visible à minuit et à midi, pendant ces longues journées qui en valent plusieurs des nôtres, qui valent même des semaines et des mois entiers, suivant les lieux, la chaleur, malgré l'obliquité des rayons du Soleil, finit par s'accumuler jusqu'à devenir insupportable par moments. Dans quelques anses abritées, les

navigateurs ont vu le goudron de leurs vaisseaux fondre et couler sous les feux de ce soleil permanent.

Mais aussi, quand l'hiver est arrivé et que les nuits, à leur tour, durent de 24 heures à 6 mois, le froid devient d'une excessive violence. Les rares navigateurs qui ont passé l'hiver sous ces âpres climats nous disent que le mercure du thermomètre se congèle, ce qui accuse une température au moins de 40 degrés au-dessous de zéro. Ils nous disent que le vin, la bière et autres liqueurs fermentées, se prennent dans les tonneaux en bloc de glace ; qu'un verre d'eau lancée en l'air retombe en flocons de neige ; que le souffle des poumons cristallise, à l'issue des narines, en aiguilles de givre ; que le contact d'un morceau de métal froid saisi sans précaution produit une cuisante douleur et désorganise aussitôt la peau. La mer elle-même se gèle à une grande profondeur et prolonge la terre ferme dont elle ne diffère plus, ayant, comme elle, ses immenses champs de neige et ses escarpements de glace.

9. Pendant de longues semaines, le Soleil ne se montre plus alors sur l'horizon ; il n'y a plus de différence entre le jour et la nuit ; où plutôt il y règne une nuit continuelle, la même à midi qu'à minuit. Cependant quand le temps est serein, l'obscurité n'est pas complète ; la clarté de la Lune et des étoiles, augmentée par l'éblouissante blancheur de la neige, sous laquelle tout est enseveli, produit une sorte de crépuscule monotone, suffisant pour la vision. D'ailleurs, vers le pôle, s'allument par intervalles les splendeurs de l'aurore boréale, foyer électrique qui darde ses rayons de lumière au haut du ciel, comme une gerbe d'artifice ses fusées. A la faveur de ce demi-jour blafard, dans des traîneaux qu'emportent en désordre des attelages de chiens, les peuplades de ces régions déshéritées poursuivent une proie dont la blanche et chaude fourrure forme un article important de commerce.

Chétif de taille, trapu, l'habitant de ces rudes climats partage son temps entre la chasse et la pêche. La première lui fournit des pelleteries pour ses vêtements ; la seconde lui fournit sa nourriture. Des poissons desséchés, tenus, en réserve à demi corrompus, de l'huile infecte de baleine, mets rebutants pour nous, sont le régal habituel de ses entrailles faméliques. Il demande encore à la pêche le combustible de son foyer, alimenté avec des tranches de lard de baleine et des ossements de poissons. Ici, en effet, le bois est inconnu ; aucun arbre, si robuste qu'il soit, ne peut résister aux rigueurs de l'hiver. Un saule, un bouleau, réduits à de maigres buissons traînant à terre, s'aventurent seuls jusqu'aux extrémités septentrionales de la Laponie, où cesse la culture de l'orge, la plus agreste des plantes cultivées. Au delà, toute végétation ligneuse cesse ; et pendant l'été, on ne trouve plus que de rares touffes d'herbe et de mousse, mûrissant à la hâte leurs graines dans les creux abrités des rochers. Plus haut encore, la fusion complète de la neige et de la glace ne peut avoir lieu l'été ; la terre n'est jamais à nu et toute végétation est absolument impossible.

SIXIÈME LEÇON

LE VENT

Les outres d'Éole et l'immensité tumultueuse de l'atmosphère. — En face de la vérité, la fiction n'est que pitoyable misère. — Cause du vent. — Expérience de Franklin. — Échauffement de l'air au contact du sol. — Cause de la plus grande fréquence du vent du nord dans le bassin méditerranéen. — Brise marine et brise terrestre. — Inégale rapidité d'échauffement et de refroidissement dans les différents corps. — La plaque de fer et l'assiette d'eau exposées au soleil. — Vent occasionné par la précipitation en pluie des vapeurs atmosphériques. — Ouragans des Antilles. — Vitesse du vent. — Erreurs où nous font tomber nos appréciations trop étroites. — Importance du vent pour l'assainissement de l'atmosphère et pour la fécondité de la terre.

1. L'imagination puérile de l'antiquité a personnifié le vent en quelques vigoureux gaillards, qu'Éole, leur chef,

tient captifs dans une profonde caverne. Ils se nomment ;
Aquilon, Borée, Zéphire, etc. A la voix d'Éole, ils s'élancent
de l'antre, se ballonnent la joue, et, suivant leurs attribu-
tions, soufflent la tempête ou de tièdes haleines. Pour favoriser les pérégrinations maritimes d'Ulysse, roi d'Ithaque,
petit îlot du littoral de la Grèce, ces Vents furent un jour
ignominieusement cousus dans des sacs de cuir, et relégués
au fond du navire qui portait le héros aimé des dieux.
L'indiscrète curiosité de l'équipage éveilla soudain une
violente tempête. Pour en connaître le contenu, on éventra
les sacs ; aussitôt les Vents déchaînés, hurlant et sifflant,
soulevèrent en tumulte les eaux de la mer. Tout périt. A
travers mille dangers, Ulysse parvint seul à regagner la
rive.

Mais laissons le roi d'Ithaque poursuivre ses aventures ;
et après les extravagantes conceptions de la Fable, examinons les faits, tout à la fois si simples et si majestueux, du
domaine de la Vérité.

2. Nous n'avons plus ici ces divinités bouffies, dont les
poumons soufflent l'ouragan ; nous n'avons plus ces tempêtes mesquines qu'on emmagasine dans une outre, obstacle suffisant pour les tenir en respect ; nous avons l'atmosphère immense, au fond de laquelle l'homme s'agite,
plus chétif, en face des incommensurables dimensions de
cette mer aérienne, que ne l'est le moindre des coquillages
en face des abîmes de l'océan ; nous avons l'atmosphère,
tantôt calme, riante, paisible, en apparence inoffensive,
tantôt tempétueuse, gonflée d'orages et précipitant sur la
Terre ses trombes furieuses. Le vent n'est plus le souffle
de Borée ; c'est une énorme masse d'air qui se déplace et
coule comme l'eau du fleuve ; c'est un torrent atmosphérique
qui, né d'un manque d'équilibre, se rue avec fracas dans
des régions nouvelles. Qui oserait mettre en parallèle les
Vents des cavernes d'Éole avec les indomptables déplace-
ments de la mer atmosphérique? De quel côté se trouvent

et la majestueuse simplicité et la souveraine puissance , dans la joue ballonnée de Borée, ou dans l'immensité tumultueuse de l'atmosphère? Il en est ainsi pour toutes choses : en face de la vérité, la fiction n'est que pitoyable misère, car la première est l'œuvre de Dieu, et la seconde n'est que l'œuvre de l'homme.

3. L'écoulement de l'air d'une région de l'atmosphère dans une autre, le vent enfin, reconnaît pour cause principale l'action de la chaleur solaire. Nous avons vu qu'en s'échauffant l'air se dilate, devient plus léger et s'élève, poussé de bas en haut par l'air froid environnant. Cette ascension de l'air chaud présente une telle importance qu'il ne sera pas de trop, pour bien graver dans notre mémoire ce fait fondamental, d'appeler à notre aide quelques autres exemples.

Lorsque, au-dessus d'un poêle allumé, on secoue un morceau de papier enflammé, on voit les parcelles carbonisées s'élever comme entraînées par un courant. Ce courant est produit par l'air qui s'échauffe au contact du poêle. C'est encore par l'air chaud ascendant que la fumée est entraînée dans le conduit d'une cheminée. Mais de tous les exemples qu'on pourrait choisir parmi ceux qui sont à votre portée, le plus remarquable est celui-ci :

En hiver, ouvrez la porte qui fait communiquer un appartement chauffé avec un autre qui ne l'est pas ; et présentez une bougie allumée, tantôt au haut de l'ouverture de la porte, tantôt au bas. Dans le premier cas, vous verrez la flamme de la bougie se diriger de l'appartement chauffé vers l'appartement froid ; dans le second cas, ce sera le contraire : la flamme se dirigera de l'appartement froid vers celui qui est chaud. Cette double direction de la flamme, en sens diamétralement opposés, accuse deux courants : l'un, d'air chaud, à la partie supérieure de la porte, où la flamme est chassée de l'appartement chauffé vers celui qui ne l'est pas ; et l'autre, d'air froid, à la partie inférieure de la porte, où la flamme se dirige de l'appartement froid vers celui qui est chaud.

4. Ainsi qu'on le verra dans une des leçons suivantes, l'air ne s'échauffe que très-difficilement par l'action directe des rayons du Soleil. C'est ce que prouve la faible température des hautes régions de l'atmosphère. Il s'échauffe très-bien, au contraire, au contact des corps terrestres, qui lui cèdent une partie de leur chaleur, et surtout au contact du sol fortement échauffé lui-même par le Soleil. Devenu plus léger, l'air chaud quitte le sol et s'élève dans l'atmosphère, tandis que l'air froid des contrées voisines accourt prendre sa place. Il se produit ainsi un double courant : l'un supérieur, allant de la contrée chaude à la contrée froide, l'autre inférieur, dirigé de la contrée froide à la contrée chaude. C'est en tout pareil à ce qui se passe quand on ouvre la porte de communication de deux appartements, et qu'on met en rapport l'air chaud de l'un avec l'air froid de l'autre. Il n'est pas rare de pouvoir constater, à l'aide des nuages, la marche inverse des deux courants atmosphériques. On voit, en effet, les nuages des régions élevées se diriger dans un sens, et ceux des régions inférieures se diriger dans l'autre. Des deux écoulements en sens inverses de l'air, celui qui s'effectue à la surface du sol nous intéresse le plus, parce qu'il est en rapport direct avec nous. Dans ce qui va suivre, il ne sera donc question que du courant inférieur.

5. Le vent est très-variable dans sa direction, car la contrée de la Terre qui, par son échauffement, en provoque le souffle, peut se trouver, suivant des circonstances très-complexes, tantôt d'un côté, tantôt de l'autre par rapport à la contrée que l'on considère. Aussi, dans un même lieu, le vent peut tour à tour souffler du nord, du midi, ou de tout autre point de l'horizon. Cependant, parmi toutes ces directions, il en est une qui, pour chaque contrée, se reproduit plus souvent que les autres, et qui est occasionnée par la configuration de cette contrée et de celles qui l'avoisinent.

C'est ainsi, par exemple, que la plus grande fréquence du vent du nord dans le midi de la France, dans la Méditerranée et sur les côtes de l'Algérie, est occasionnée par la haute température qui règne dans les vastes plaines sablonneuses du centre de l'Afrique ou du Sahara. Un soleil torride, qu'aucun nuage ne modère, échauffe ces plaines de sable jusqu'à les rendre brûlantes. Au contact de ces étendues sans ombre, d'immenses nappes d'air s'échauffent, s'ébranlent, s'élèvent, aussitôt remplacées par l'air frais de la mer voisine. De là, ces vents du nord qui balayent la Méditerranée ; de là, enfin, l'écoulement de l'air des régions méridionales de la France dans le bassin méditerranéen, et, de proche en proche, des sommets glacés des Alpes dans les plaines de la Provence. Consultez une carte : elle vous apprendra quelle doit être l'énormité de la masse d'air mise en mouvement dans ce torrent atmosphérique qui, parti du midi de la France, traverse la Méditerranée et s'engouffre dans l'intérieur de l'Afrique.

6. Sur toutes les côtes maritimes règne un vent remarquable par sa régularité, et qui, suivant l'heure de la journée, souffle de la mer à la terre, ou de la terre à la mer. On lui donne le nom de brise.

Le matin, vers les huit ou neuf heures, l'air commence à s'animer d'un léger frémissement. Presque insensible au début, ce frémissement se propage, s'accroît et devient bientôt un souffle assez fort qui part du large, à une grande distance des côtes, et verse sur la terre l'air frais de la mer. Ce souffle est la brise marine. Sa force et son étendue augmentent à mesure que s'élève la chaleur du jour, de sorte que la terre reçoit l'air frais de la mer avec d'autant plus d'abondance que le soleil est plus brûlant. Vers trois heures de l'après-midi, la brise a acquis toute sa force. A partir de ce moment, elle faiblit à mesure que la température baisse, et, au coucher du Soleil, l'air redevient calme pour quelques heures. Les navires à voiles profitent de ce.

vent, qui chaque jour souffle de la mer à la terre, pour se rapprocher des côtes et entrer dans le port.

Après le calme survenu au coucher du Soleil, un nouveau mouvement se manifeste dans l'air, mais en sens inverse du précédent. Le vent souffle alors de la terre à la mer. Toute la nuit, il gagne en force jusqu'au lever du Soleil ; puis, il s'affaiblit et cesse quand la chaleur du jour commence à se faire sentir. C'est à la faveur de ce vent, nommé brise de terre, que les navires à voiles sortent du port.

7. Voici l'explication de ces deux brises, qui reviennent périodiquement et soufflent tour à tour : l'une, de la mer à la terre pendant le jour ; l'autre, de la terre à la mer pendant la nuit.

En exposant en même temps aux rayons du Soleil une plaque de fer non polie et une assiette pleine d'eau, on reconnaît bientôt, par le toucher, que le fer a acquis une chaleur élevée, presque insupportable en été, tandis que l'eau s'est à peine échauffée. Cette expérience, répétée avec des matières de toute nature, apprend que les substances rugueuses, inégales à leur surface et de couleur sombre, s'échauffent au soleil avec une grande facilité, comme le fait la plaque de fer de notre exemple. Elle apprend enfin que les substances dont la surface est polie, brillante et de couleur claire, ne s'échauffent que difficilement. C'est ainsi que se comporte l'eau exposée au soleil. Par contre, les mêmes substances qui s'échauffent avec le plus de facilité, sont aussi celles qui se refroidissent le plus rapidement. Ainsi, de deux vases en fer-blanc pleins d'eau également chaude et dont l'un serait tout noirci de fumée à l'extérieur, tandis que l'autre aurait tout son brillant, c'est le premier qui serait le plus tôt refroidi.

Ce double résultat nous donne l'explication de la brise. Nous avons, en effet, à considérer, d'une part, la mer, avec sa surface limpide, polie, miroitante ; d'autre part, la terre ferme, avec ses rochers, ses sables, ses champs cultivés, toutes choses de couleur sombre et de surface rugueuse. Pendant le jour, sous l'action des rayons solaires, la terre ferme s'échauffe plus que la mer; mais aussi, pendant la nuit, elle se refroidit davantage. D'après cela, pendant le jour, l'air chaud qui s'élève de la terre doit être remplacé par l'air plus froid de la mer. C'est ce qui produit la brise marine. Pendant la nuit, c'est la mer qui, se refroidissant moins vite, est couverte par l'air le plus chaud. Alors l'air de la mer doit s'élever pour faire place à l'air plus froid des côtes voisines. Telle est la cause de la brise de terre.

8. Le vent peut être encore occasionné par une forte pluie. Par l'effet de la chaleur, l'eau se dissout dans l'air, s'évapore, c'est-à-dire se transforme en une substance invisible comme l'air lui-même et qu'on nomme vapeur. L'atmosphère renferme toujours de cette vapeur invisible, due en majeure partie à l'évaporation continuelle de la surface des mers. A la suite d'un refroidissement convenable, la vapeur d'eau disséminée dans l'air redevient liquide et se précipite sur la terre en gouttes de pluie. L'étendue atmosphérique qui prend part à la formation d'une pluie est excessivement grande, car, pour produire un litre d'eau, il faut cinquante mille litres de vapeur telle qu'elle se trouve dans l'air. Supposons donc une pluie très-forte, tombant sur une vaste étendue de pays et capable en une heure, si le sol ne la buvait pas, de couvrir cette étendue d'une couche de quatre centimètres d'épaisseur. Cette couche d'eau provient d'une masse de vapeur cinquante mille fois plus épaisse, c'est-à-dire haute de 2000 mètres. Une pareille masse de vapeur, d'une demi-lieue d'épaisseur sur une étendue qui peut embrasser des provinces entières, amène un vide immense dans l'atmosphère en disparaissant par sa résolution en pluie. Aussitôt l'air des contrées voisines accourt combler ce vide en occasionnant des vents d'une violence extraordinaire. Dans les climats les plus chauds de la Terre, à la suite de pluies diluviennes, la force du vent est parfois irré-

sistible. Les arbres sont brisés ou couchés à terre comme
de simples roseaux ; la toiture des maisons est enlevée ; des
habitations sont même complétement rasées ; les canons
montés sur leurs affûts sont renversés, et les piles de bou-
lets, dispersés comme de légers tas de feuilles. Aux Antilles
et dans les Indes, on appelle ouragans les coups de vent qui
atteignent cette redoutable impétuosité.

La distance parcourue par seconde est de 1 à 5 mètres
pour les vents faibles ; de 5 à 15 mètres pour les vents
forts ; de 15 à 30 mètres pour les vents violents capables de
déraciner les arbres ; et de 50 mètres au plus pour les ouragans qui renversent les habitations.

9. Demandons-nous, pour terminer, quel est le rôle du
vent dans l'harmonie générale de ce monde. En nous plaçant au point de vue d'un sot égoïsme, en voulant tout rapporter d'une manière trop directe à notre bien-être person-
nel, nous avons sur beaucoup de choses les idées les plus
fausses. Ainsi, dans le cercle étroit de nos impressions et
de nos intérêts personnels, le vent n'est-il, d'ordinaire, nui-
sible ou pour le moins désagréable, et ne le supprimerions-
nous pas volontiers si c'était en notre pouvoir ? C'est tantôt,
en effet, la bise, âpre, glacée, qui porte le froid au cœur,
gerce l'épiderme, endolorit la poitrine et meurtrit les pousses encore tendres de la végétation printanière ; c'est
tantôt le souffle du midi, qui énerve, rend la tête lourde et
la pensée paresseuse ; c'est encore la tempête, qui couche
les récoltes, ravage les plantations, suscite les fureurs de la
mer et engloutit les navires dans les flots ; c'est l'ouragan
enfin, qui rase les édifices et saccage des villes entières.
Ah ! quelle triste chose que le vent !

Mais attendez un peu, examinons ensemble ce qui pourrait
arriver si le vent ne soufflait plus. Imaginons donc qu'un
calme parfait règne sans discontinuer dans toute l'atmosphère. Aussitôt, les émanations malsaines que ne balaye plus
le souffle du vent s'accumulent sur les villes populeuses.

L'air corrompu par la décomposition des matières animales et végétales, vicié par la respiration elle-même, ensevelit nos demeures dans un linceul de mort sous lequel fermente la peste. En peu de temps, le fléau né de la corruption sévit dans le monde entier. Ce n'est pas tout : la mer est le réservoir d'où la chaleur solaire fait monter ces immenses amas de vapeurs que le vent charrie, au-dessus des continents, sous forme invisible ou sous forme de nuages. Tôt ou tard, ces vapeurs se résolvent en pluies, qui fécondent le sol et alimentent les fleuves, les sources, les fontaines. En l'absence du vent, les vapeurs s'élèveront toujours de la surface des mers; mais, n'étant plus poussées au-dessus de la terre ferme, elles retomberont en pluies inutiles sur les eaux qui les ont engendrées. Tous les fleuves, si grands qu'ils soient, tariront donc jusqu'à leur dernière goutte, car toute l'eau des continents se rend à la mer et ne peut en revenir sans le secours des vents. Les ruisseaux, les sources, les puits, tariront également; le sol ne conservera plus aucune trace d'humidité. Mais, sans eau, tout ce que la terre nourrit doit périr. Ainsi, sans le vent, la végétation est impossible; les diverses races animales sont vouées à la destruction; l'humanité entière est moissonnée par la famine et la peste, et la terre ferme n'est plus qu'un désert altéré d'où la vie est bannie à jamais.

Que notre souhait était imprudent! Demander à Dieu la suppression du vent, ce serait lui demander la dépopulation de la terre. Remercions-le, au contraire, des vents, qui, sur leurs ailes, recueillent les vapeurs de la mer et les amènent sans relâche au-dessus des continents pour les vivifier; remercions-le même de la tempête et de l'ouragan, ces indomptables souffles qui brassent l'atmosphère de fond en comble et en dissipent les miasmes pestilentiels.

SEPTIÈME LEÇON

LES NUAGES

La blanche ouate des nuées. — Le cortége du soleil couchant. — Magnificences résultant des choses les plus communes. — Le prestige des nuages calculé sur la distance à laquelle nous devons les contempler. — Aspect d'un nuage vu de près. — Les brouillards. — Évaporation de l'eau. — Les vapeurs atmosphériques. — Expérience de la carafe pleine d'eau fraîche. — Condensation des vapeurs. — Formation des nuages. — Les brumes des vallées humides. — Cause de la suspension des nuages. — Les bulles d'eau de savon. — Les vapeurs vésiculaires. — Hauteur des nuages. — Éternelle sérénité des régions supérieures de l'atmosphère. — Nuages composés de fines aiguilles de glace. — Principales formes des nuages.

1. Qui d'entre vous, en regardant les nuées, n'a souhaité l'aile de l'oiseau pour se transporter au milieu de cette ouate céleste d'une blancheur éclatante, qui s'amoncelle en montagnes de coton cardé? Qui n'a désiré reposer sur le moelleux matelas du nuage, sorte de toison, tantôt plus blanche que neige, tantôt incendiée de rouges réverbérations, comme si quelque fournaise s'embrasait dans son épaisseur? Et le cortége du soleil couchant, ce cortége de nuages dont la splendeur n'a rien de semblable au monde, qui n'a désiré le contempler de plus près ; qui ne s'est demandé dans quels trésors puise le ciel pour créer toutes ces magnificences? Vous rappelez-vous ces cascades d'or fondu, ces fleuves de braise, ces entassements prodigieux d'ouate couleur de feu, ces tentures éblouissantes, dont l'œil a de la peine à supporter l'éclat, enfin tout ce riche appareil dont le Soleil, parfois, s'entoure avant de nous quitter? Que de merveilles produites avec les matières les plus communes! Ces nuages resplendissants, devant lesquels l'éclat de toute chose terrestre pâlit, ne sont qu'un peu de vapeur d'eau que traverse un rayon de soleil !

Vous désirez savoir ce que sont les nuages. Votre curiosité, je dois vous en avertir, va dissiper encore une de vos illusions. N'importe : lorsqu'après mûr examen, les nuées d'ouate éblouissante, les flocons de pourpre et d'or, ne seront plus que des fumées grises, bien humides et bien froides, la réflexion vous montrera combien est grande l'importance de ces fumées, et vous serez loin de regretter le mouvement de curiosité qui les doit dépouiller de leurs riches apparences. Le spectacle des nuages, comme celui de la voûte bleue du ciel, doit être vu de loin. La voûte du ciel perd son riant azur à mesure qu'on s'élève plus haut ; les nuages perdent leurs chaudes teintes quand on les visite de trop près. Spectateurs de la création, nous sommes, en général, placés au point de vue favorable pour en saisir les magnificences. Si notre curiosité veut sonder de trop près certaines apparences, nous les trouvons quelquefois trompeuses ; mais nous trouvons aussi que, sous un éclat secondaire, objet d'ornement pour la Terre, elles cachent des réalités d'une importance de premier ordre. La coupole bleue du ciel n'est qu'une illusion, et sous cette illusion se cache l'atmosphère, qui nous distribue la lumière, nous conserve la chaleur, et nous fournit l'air nécessaire à la vie ; les merveilles des nuages ne sont qu'une illusion, et sous cette illusion se cachent les réservoirs de la pluie, cause de la fécondité de la Terre. L'Intelligence infinie, par qui les moindres détails de l'univers ont été réglés, a voulu que les substances les plus communes, mais les plus nécessaires, servissent, malgré leurs humbles apparences, à l'ornement de la Terre ; et elle les a revêtues d'un prestige calculé sur la distance à laquelle nous devons les contempler.

2. En gravissant les hautes montagnes, sur les flancs desquelles ils stationnent fréquemment, on s'est assuré que les nuages, quelles qu'en soient d'ici-bas les riches apparences, sont formés par des brouillards, pareils à ceux qui, dans les froides matinées d'automne, couvrent la terre d'un voile de fumée grise et nous empêchent de voir à quelques pas en avant. La brume automnale, qui nous pé-

nètre d'humidité et nous dérobe parfois tout le jour la vue
du Soleil, n'est autre chose qu'un nuage qui, au lieu de
flotter dans l'atmosphère, où il prendrait l'admirable aspect
que vous connaissez, s'étale sur la terre et se montre à
nous tel qu'il est, gris, monotone, froid.

Transportons-nous, en imagination, au haut d'une montagne visitée par les nuages. Si les circonstances sont favorables, voici ce que nous verrons. Au-dessus de nos têtes,
le ciel, d'une pureté parfaite, ne présente rien de particulier; le Soleil y brille de tout son éclat. Là-bas, à nos
pieds, presque dans la plaine, un grand nuage blanc repose
sur le sol. Bientôt un courant d'air ascendant le balaye devant lui et l'entraîne vers le sommet. Le voilà qui roule, en
remontant le flanc de la montagne, comme un énorme
entassement de coton poussé par une main invisible. Par
moments, un rayon de soleil glisse dans son épaisseur et
lui communique les reflets de l'or et du feu. Les nuages
admirables, derrière lesquels disparaît le Soleil à son coucher,
n'ont pas plus de richesse. Quel vif éclat, quelle souplesse
moelleuse dans ses flocons!... Il monte, il monte toujours.
Maintenant il s'enroule, pareil à une ceinture éclatante de
blancheur, autour du sommet de la montagne, et nous cache
la vue de la plaine. Le point où nous sommes domine seul
au-dessus du rideau nuageux, comme un îlot au-dessus de
la mer. Ce point est enfin envahi; le nuage nous enveloppe
de partout. Chaudes teintes de la pourpre, moelleux aspect
de l'ouate, tout a disparu. Ce n'est plus qu'un morne brouillard, tout ruisselant d'humidité, qui nous glace et nous
porte la tristesse dans l'âme. Plaise au Ciel qu'un coup de
vent emporte bientôt ce déplaisant visiteur!

3. Si beaux qu'ils soient vus à distance, les nuages ne
sont donc que de tristes brouillards. Leur riche coloration
n'est qu'un jeu de lumière, et provient de la manière dont
ils sont éclairés par le Soleil. Quant aux brouillards, il est
clair qu'ils sont formés par de l'eau en suspension dans l'air;

l'impression d'humidité qu'on éprouve à leur contact ne laisse pas de doute à ce sujet. Parlons alors de l'eau que l'air peut contenir.

Mise sur le feu, l'eau se met à bouillir et répand d'abondantes fumées, qui se dissipent rapidement. En peu de temps, le vase où s'opère l'ébullition est à sec, car toute l'eau en est passée dans l'air, où elle se trouve maintenant dissoute et invisible. Une assiette pleine d'eau, simplement exposée à l'air libre, perdrait également son contenu peu à peu et se trouverait enfin à sec. Ainsi, par l'action seule de la chaleur des divers objets qui l'avoisinent, l'eau peut se dissiper dans l'air, comme elle le fait, mais avec plus de rapidité, quand elle est mise sur le feu. Cette dissolution de l'eau dans l'air sans l'intervention d'un foyer, prend le nom d'évaporation; et l'on donne le nom de vapeur à l'eau qui a pris la forme gazeuse, aérienne, et est devenue invisible comme l'air lui-même dans lequel elle est dissoute. Lorsqu'un linge mouillé est étendu à l'air, il se sèche tôt ou tard, c'est-à-dire que l'eau dont il était imbibé l'abandonne pour se disséminer dans l'air en prenant la forme de vapeur. Cette dessiccation du linge s'effectue en tout temps, en toute saison, pendant l'hiver comme pendant l'été; mais elle est bien plus rapide quand l'air est chaud et sec que lorsqu'il est froid et humide. Donc l'évaporation de l'eau se fait à toute température; seulement, elle est plus ou moins facile et abondante suivant que la température est élevée ou faible.

4. En toute saison, mais surtout en été, il y a donc de la vapeur dans l'atmosphère. C'est ce qu'on peut reconnaitre au moyen d'une carafe pleine d'eau très-fraîche et dont on a soin de bien essuyer l'extérieur. Exposée à l'air pendant l'été, une pareille carafe se couvre rapidement d'un léger brouillard qui en ternit la transparence et se convertit bientôt en fines gouttelettes ruisselantes. Ces gouttelettes d'eau proviennent de la vapeur contenue dans l'air. Re-

froidi au contact de la carafe, l'air ne peut plus tenir en
dissolution toute l'eau qu'il contenait d'abord à l'état de
vapeur invisible; et alors, une partie de cette vapeur devient d'abord visible en prenant la forme d'un brouillard,
puis se rassemble en gouttelettes liquides. Cette expérience,
tout en nous permettant de constater la présence de la vapeur dans l'air, nous apprend donc en outre que, par le
refroidissement, cette vapeur devient visible en formant un
brouillard, un nuage; et qu'enfin ce brouillard, si le refroidissement continue, se change à son tour en gouttelettes
d'eau. On donne le nom de condensation au retour des vapeurs à l'état d'eau, en passant par la forme intermédiaire
de brouillard. En résumé : la chaleur réduit l'eau en vapeur
invisible; et le froid condense cette vapeur, c'est-à-dire la
ramène à l'état liquide, ou pour le moins à l'état de brouillard où de vapeur visible.

5. Nous pouvons, avec les explications qui précèdent,
nous rendre compte de la formation des nuages. Une évaporation continuelle a lieu, tant à la surface du sol humide
qu'à la surface des différentes nappes d'eau, lacs, étangs,
marécages, fleuves, et surtout de la mer. Les couches inférieures de l'air s'imprègnent donc incessamment de vapeur d'eau. Si ces couches inférieures sont assez froides,
les vapeurs qu'elles renferment éprouvent un commencement de condensation et produisent un brouillard. Telle
est la cause des brumes qui, dans les matinées de printemps
et d'automne, couvrent les vallées où se trouvent des marécages ou des cours d'eau. Plus tard, quand le soleil est
assez vif, ces brouillards se dissipent, parce que les vapeurs
à demi condensées qui les forment se dissolvent en entier
dans l'air par l'effet de la chaleur et deviennent invisibles.
Mais si les couches inférieures de l'atmosphère sont chaudes, elles s'élèvent dans les hautes régions, emportant avec
elles les vapeurs invisibles dont elles se sont imprégnées au
contact de la terre humide ou des nappes d'eau. Cette

masse d'air chaud et chargé de vapeurs rencontre, en s'élevant plus haut, des températures de plus en plus froides; il arrive donc un moment où les vapeurs ne peuvent plus être tenues en dissolution complète et se résolvent en un brouillard, qui prend alors le nom de nuage. Un nuage n'est donc, comme je vous l'ai déjà dit, qu'un brouillard, formé dans les hauteurs de l'air par la vapeur, d'abord invisible, qu'entraîne un courant ascendant d'air chaud.

La brume des nuages est soutenue dans l'atmosphère par les courants qui y règnent d'ordinaire ; mais si l'air est parfaitement tranquille, elle tend à redescendre, comme redescendrait un tourbillon de fine poussière que le vent aurait soulevée. C'est ce qu'on peut observer quand on se trouve, par un temps calme, sur une haute montagne nuageuse. On voit alors la brume d'un nuage descendre très-lentement; mais, tôt ou tard, elle rencontre en descendant une couche d'air assez chaude ; et alors, elle se dissipe pour repasser à l'état de vapeur invisible, qui s'élève, se condense de nouveau et rejoint l'arrière du nuage. Celui-ci, sans cesse détruit dans sa partie inférieure, se reconstitue de la sorte dans sa partie supérieure, et, malgré des changements incessants, conserve une même étendue et se maintient à peu près à la même hauteur. Ainsi les nuages qui, dans un ciel bien calme, nous paraissent immobiles et invariables, sont en réalité dans un mouvement continuel, dans un état permanent de formation et de destruction.

6. La forme de la vapeur visible est très-remarquable. Rappelons d'abord un jeu qui vous est connu. Si vous soufflez dans une goutte d'eau de savon suspendue à l'extrémité d'une paille, cette goutte se gonfle en une bulle ronde, qui brille des couleurs de l'arc-en-ciel, se détache de la paille et s'élève jusqu'à ce qu'elle crève, ce qui ne tarde pas à arriver. Cette bulle est formée par une couche excessivement mince d'eau de savon emprisonnant l'air chaud de votre souffle. Elle s'élève donc en vertu de la même

Fig. 7.

cause qui fait monter les montgolfières. Ce qu'il nous importe le plus de remarquer ici, c'est que l'eau, dans des circonstances convenables, peut se gonfler en petites vessies contenant de l'air. La vapeur visible des nuages se compose précisément de vessies de ce genre, mais incomparablement plus petites que celles de l'eau de savon. Aussi les désigne-t-on par le nom de vésicules, diminutif de vessie. De là vient le nom de vapeur vésiculaire, qu'on donne à la vapeur visible des nuages et des brouillards. Ces vésicules sont tellement petites, qu'il en faudrait environ cinquante placées à la file l'une de l'autre pour faire la longueur d'un millimètre. Quoique gonflées d'air, elles ne tendent pas à s'élever, comme le font les bulles d'eau de savon, parce que l'air qu'elles renferment n'est pas plus chaud que l'air extérieur. Elles s'élèvent seulement par l'intermédiaire des courants ascendants de l'atmosphère. Avec un peu d'attention, on peut les observer au milieu d'un brouillard. On les voit sur les vêtements, surtout ceux de couleur sombre, comme une fine poussière tout juste perceptible au regard.

7. A quelle hauteur se tiennent les nuages? — Eh bien, cette hauteur est fort variable et n'atteint pas, en général, la valeur que vous pourriez supposer. Il y a des nuages qui traînent paresseusement à terre, ce sont les brouillards; il y en a d'autres qui stationnent sur les flancs des montagnes médiocrement élevées; d'autres qui en couronnent les sommets. La région où ils se trouvent le plus communément est comprise entre 500 et 1500 mètres. Dans quelques cas assez rares, ils s'élèvent à près de quatre lieues de hauteur. Lors de son ascension aérostatique, Gay-Lussac, parvenu à une hauteur d'environ 7000 mètres, vit, au-dessus de sa tête quelques légers flocons nuageux qui lui parurent aussi élevés au-dessus de lui qu'il l'était lui-même au-dessus du sol. Ainsi, la plus grande élévation à laquelle des nuages auraient été observés serait de 14000 à 15000 mètres. Cette hauteur, toute exceptionnelle cependant, ne fait pas

le quart de l'épaisseur de l'atmosphère. Il n'y a donc que les parties les plus basses de l'atmosphère qui soient accessibles aux nuages. Ses régions supérieures, c'est-à-dire les trois quarts au moins de son épaisseur totale, sont dans une éternelle sérénité. Là, jamais ne montent les vapeurs de la Terre; là, jamais ne gronde le tonnerre et ne se forment la neige, la grêle et la pluie.

Tous les nuages ne se composent pas de vapeur vésiculaire. A des hauteurs un peu grandes, le refroidissement doit être assez énergique pour amener les vapeurs à l'état de glace. Des ascensions aérostatiques ont permis, en effet, d'observer, au milieu même de l'été, à 6000 mètres de hauteur, des nuages uniquement composés de très-fines aiguilles de glace. On appelle *cirrus*[1] les nuages qui présentent cette singulière composition. Vus d'ici-bas, ils ont tantôt l'aspect de légers flocons pareils à des touffes de laine crépue, tantôt celui de filaments déliés d'une blancheur éclatante faisant un vif contraste avec le bleu foncé du ciel. Dans nos contrées, les *cirrus* apparaissent quand le vent du midi commence à souffler après une période de beau temps. Ils annoncent la pluie en été, et la gelée ou le dégel en hiver. De tous les nuages ce sont les plus élevés; ils atteignent souvent 7000 mètres et plus de hauteur. Quand les *cirrus* prennent la forme de petits nuages arrondis, moutonnés, le ciel qui en est couvert est dit pommelé. C'est d'ordinaire un présage de changement de temps.

On donne le nom de *cumulus* à ces gros et magnifiques nuages blancs à contours arrondis, qui s'entassent sur l'horizon, pendant les chaleurs de l'été, comme d'immenses montagnes d'ouate. Leur apparition présage l'orage. On nomme *stratus* les nuages disposés par bandes irrégulières, étagées au-dessus de l'horizon au moment du coucher du Soleil. Ce sont ces nuages qui, aux dernières lueurs du jour,

---

[1] La figure 7 reproduit les principales formes des nuages. A Cirrus, B Cumulus, C Stratus, D Nimbus.

surtout en automne, resplendissent des reflets des métaux
en fusion et de la pourpre ardente de la flamme. Les *stratus*
rouges du soir annoncent le beau temps. Enfin, on appelle
nimbus un ensemble de nuages sombres, d'un gris uniforme, tellement confondus l'un dans l'autre qu'il est impossible de les distinguer. Ces nuages se résolvent ordinai-
rement en pluie.

HUITIÈME LEÇON

LA PLUIE

L'éveil de la végétation. — Les averses de l'été. — Les trésors de Dieu. — La
mer, réservoir commun des eaux. — Rien ne se perd. — Quantité d'eau
fournie journellement à l'atmosphère par l'évaporation des mers. — Transpiration des animaux et des plantes. — Masse énorme d'eau suspendue en
vapeurs dans l'atmosphère. — Équilibre providentiel entre l'évaporation
des eaux et la précipitation des vapeurs atmosphériques. — Formation de la
pluie. — Les gouttes de pluie et les feuilles des végétaux. — Vents pluvieux
et vents secs. — Serein. — Verglas. — Udomètre. — Quantité annuelle de
pluie pour les points principaux de la France. — Prétendues pluies de soufre
et de sang. — Misères de l'ignorance. — Pluies d'insectes. — Pluies de
cendres volcaniques.

1. Aux premiers jours du printemps, un souffle accourt,
tout imprégné de vapeurs balayées sur les mers ; une main
invisible les rassemble en nuages, et bientôt une pluie fine,
tiède, vivifiante, descend sur la terre, encore plongée dans
son engourdissement hivernal. Le sol s'en imbibe avec avi-
dité, et voilà que la végétation s'éveille. Aussitôt, la vie circule, avec la séve, sous l'écorce ramollie; le bourgeon se
gonfle, rejette ses écailles, éclate et montre ses premières
feuilles d'un vert lustré. Le poirier épanouit ses bouquets de
fleurs blanches, dont les pétales tomberont dans quelques
jours comme une neige printanière ; les rameaux fleuris du

pêcher semblent enveloppés d'un crêpe rose ; les haies d'aubépines et de pruneliers, de leurs milliers de petites corolles, exhalent d'amères senteurs. Un miracle s'est fait : au contact des tièdes ondées, dans le grain enfoui sous terre, dans le bourgeon abrité sous l'écorce, a couru le tressaillement de la vie. Or d'où vient cette pluie qui verdit les sillons en appelant la récolte à la vie? — Elle vient des trésors de Dieu ; elle vient de la mer et elle y retourne.

2. Nous voici aux chaleurs de l'été. Flétrie par le soleil, la feuille demande en vain une goutte d'eau à la terre altérée. Sous la tuile brûlante du toit, le passereau piaule tristement; aux champs, l'insecte se glisse sous terre, à la recherche d'un reste de fraîcheur; dans nos maisons, le chien se couche à l'ombre et halète de lassitude. Nous cédons nous-mêmes à cette chaleur accablante, et, du regard, nous interrogeons l'état du ciel avec anxiété, impatients de voir accourir les nuages chargés d'une averse. Enfin ils arrivent accompagnés du tonnerre, cette grande voix de l'orage ; et ils répandent, à larges flots, la fraîcheur sur la terre. Or d'où vient cette averse qui donne à tout ce qui vit une nouvelle vigueur ? — Elle vient des trésors de Dieu ; elle vient de la mer et elle y retourne.

Et ces flocons de neige, qui, descendus d'un ciel tout gris et silencieux, abritent, pendant l'hiver, le grain confié à la terre sous un manteau d'une blancheur éclatante; et ces cristaux de givre, qui tapissent l'écorce des arbres de miroitantes fleurs de glace ; et cette rosée, qui brille sur les brins d'herbe aux premiers rayons du Soleil; et tous ces cours d'eau, fécondité de la Terre, fleuves, rivières, fontaines, torrents, d'où viennent-ils? — Ils viennent tous des trésors de Dieu ; ils viennent de la mer et ils y retournent.

3. Ils viennent de la mer, réservoir inépuisable qui recouvre de ses eaux une étendue trois fois plus grande que celle de tous les continents réunis; de la mer, dont les

abîmes descendent en quelques points à quatorze kilomètres
de profondeur et reçoivent sans cesse le tribut de tous les
cours d'eau de la Terre, sans être jamais comblés. L'énorme
surface de la mer fournit à l'air sa vapeur invisible et ses
nuages; plus tard, ces nuages se résolvent en pluie, et,
chassés par le vent, voyagent, comme d'immenses arrosoirs,
au-dessus de la Terre, qu'ils fécondent. A leur tour, les
pluies, les neiges, déversées par les nuages, donnent naissance aux fleuves, qui charrient leur eaux à la mer. Il s'effectue de la sorte un courant continuel qui, né de la mer,
retourne à la mer après avoir pénétré dans l'atmosphère
sous forme de nuages, arrosé la terre à l'état de pluie et
parcouru les continents à l'état de fleuves. La mer est donc
le réservoir commun des eaux, de même que l'atmosphère
est le réservoir commun des gaz. Fleuves, sources, for-
taines, minces filets d'eau, tout en vient, tout y retourne [1].
L'eau d'une goutte de rosée, l'eau qui circule avec la séve
dans les plantes, l'eau qui perle sur notre front en transpiration, viennent de la mer et sont en route pour y revenir.
Si minime que soit la gouttelette, ne craignez pas qu'elle
s'égare en route. Si le sable aride la boit, le soleil saura bien
l'en retirer et l'envoyer rejoindre les vapeurs de l'atmosphère, et, tôt ou tard, le bassin des mers. Rien ne se perd,
rien n'échappe au regard de Celui qui dans le creux de la
main a mesuré les océans, et veille à la conservation d'une
simple goutte d'eau avec la même vigilance qu'à la conservation des soleils, si prodigieusement grands.

[1] L'eau de la mer contient près de 35 kilogrammes de sel par mètre
cube; aussi est-elle d'une saveur si désagréable qu'on ne peut en boire
une simple gorgée. Si l'eau des pluies et par suite des fleuves, des
sources, ne conserve aucune trace de la salure amère qu'elle devrait
avoir d'après son origine, cela provient de ce que, avant d'arriver à
terre, versée par les nuages, et d'alimenter les sources, l'eau de la mer
se réduit nécessairement en vapeurs. Or l'eau seule s'évapore, sans
entraîner aucune trace de sel. Si vous chauffez de l'eau salée, l'eau
seule s'en ira, parfaitement pure, à l'état de vapeur, et le sel se re-
trouvera en entier au fond du vase, mis à sec par l'évaporation.

4. Dans les conditions d'une température moyenne, une nappe d'eau laisse, en 24 heures, évaporer un litre d'eau environ par mètre carré de surface. Chaque kilomètre carré de la mer fournit donc à l'atmosphère, dans ce laps de temps, un million de litres d'eau. Or la surface de la Terre, mers et continents compris, est de 509 950 820 kilomètres carrés. Les trois quarts à peu près de cette étendue étant occupés par les eaux de la mer, l'atmosphère doit recevoir journellement, par l'évaporation des océans, près de quatre cent millions de fois un million de litres d'eau. A cela, il faut ajouter les vapeurs fournies par le sol humide, par les diverses nappes d'eau douce, fleuves, lacs, marécages, enfin par la transpiration des animaux et des feuilles des végétaux. Un arbre ne doit pas être de bien grande taille pour exhaler, par l'ensemble de ses feuilles, une dizaine de kilogrammes de vapeur d'eau en 24 heures. La transpiration invisible qui s'effectue à la surface de notre corps fournit à l'air environ un kilogramme d'eau par jour. Toutes ces évaluations approximativement faites, on est pris d'épouvante devant la masse énorme d'eau qui s'élève sans repos dans l'atmosphère, ainsi que dans un réservoir menaçant suspendu au-dessus de nos têtes, et l'on songe aux cataractes diluviennes qui fondirent un jour sur la Terre, comme nous l'apprennent les livres saints, et comme le souvenir s'en est perpétué d'âge en âge chez tous les peuples.

5. Les réservoirs atmosphériques ne nous menacent pas cependant d'un nouveau déluge. L'évaporation qui les alimente est exactement contre-balancée par la chute des eaux en gouttes de pluie, en flocons de neige, en noyaux de grêle. Tantôt ici, tantôt ailleurs, la Terre reçoit sans cesse, sous une forme ou sous l'autre, le surabondant des vapeurs atmosphériques. Si la sécheresse règne ici, il pleut ailleurs ou il neige, ou il grêle, de manière à compenser dans des mesures précises le gain quotidien en vapeurs de l'atmosphère ; si bien que toute accumulation par trop désastreuse

des eaux aériennes devient impossible. Par suite d'un équilibre providentiel entre l'évaporation, qui transporte l'eau dans l'atmosphère, et la condensation, qui la fait redescendre, l'air, sans cesse mélangé par les vents, possède un degré moyen d'humidité qu'il ne peut dépasser. Tout est disposé pour que la quantité d'eau suspendue en vapeurs au-dessus de la Terre, quelque prodigieuse qu'elle soit, ait des limites infranchissables, parfaitement en harmonie avec l'étendue des continents que les pluies doivent arroser, sans en amener la dévastation générale

6. Quand, à la suite d'un refroidissement survenu dans les hauteurs de l'air, les vapeurs ont atteint un degré suffisant de condensation, des gouttelettes de pluie se forment et tombent par leur propre poids. D'abord fort petites, elles augmentent de volume en route, soit par la condensation de nouvelles quantités de vapeur à leur surface, soit par la réunion d'autres gouttelettes pareilles. Elles nous arrivent donc d'autant plus grosses qu'elles viennent de plus haut, sans dépasser cependant les limites convenables au rôle que la pluie doit remplir. Trop grosses, les gouttes de pluie tomberaient lourdement sur les plantes qu'elles doivent arroser, et les coucheraient à terre, toutes meurtries. Et que serait-ce si la condensation des vapeurs, au lieu de se faire d'une manière graduelle, avait lieu tout d'un coup ? Il ne descendrait plus alors du ciel des gouttes de pluie, mais de pesantes colonnes d'eau qui, dans leur chute, ébrancheraient les arbres, écraseraient les récoltes et feraient crouler les toits de nos habitations. Si la pluie ne prend pas cette forme dévastatrice, si elle tombe par gouttes inoffensives, comme en passant à travers quelque crible disposé à dessein sur son trajet pour la diviser et en amortir le choc, à quoi l'attribuer ? Et voyez comme, à son tour, la plante est admirablement disposée pour utiliser la pluie, pour en recueillir les gouttelettes et les amener aux racines. Les feuilles, au lieu d'être planes et inclinées vers l'extérieur, ce

qui ferait rejaillir la pluie en dehors du terrain occupé par
la plante, se recourbent généralement en dessus dans le
sens de leur longueur, se creusent en gouttières inclinées
vers l'intérieur, pour amener, de proche en proche, les
eaux pluviales aux rameaux, aux branches et enfin à la tige.
qui les conduit au sol où plongent les racines. Une Balance
intelligente a donc déterminé le poids des gouttes de pluie,
pour en accommoder le choc à la délicatesse des feuilles;
une Architecture prévoyante a tracé le modèle des feuilles,
chargées de recueillir la pluie.

7. D'après la position géographique de la France, il est
facile de prévoir quelle doit être, en général, la direction
des vents qui amènent la pluie et de ceux qui amènent la
sécheresse. Un courant d'air, en effet, doit être d'autant
plus chargé d'humidité qu'il a balayé sur son trajet une
nappe d'eau plus étendue et d'une température plus élevée.
Au sud de la France se trouve le bassin de la Méditerranée.
Le vent du sud, qui glisse sur ses eaux, doit être et est en
effet généralement pluvieux. Il en est de même du vent
d'ouest, qui assemble sur nos côtes océaniques les vapeurs
de l'Atlantique. Par contre, le vent d'est, qui ne rencontre
sur son trajet, pour arriver jusqu'à nous, que les contrées
centrales de l'Europe, est en général sec. Quant au vent du
nord, il est sec et froid, parce qu'il nous arrive des régions
glacées septentrionales, et qu'il ne rencontre sur son passage
que des bras de mer dont la faible température ne permet
pas une abondante évaporation. Ces résultats généraux sont
plus ou moins modifiés dans chaque localité par la configuration du sol et par une foule de causes secondaires dont il
est impossible de tenir exactement compte.

8. En été, surtout dans les vallées profondes et humides,
il tombe quelquefois, un peu après le coucher du Soleil et
sans qu'il y ait de nuages au ciel, une petite pluie extrêmement fine, qu'on appelle *serein*. Cette pluie résulte de la
condensation que la disparition du Soleil provoque dans

l'air de la vallée chargé d'humidité. Il ne manque à cette espèce de poussière liquide que de tomber d'une plus grande hauteur, à travers de l'air humide, pour devenir des gouttes de pluie.

Si, pendant une pluie fine, il règne à la surface du sol une température inférieure au zéro thermométrique, la pluie se congèle en touchant la terre et couvre tous les objets et le sol lui-même d'une sorte de vernis de glace appelé *verglas*. Les arbres recouverts, jusque sur leurs moindres rameaux, d'une couche de glace unie et transparente comme du verre, ont, en cet état, l'aspect d'immenses lustres de cristal. Le poids du verglas atteint parfois jusqu'à dix fois et plus le poids du bois qui le porte. Si le vent survient alors, les arbres surchargés de glace se fendent de la cime à la base avec d'horribles craquements.

9. On mesure la quantité de pluie qui tombe annuellement en un lieu déterminé par l'épaisseur de la couche d'eau que cette pluie y formerait, si, ne pouvant s'infiltrer dans le sol, ni s'écouler, ni s'évaporer, elle s'accumulait pendant un année. Ainsi, lorsqu'on dit qu'il tombe annuellement 60 centimètres de pluie à Paris, cela signifie que l'ensemble de la pluie tombée en un an dans cette ville, pourrait former sur le sol une couche uniforme de 60 centimètres d'épaisseur. On appelle *udomètre* l'instrument qui sert à évaluer la quantité de pluie tombée. C'est tout simplement un vase en fer-blanc ouvert à sa partie supérieure. Après chaque pluie, on reconnaît la quantité d'eau tombée en mesurant l'épaisseur de la couche amassée dans l'udomètre. On pourrait ne consulter l'instrument que tous les ans. Il faut alors empêcher l'évaporation, qui diminuerait la couche d'eau recueillie. C'est ce qu'on fait en bouchant l'udomètre avec un entonnoir de même dimension. L'entonnoir reçoit la pluie, la laisse pénétrer dans le vase par un trou fort étroit, et l'empêche, une fois entrée, de se dissiper en vapeurs. Il est évident que l'eau amassée dans l'udomètre,

représente en épaisseur, au bout de l'année, la totalité de la pluie tombée dans le voisinage. C'est ainsi qu'on a reconnu qu'en moyenne, il tombe annuellement à Paris 60 centimètres de pluie, à Bordeaux 87, à Rouen 97, à Toulouse 64, à Lyon et dans tout le bassin du Rhône 89, à Nantes, 135, etc.

10. La pluie, rarement il est vrai, nous arrive avec des caractères tellement étranges qu'elle frappe de terreur toute personne étrangère aux sciences. Il est avéré qu'on a vu des averses dont chaque goutte laissait sur les murs, les chemins, les feuilles des arbres, les habits des passants, des taches rouges, pareilles à du sang. D'autres fois, avec la pluie, il est tombé du ciel une poussière fine, d'un beau jaune, ayant les apparences du soufre. Pleuvait-il en effet du sang; pleuvait-il en effet du soufre? Non, non : ces prétendues pluies de sang ou de soufre, objets de folles épouvantes, sont des pluies ordinaires souillées de diverses poussières enlevées au sol par un courant d'air. Qu'un tourbillon de vent, après avoir balayé quelque part un terrain couvert d'une poussière rouge argileuse, vienne à transporter plus loin cette poussière au milieu de nuages se résolvant en pluie, et il tombera des gouttes de pluie rouges, ayant l'aspect du sang. Au printemps, lorsque, dans les contrées montagneuses, d'immenses forêts de sapin sont en floraison, chaque coup de vent emporte des nuages d'une fine poussière jaune contenue dans les petites fleurs des sapins. Vous pouvez voir une pareille poussière dans toutes les fleurs, et surtout dans celles du lis. Les botanistes lui donnent le nom de pollen. En retombant plus loin, tantôt seul, tantôt accompagné de pluie, ce pollen donne naissance aux prétendues pluies de soufre. Misères de l'ignorance : pour des populations entières, le cœur s'est glacé d'épouvante devant la chute inoffensive d'un tourbillon de pollen ou de poussière argileuse!

11. Il peut encore tomber du ciel, soit avec la pluie, soit

isolément, des matières minérales fort diverses, telles que du sable, de la craie farineuse, de la poussière des grands chemins. On cite même des pluies de petits animaux, de chenilles, d'insectes, etc. Le merveilleux de ces pluies disparaît, si l'on considère qu'un violent coup de vent peut emporter avec lui tout ce qu'il rencontre d'assez léger, et l'entraîner à de grandes distances avant de le laisser retomber.

Généralement, les pluies d'insectes sont dues à une autre cause que le transport par le vent. Quelques espèces de sauterelles, par exemple, se rassemblent en immenses essaims pour changer de contrée quand la nourriture vient à leur manquer. La bande émigrante s'envole, comme à un signal donné, et traverse les airs sous forme d'un grand nuage qui intercepte la clarté du jour. Puis l'essaim destructeur s'abat, ainsi qu'un orage vivant, sur les vertes cultures de quelque province éloignée. En peu d'heures, gazon, feuilles des arbres, blés verdoyants, prairies, tout est brouté ; le sol, comme ravagé par le feu, ne conserve plus un brin d'herbe. Voici le coupable.

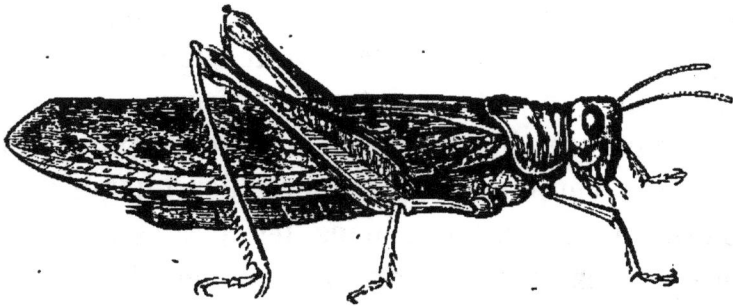

Fig. 8. — Le criquet voyageur.

Les volcans donnent naissance aux pluies de cendres. On appelle cendres volcaniques des poussières calcinées que les volcans lancent à de grandes hauteurs, au moment de leurs éruptions. Ces matières pulvérulentes forment des nuages énormes que le vent peut chasser à plusieurs centaines de lieues de distance. C'est ainsi que, en l'an 452, les cendres vomies par le Vésuve parvinrent du fond de l'Italie jusqu'à Constantinople. L'obscurité produite en plein jour par le passage de ces nuages est parfois si grande, que celle des nuits les plus sombres ne peut lui être comparée. Enfin, ces nuages retombent à terre, et, sous leurs averses de poussière brûlante, les plantes et les animaux périssent étouffés.

NEUVIÈME LEÇON

LA NEIGE

Tout est fait avec nombre, poids et mesure — Les cristaux de la neige, chefs-d'œuvre d'une haute géométrie. — Formation de la neige. — Sa plus grande fréquence sur les montagnes. — Grésil. — Neige rouge. — Avalanches, leur chute. — Glaciers, leur marche. — Cours d'eau qu'ils alimentent. — Les neiges éternelles, réservoirs solides des eaux courantes. — Les champs cultivés et leur manteau de neige. — Résistance de la couleur blanche au refroidissement. — Les fleurs précoces. — Fourrure des animaux polaires. — La Providence. — La grêle. — Inégal refroidissement nocturne des différents corps. — La rosée. — La lune rousse. — Comment on garantit les plantes du rayonnement nocturne. — Le givre. — Cristallisation de la glace sur les vitres de nos appartements.

1. Malgré sa structure admirable, si bien accommodée aux conditions de distance et d'ampleur des objets ordinaires, les plus importants pour nous, l'œil, à lui seul, ne peut rien nous apprendre sur le trop petit et le trop éloigné. Pour supprimer la distance et sonder les profondeurs lointaines de l'espace, l'industrie humaine a imaginé le télescope, qui nous révèle le peu que nous savons sur les merveilles du ciel. Pour explorer le domaine tout aussi merveilleux de l'infiniment petit, elle a imaginé le microscope, qui nous rend visibles, en les grossissant, les objets qui, par leur excessive petitesse, défient le regard le plus

perçant. Quelques morceaux de verre taillés en forme de lentilles, et convenablement placés l'un devant l'autre, constituent ces deux instruments. Nous sommes ainsi en possession de deux yeux supplémentaires, d'une admirable puissance, que nous consultons à volonté, et qui nous permettent de voir distinctement, l'un, les objets les plus éloignés, l'autre, les objets les plus petits.

Or, parmi les vérités que nous révèle le microscope, la plus importante, celle qui les résume toutes, est celle-ci : si petite que soit la première parcelle venue de matière, elle a passé par une Main souveraine qui ne connaît pas, comme la nôtre, la gêne de l'étendue, et sait loger des merveilles aussi bien dans un atome que dans la charpente d'un colosse. Tout est fait avec nombre, poids et mesure. Là où notre regard obtus ne saisit aucune forme régulière, aucun arrangement, l'œil subtil du microscope aperçoit un art infini, une structure transcendante digne de l'Architecte divin. Sous les verres amplifiants, la poussière que l'aile du papillon laisse entre les doigts se résout en amas de plumes élégantes, brillant, comme celles du colibri, de l'éclair des métaux polis. Une gouttelette de sang montre, nageant au milieu d'un liquide incolore, des myriades de disques rouges comme le corail, taillés circulairement avec une exquise précision, tous pareils de forme, tous pareils de grandeur. Leur abondance fatigue le regard et confond la pensée. Un million de ces disques nagent à l'aise dans une goutte de sang suspendue à l'extrémité d'une aiguille ! Ah ! vous voulez des merveilles ! Eh bien, faites-vous montrer, un jour, sous le microscope, le duvet d'une feuille, la poussière jaune des fleurs, l'œil d'un insecte, l'aile et le panache d'un moucheron, et mille autres choses aussi délicates. Ce qu'une imagination féconde pourrait rêver de plus gracieux, de plus savamment arrangé, vous le trouverez là, répandu à profusion.

2. La neige nous fournit un bel exemple de cette inépui-

sable richesse de formes jusque dans les plus menus détails
de la matière. Que croiriez-vous trouver dans un flocon de
neige? Un frêle duvet de glace, et voilà tout sans doute.
Mais recevez ce flocon, au moment où il tombe, sur un objet
noir et bien refroidi ; prenez un simple verre grossissant,
une loupe, et regardez. — Qu'est ceci? A peine ose-t-on en
croire ses yeux ! Le flocon se compose d'une foule d'é-
toiles cristallines à six pointes, d'une régularité, d'une élégance inimitables. Entassées pêle-mêle avec un abandon
prodigue, elles se groupent par dix, par cent ou davantage,
pour former un petit flocon. — Attendez encore, attendez
que le vent tourne et qu'il se fasse dans l'air quelque changement. Aussitôt la neige prend une autre forme. Ce sont
bien toujours des étoiles à six pointes ; le plan fondamental
en est bien le même, mais l'ornementation en est toute différente. Tantôt, l'extrémité des pointes s'épanouit en ro-
saces ou se couronne d'une pile de losanges ; tantôt, elle se
hérisse d'aiguilles rayonnantes ou se garnit d'appendices
barbelés. Tantôt encore, la forme est plus sévère : ici, c'est
une écaille hexagonale tout unie, ou burinée de dessins en
triangles, en hexagones, en étoiles ; là, entre les six pointes
fondamentales, six autres ont surgi, formant un soleil à
douze rayons égaux, ou plus longs et plus courts alternativement, et de figure diverse. Mais comment décrire toutes
ces formes qui lassent, par la variété de leurs détails, l'examen le plus patient ? Le navigateur anglais Scoresby, pendant ses longs séjours dans les mers polaires, a observé une
centaine de formes différentes de la neige. Des observations
plus récentes portent, aujourd'hui, ce nombre à près de
deux cents ; et il n'est guère possible d'assigner une limite
à cette variété d'élégante ornementation dans des corps d'un
aussi petit volume. Rappelez-vous maintenant que, chaque
hiver, d'immenses étendues se couvrent d'une épaisse couche
de neige, dont chaque flocon contient une multitude de ces
petites étoiles, chef-d'œuvre chacune d'une haute géomé-

trie ; et voyez si la forme coûte quelque chose à la Main qui répand la neige sur la terre !

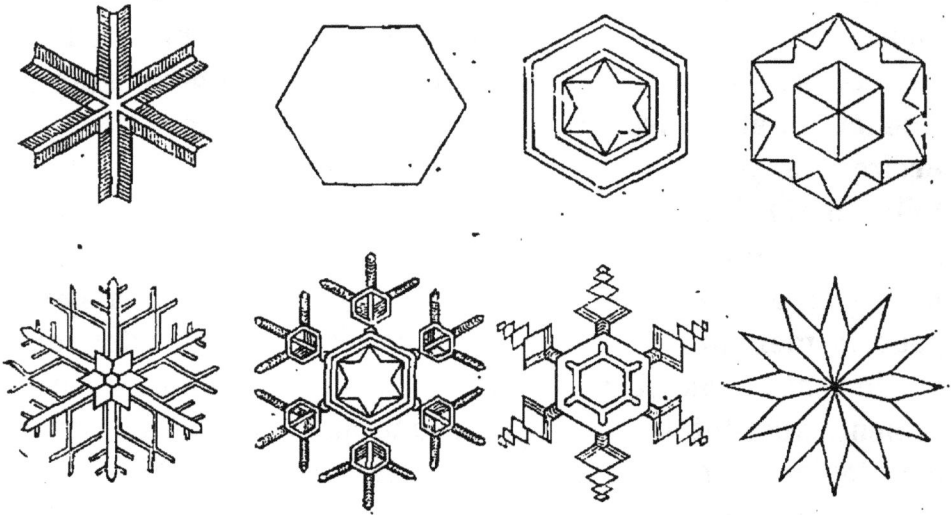

Fig. 9. — Cristaux de neige, très-grossis.

3. La neige doit, comme la pluie, son origine aux va-peurs atmosphériques. Lorsque le refroidissement de l'at-mosphère est assez vif, les vapeurs, au lieu de se liquéfier et de se rassembler en gouttes de pluie, se congèlent et se groupent en cristaux de neige, très-réguliers par un temps calme, mais déformés, brisés par leur choc mutuel, quand souffle un vent trop fort.

La neige, une fois formée, n'arrive pas toujours à terre : en descendant, elle traverse des couches d'air moins froides, et il peut arriver ainsi qu'elle se fonde en route et se résolve en pluie avant d'atteindre le sol. Dans ce cas, il neige sur les montagnes élevées, plus froides, tandis qu'il pleut dans la plaine, plus chaude. Mais, si les diverses couches d'air qu'elle traverse et le sol lui-même sont assez froids, la neige arrive jusque dans la pleine et s'y conserve plus ou moins longtemps. Au milieu même de l'été, les sommets élevés sont blanchis de neige par les nuages, qui ne versent dans la plaine que de la pluie. C'est ainsi que, dans les pays montagneux, après chaque averse dans les vallées, on voit, lorsque le rideau des nuages se dissipe, les pics élevés du voisinage couverts d'une couche de neige fraîchement tombée. La neige tombe donc plus fréquemment et plus abondamment sur les sommets des montagnes que partout ailleurs, à cause de la faible température de l'air qui les baigne. Sur les sommets très-élevés, la pluie est même inconnue. Tout nuage qui passe y verse de la neige ou du *grésil*. On entend par grésil une variété de neige composée de petits grains opaques, de fines pelotes intermédiaires entre les flocons de neige ordinaire et les noyaux de glace dure et transparente de la grêle.

4. Sur les pentes des Alpes et des Pyrénées, ainsi que dans les contrées polaires, on observe quelquefois des neiges dans lesquelles la blancheur éclatante habituelle est remplacée par une teinte rose ou rougeâtre. Les neiges rouges doivent leur coloration à l'abondante présence d'une espèce de champignon extrêmement petit, qui végète et fructifie sur la neige, comme les plantes ordinaires végètent sur le sol. Les botanistes lui donnent le nom d'*Hæmatococcus* des neiges. Chaque pied de ce curieux champignon se compose uniquement d'un tout petit grain rond à peine visible, et coloré d'une belle teinte rouge de sang. Quand un champ de neige se couvre de cette étrange végétation, de blanc qu'il était d'abord, il devient rose.

On nomme *avalanches* de grandes masses de neige qui s'éboulent des montagnes dans les vallées. — A peine retenue sur quelque pente glissante, une épaisse couche de neige, couvrant des étendues de plusieurs lieues, n'attend, pour se précipiter, qu'un défaut d'équilibre en un de ses points. Une pierre qui se détache, le souffle du vent, la détonation d'une arme à feu, le pied imprudent d'un voyageur, suffisent pour amener ce défaut d'équilibre et provoquer la chute de l'avalanche. Une motte de neige glisse ; une, deux, trois autres l'accompagnent, suivies de près par de larges nappes qui, de proche en proche, communiquent le mouvement à de plus larges encore. En peu d'instants le champ de neige s'ébranle en entier, et glisse tout d'une pièce avec le bruissement des eaux torrentielles. La puissante masse accélère sa marche, se heurte aux obstacles et se divise en tourbillon furieux. Les sapins sont déracinés et balayés comme des fétus de paille ; des quartiers de granit sont arrachés du sol et entraînés. La vallée, et ses vertes prairies, et ses génisses, et ses habitations, sont au bout de la pente que parcourt l'avalanche... Le flot redoutable arrive, et tout est englouti.

5. Dans les hautes vallées des Alpes, des Pyrénées et de toutes les grandes chaînes de montagnes, d'immenses quantités de neige s'entassent et forment des *glaciers*. On nomme glacier une couche de glace, épaisse parfois de 200 mètres et plus, qui remplit la partie supérieure d'une vallée entourée de hautes montagnes couvertes de neige toute l'année. Figurez-vous la mer subitement immobilisée par le froid, congelée au milieu des bouleversements d'une tempête ; représentez-vous des vagues de glace échelonnées à perte de vue, avec mille formes bizarres, et entrecoupées de larges gerçures : tel est l'aspect d'un glacier. A droite, à gauche, au fond de cette mer de glace se dressent des pics inaccessibles dont les pentes, éternellement neigeuses, alimentent le glacier en y versant leurs avalanches.

Un glacier n'est pas une masse immobile ; il descend sans cesse vers la plaine, mais avec une grande lenteur. Le mécanisme de sa descente est fort simple. En été, la chaleur du jour est de temps en temps assez forte pour fondre partiellement la neige de la surface et remplir d'eau toutes les fissures du glacier. La nuit, cette eau se congèle. Or, quand elle se prend en glace, l'eau augmente de volume, et presse avec une puissance que rien ne peut maîtriser contre les obstacles entravant son expansion. On voit donc que l'eau dont les fissures se sont remplies le jour, doit, en se congelant la nuit, agir comme une multitude de coins introduits de partout dans la masse du glacier. Sous l'effort irrésistible de tous ces coins mis en jeu par le froid, le glacier se dilate; mais, comme les flancs de la vallée où il est encaissé l'empêchent de s'étendre en largeur, il s'allonge avec de sourds craquements dans le sens où la résistance manque, c'est-à-dire vers l'entrée de la vallée, et descend ainsi de quelques mètres en un an.

6. C'est par ce mécanisme qu'un glacier, issu des hauteurs des neiges éternelles, finit par atteindre les régions cultivées, où, même pendant l'été, il montre l'étrange spectacle de ses aiguilles et de ses vagues de glace au milieu de forêts et de verts pâturages. Sa descente a cependant un terme tôt ou tard. Là où la température de l'été est assez élevée pour le fondre dans toute son épaisseur, le glacier se termine par une haute muraille de glace, profondément excavée à la base en forme de grotte de cristal, où règne un demi-jour verdâtre et d'où bondissent les eaux d'un torrent, au milieu d'un chaos de roches éboulées. Ce torrent est la continuation du glacier, qui cesse d'être solide et de marcher pour devenir liquide et couler. Grossi plus loin par divers affluents, il forme dans la plaine une rivière, un fleuve.

Tous les cours d'eau n'ont pas des glaciers pour origine; mais la plupart d'entre eux, les plus importants surtout, sont alimentés par la fusion lente des neiges accumulées toute l'année sur les froides croupes des montagnes élevées. Les eaux provenant de cette fusion s'infiltrent en minces filets dans le sol, se réunissent sous terre et vont sourdre au loin en sources abondantes, qui deviennent bientôt des rivières et des fleuves par leur jonction avec d'autres sources pareilles. Les neiges éternelles des hautes régions sont donc de la pluie tenue en réserve pour la fécondité de la terre ; les montagnes sourcilleuses, sans cesse visitées par les nuages charriant de la mer la neige et le grésil, sont des réservoirs disposés par la Providence pour recueillir les eaux atmosphériques sous forme solide et les distribuer peu à peu, par la voie des fleuves, aux plaines environnantes.

7. Dans nos champs cultivés, la neige remplit, en hiver, un rôle important que je ne saurais passer sous silence. Tous les corps, nous l'avons déjà vu rapidement, ne laissent pas la chaleur se déperdre avec la même facilité, ne la rayonnent pas avec la même abondance. Les corps de couleur sombre et de surface raboteuse se refroidissent vite; ceux de couleur claire et de surface brillante se refroidissent lentement. Les premiers permettent à leur propre chaleur et à celle des objets qu'ils recouvrent de se dissiper au dehors; les seconds la conservent, un temps plus ou moins long, dans leur intérieur ainsi que dans les objets qu'ils abritent. Sans autre explication, vous devez comprendre maintenant qu'au moment des grands froids de l'hiver, lorsque la température descend à plusieurs degrés au-dessous de zéro, la neige, d'un blanc éclatant et formée de cristaux à facettes miroitantes, constitue un manteau d'une admirable efficacité pour protéger les racines délicates et le grain confié à la terre, contre l'action mortelle d'un froid trop vif. Vous direz, peut-être, qu'une couche de neige ne constitue pas une couverture bien chaude. D'accord; mais ne perdez pas de vue que, pour conserver pleines de vie les racines et les semences, la neige ne doit pas les échauffer, mais les empêcher de se geler. Or, c'est ce qu'elle fait parfaitement bien : sous une bonne couche de neige, la terre ne se gèle pas.

Le blanc pur est la couleur la plus efficace pour s'opposer au refroidissement des corps; la science le démontre et la neige nous en fournit un bel exemple. Avant d'abandonner ce sujet, laissez-moi vous rappeler que les fleurs qui s'épanouissent à cette époque de l'année où l'hiver cède, comme à regret, la place au printemps, sont également blanches ou de couleur très-claire, toutes les fois qu'apparaissant avant les feuilles et sur des tiges élevées, elles sont exposées à supporter les reprises, parfois fort vives, du froid. Les fleurs précoces du poirier, du pommier, du cerisier, de l'aubépine sont blanches ; celles de l'amandier, de l'abricotier sont également blanches, à peine lavées de rose au centre ; celles du pêcher sont du rose le plus tendre. Quand le froid n'est plus à craindre, apparaissent les couleurs foncées ; l'écarlate du coquelicot, par exemple, et l'azur du bluet ne se montrent qu'au milieu des moissons, dorées par les chaleurs de l'été. Les mêmes remarques s'appliquent aux animaux. Dans les climats rigoureux, leur pelage change aux approches du froid ; il devient plus fourni et de couleur plus claire, souvent même d'un blanc pur. Telles sont les fourrures de l'hermine et du renard polaire, qui du brun passent au blanc. Or, dites-moi, quelle peut être la cause qui met en œuvre, dans des conditions aussi diverses, la résistance de la couleur blanche à la déperdition de la chaleur ; qui, l'hiver, couvre de neige la terre où sommeille le grain ; qui, pour les garantir du froid, colore les fleurs précoces des teintes les plus claires, et pour vêtement donne à l'hermine une fourrure éclatante de blancheur ? Cette cause, qui sait tout, prévoit tout et dispose avec tant de science les moindres détails comme l'ensemble de la Création, s'appelle du nom trois fois saint de Providence ; c'est le regard même de Dieu veillant sur toute chose.

8. La vapeur des nuages, au lieu de se condenser en gouttes de pluie, prend quelquefois, à la suite d'un vif refroidissement survenu dans les hauteurs de l'air, la forme de noyaux de glace, durs et transparents, qu'on appelle grêlons. En général, les grêlons ont la grosseur d'un pois ou d'une noisette ; d'autres fois, ils sont moins gros ; mais aussi, dans quelques cas, heureusement fort rares, ils atteignent la grosseur d'un œuf de poule et même celle du poing. Leur poids peut s'élever alors de 100 à 500 grammes. La grêle précède ou accompagne les pluies d'orage, mais ne vient

jamais après. Les nuages qui la produisent sont d'une étendue et d'une épaisseur considérable; ils voilent le ciel d'une grande obscurité. La chute de la grêle est presque toujours accompagnée du tonnerre, et souvent précédée d'un bruit sourd particulier qu'on attribue au choc mutuel des grêlons chassés par la violence du vent. Ce bruit est parfois telle-ment fort, qu'on croirait entendre le galop retentissant d'un escadron de cavalerie sur le pavé d'une rue. Les averses de grêle sont de courte durée; dans les plus violents orages, elles durent à peine un quart d'heure. N'importe: les dé-sastres occasionnés par la grêle sont des plus redoutables. En un instant, les récoltes, foulées, hachées, jonchent le sol; les jeunes pousses, les fleurs, les fruits sont arrachés, jetés à terre, écrasés. Pour rendre stériles les travaux agri-coles d'une année entière, quelques minutes suffisent au nuage orageux, chargé de rappeler à notre oubli que tous nos soins, si le ciel ne les seconde, sont insuffisants pour mûrir la récolte et l'amener à bien.

9. Tous les objets placés à la surface du sol et le sol lui-même se refroidissent pendant la nuit, à cause du rayonne-ment nocturne; mais pas tous avec la même facilité. Nous savons, en effet, que les corps rugueux et de couleur sombre se refroidissent plus vite, émettent plus facilement leur chaleur que ne le font les corps polis et de couleurs claires. Le refroidissement nocturne le plus fort a donc lieu pour les objets de couleur sombre, pour la terre végétale, l'écorce des arbres, les feuilles, les pierres, etc.

Or, qu'arrive-t-il quand une carafe refroidie par l'eau fraîche qu'elle contient est exposée à l'air? Vous savez qu'alors la vapeur invisible contenue dans l'air se condense sur la carafe et s'y réduit en gouttelettes d'eau. Pareille chose arrive au contact des corps refroidis par le rayonnement nocturne; la vapeur invisible de l'air se dépose sur ces corps et forme ce qu'on appelle la rosée. Les gouttelettes qui, dans les fraîches matinées, perlent sur les brins d'herbe, n'ont pas d'autre origine. La rosée ne tombe donc pas des nuages, comme le fait la pluie ; elle provient de l'air qui enveloppe directement les objets sur lesquels elle se dépose. Tous les objets ne sont pas également propres à se couvrir de rosée. Une feuille satinée de papier blanc et une feuille rugueuse de papier gris, exposées en plein air pendant la nuit, présentent le matin des résultats bien différents : la première est restée à peu près sèche, la seconde est tout humide de rosée. La rosée, d'une manière générale, se montre donc plus abondamment sur les objets ternes et rugueux que sur les objets clairs et polis. De là son abondance sur l'écorce des arbres, les feuilles des plantes, la terre noire, etc. Il faut remarquer encore que la rosée ne se forme pas quand le ciel est couvert de nuages. La raison en est évidente : les nuages interposés dans l'atmosphère entravent le rayonnement vers les espaces célestes, cause du refroidissement nocturne, parce qu'ils ajoutent une enveloppe protectrice supplémentaire à celle de l'air. Elle se forme, au contraire, en abondance pendant les nuits sereines, parce que le rayonnement nocturne acquiert alors toute son intensité.

10. Aux mois de mars et d'avril, quand la végétation entr'ouvre ses bourgeons, il peut arriver que, pendant une nuit sereine où la Lune et les étoiles brillent de tout leur éclat, les jeunes pousses, encore tendres, soient saisies par le froid et périssent crispées. On accuse souvent la Lune de ce dégât, et alors on lui donne le nom de *Lune rousse*, parce que, dit-on, elle roussit, elle dessèche les feuilles. La Lune n'est pour rien en cette affaire ; il y a simplement ici un refroidissement des feuilles poussé jusqu'à leur destruction, à la suite d'un vif rayonnement nocturne occasionné par un ciel serein. On évite, dans les jardins, cet effet meurtrier du rayonnement, en couvrant les plantes délicates de légers abris en paille ou en toile, supportés par quelques piquets. Si le refroidissement nocturne est suffisant pour congeler la rosée,

celle-ci se dépose sous forme de petites aiguilles de glace qu'on appelle *givre*. C'est ce qu'on voit fréquemment dans les matinées humides d'hiver. Les arbres sont alors couverts d'innombrables houppes blanches miroitantes, comme si, pendant la nuit, quelque étrange floraison avait eu lieu. Ce sont de tristes fleurs d'hiver, des fleurs de glace que le froid a fait épanouir, et que le soleil dissipera.

Sur la face intérieure des carreaux de nos fenêtres, il se dépose, pendant les nuits froides et sereines, une cristallisation en forme de palmes et de feuilles de fougère de la plus exquise élégance. L'humidité de l'air de l'appartement, condensée et congelée sur les vitres refroidies par le rayonnement nocturne, produit ces admirables dessins de glace, comme l'humidité de l'air extérieur produit les fleurs de givre sur les rameaux des arbres.

DIXIÈME LEÇON

LA GLACE

Les trois états de la matière. — La fusion. — Invariabilité de la température pendant toute la durée de la fusion. — Chaleur latente et chaleur sensible. — Chaleur latente nécessaire à un kilogramme de glace pour se fondre. — Pour s'échauffer également, les différents corps n'exigent pas la même quantité de chaleur. — Démonstration de ce principe à l'aide du poids de l'huile brûlée pour produire, sur un kilogramme de substance, un effet thermométrique déterminé. — L'eau est la substance la plus difficile à s'échauffer. — La chaleur latente nécessaire à la fusion de la glace porterait au rouge un poids égal de fer. — La glace et la neige, tout à la fois très-faciles et très-difficiles à fondre. — Rôle providentiel de cette étrange propriété. — Une intelligence supérieure a calculé, en vue des besoins de la Terre, la résistance de la glace à la chaleur. — Mélanges réfrigérants. — Le sel marin et la glace. — La plus basse température obtenue artificiellement. — Effets d'un froid excessif. — Solidification. — Retour de la chaleur latente à l'état de chaleur sensible. — La glace, source de chaleur. — Expérience de la dissolution d'alun. — Rien ne s'anéantit. — Grossièreté du témoignage des sens. — Supériorité de la raison. — L'immortalité de l'âme.

1. La glace, l'eau et sa vapeur ne sont qu'une même substance sous trois formes différentes occasionnées par la chaleur. La glace est à l'état solide, l'eau à l'état liquide, sa vapeur à l'état gazeux. Toute substance matérielle, quelle qu'elle soit, présente l'un ou l'autre de ces trois états. Elle est dite solide lorsque les particules qui la composent adhèrent ensemble, de manière qu'on ne peut les séparer sans un certain effort. La glace, le fer, le bois, le charbon, etc., sont des substances solides. Elle est dite liquide si les particules qui la composent n'ont pas d'adhérence entre elles, ce qui leur permet de glisser l'une sur l'autre en toute liberté. L'eau, l'alcool, le mercure, l'huile, etc., sont des substances liquides. Enfin, elle est dite gazeuse quand elle possède une subtilité comparable à celle de l'air. La vapeur d'eau, l'air atmosphérique, etc., sont des substances gazeuses. Si rien n'y met obstacle, les substances gazeuses s'étendent, s'éparpillent en tous sens d'elles-mêmes, et les substances liquides coulent ; mais les substances solides restent telles qu'elles sont.

La glace, matière solide, suffisamment chauffée, devient liquide, devient de l'eau ; l'eau, à son tour, sous l'influence de la chaleur, passe à l'état gazeux, c'est-à-dire se transforme en vapeurs. Toutes les substances en font autant : par une accumulation convenable de chaleur, elles passent successivement de l'état solide à l'état liquide, et de l'état liquide à l'état gazeux. Les métaux, par exemple, deviennent liquides et coulent comme l'eau quand chacun d'eux a atteint la température nécessaire à sa fusion. Par un surcroît de chaleur, une fois liquides, ils deviennent gazeux, ils se dissipent en fumées, en vapeurs, tout aussi subtiles que celles de l'eau. Quelquefois ces vapeurs sont visibles à cause de leur coloration. L'argent, en particulier, émet, à une température très-élevée, des vapeurs d'une belle teinte verte. La règle est générale : tout corps solide peut devenir liquide, tout corps liquide peut devenir gazeux. Si quelques exceptions se présentent, elles sont plutôt apparentes que réelles, et proviennent de ce que certains corps changent de nature, s'altèrent, se décomposent par l'effet de la chaleur, surtout au contact de l'air atmosphérique. Si le charbon, par exemple, ne se fond pas dans nos foyers, c'est que, au contact de l'air, il brûle et se transforme en une substance gazeuse invisible nommée gaz carbonique. N'existant plus alors comme charbon, pourquoi voulez-vous que ce charbon se fonde? D'ailleurs, la chaleur de nos foyers est de beaucoup trop faible pour amener la fusion d'une simple parcelle de charbon, de tous les corps le plus difficile à fondre. Dans les hauts fourneaux, où se fait, à une température excessivement élevée, l'extraction du fer de son minerai, quelques parcelles du charbon employé comme combustible se fondent, et se retrouvent plus tard dans le fer brut, sous forme de paillettes cristallines d'un noir brillant.

2. La fusion, ou passage de l'état solide à l'état liquide, présente deux faits fort remarquables. D'abord, chaque substance exige pour se fondre une température spéciale. La glace se fond à 0° et toujours à 0°, ni plus haut ni plus bas. La cire se fond à 62°, le soufre à 115°, l'étain à 235°, etc. En second lieu, pendant toute la durée de la fusion, la température du corps reste invariable, quelle que soit l'intensité du foyer de chaleur. Ainsi, lorsqu'on met sur le feu un vase plein de glace et muni d'un thermomètre, on reconnaît que, malgré la violence du foyer, le thermomètre marque constamment la même température, celle de 0°, tant qu'il reste une parcelle de glace à fondre. Vainement on activerait le feu, on ne ferait que rendre la fusion plus rapide sans faire monter le thermomètre. Que devient alors la chaleur fournie par le foyer, puisque la température ne s'élève pas dans le vase? — Eh bien! cette chaleur sert uniquement à résoudre la glace en liquide, à la transformer en eau qui n'est pas plus chaude que la glace elle-même. Ainsi employée, elle cesse à l'instant d'être chaude, elle est, pour nous et pour le thermomètre, comme si elle n'existait pas. La chaleur nécessaire pour donner à un corps sa nou-

velle manière d'être et l'y maintenir, sans en élever la température, s'appelle chaleur latente, qui veut dire cachée ; celle qui produit la température d'un corps sans en modifier l'état, prend le nom de chaleur sensible. Il faut donc, dans les effets de la chaleur, distinguer deux cas différents. Dans le premier cas, la chaleur change l'état d'un corps sans en modifier la température ; elle fait passer ce corps de l'état solide à l'état liquide, mais elle n'impressionne pas nos organes et n'a pas d'influence sur le thermomètre. C'est la chaleur latente. Dans le second cas, elle élève la température d'un corps sans en modifier l'état ; elle impressionne nos organes et fait monter le thermomètre. C'est la chaleur sensible.

5. On peut aisément trouver quelle est la chaleur latente nécessaire à un kilogramme de glace pour se fondre. A cet effet, on mélange un kilogramme de glace à 0° de température et réduite en menus morceaux, avec un kilogramme d'eau chauffée à 80°. En quelques instants, toute la glace est fondue ; et les deux kilogrammes d'eau, qui résultent du mélange, ont pour température commune 0°. Évidemment, la fusion de la glace s'est opérée uniquement aux dépens de l'eau chaude. Or, puisque cette dernière, pour effectuer cette fusion, s'est refroidie jusqu'à 0°, on voit qu'un kilogramme de glace à 0°, pour se réduire en eau également à 0°, exige une dose de chaleur latente égale à celle de la chaleur sensible qu'il faut pour échauffer de 80° un kilogramme d'eau. Les considérations suivantes achèveront de vous renseigner sur la grande quantité de chaleur que la glace exige uniquement pour se fondre.

Supposons que la flamme d'une lampe alimentée avec de l'huile soit employée, dans un appareil convenable, à chauffer tour à tour, de 0° à 100°, des poids égaux de diverses substances ; par exemple, un kilogramme d'eau, puis un kilogramme de fer, d'or, de mercure, de marbre, de soufre, etc. Le poids de l'huile brûlée, dans chaque cas, repré-

sentera évidemment la quantité de chaleur dépensée pour
produire l'effet voulu. Or, comme le poids de chacune de
ces substances et la température qu'il faut atteindre sont
toujours les mêmes, ne vous semble-t-il pas que le poids de
l'huile brûlée doit être toujours le même aussi? Si telle est
votre opinion, vous êtes dans la plus complète erreur, car
voici les résultats qu'on trouverait. Si le poids de l'huile
brûlée pour chauffer de 0° à 100° un kilogramme d'eau est
de 1000 centigrammes, je suppose, le poids de l'huile brûlée
pour produire le même effet sur un kilogramme de matière
ne sera que de 113 centigrammes pour le fer, de 32 pour
l'or, de 33 pour le mercure, de 215 pour le marbre, de
202 pour le soufre. En passant de la sorte en revue toutes
les substances possibles, on trouve qu'à poids égal elles exigent, pour s'échauffer d'un même nombre de degrés, beaucoup moins de combustible, d'huile, et, par suite, beaucoup
moins de chaleur que l'eau. De là ce résultat fort remarquable : l'eau est la substance qui s'échauffe avec le plus de
difficulté; ou bien, en d'autres termes, l'eau est la substance
qui, pour atteindre une même température, absorbe le plus
de chaleur.

4. Revenons maintenant à la chaleur latente nécessaire à
la fusion d'un kilogramme de glace; et, sachant qu'elle
équivaut à la chaleur sensible qui élève de 80° la température d'un kilogramme d'eau, recherchons quel serait
l'effet produit, sur un kilogramme de fer, par une quantité
pareille de chaleur. Puisque la combustion de 113 centigrammes d'huile donne à un kilogramme de fer la même
température que la combustion de 1000 centigrammes à un
kilogramme d'eau, le fer exige 8,8 fois moins de chaleur
que l'eau pour s'échauffer d'un même nombre de degrés,
ou, ce qui revient au même, il s'échauffe 8,8 fois plus pour
une même quantité de chaleur. Alors, la chaleur latente
employée à la fusion d'un kilogramme de glace, éléverait
de 8,8 fois 80°, ou de 704°, un kilogramme de fer, c'est-à-

dire.porterait ce morceau de fer à la température rouge.
Quelle chose étrange ! Pour constituer à l'état liquide et l'y
maintenir, de l'eau, qui reste cependant aussi froide que la
glace d'où elle provient, il faut tout autant de chaleur que·
pour chauffer au rouge un poids égal de fer !

La glace et la neige, qui n'est qu'une variété de la première, sont donc, tout à la fois, très-faciles et très-difficiles
à fondre. Très-faciles, en ce sens qu'elles arrivent bientôt à
leur point de fusion, qui est le zéro de l'échelle des tempé-·
ratures ; très-difficiles, parce que, une fois le point de fusion
atteint, elles doivent accumuler des quantités extraordinaires de chaleur latente pour se résoudre en eau. Le rôle
de l'eau à la surface des continents exige précisément la
réunion de ces deux propriétés, pour ainsi dire contradictoires.

5. Nous avons vu que les hautes chaînes de montagnes
sont des réservoirs où s'amassent, surtout pendant l'hiver,
les neiges dont la fusion alimente toute l'année les principaux cours d'eau. Si la neige, pour se liquéfier, exigeait une
température un peu élevée, jamais, aux rayons d'un soleil
sans chaleur, elle ne fondrait sur les montagnes qu'elle
couvre, et les plaines seraient privées de leur principal
élément de prospérité, c'est-à-dire des fleuves qui les arro-
sent. Si, d'autre part, la neige se liquéfiait sans aucune difficulté, aux premières chaleurs elle fondrait toute à la
fois ; il ne descendrait plus alors des montagnes des filets
d'eau, des sources, des ruisseaux, mais des torrents dilu-
viens, des cataractes furieuses qui épuiseraient en quelques
jours la provision des eaux continentales et ravageraient
tout sur leur trajet. Il est donc de la plus haute importance
que la neige entre en fusion à une très-faible température
et ne fonde cependant qu'avec une extrême lenteur. Ces
deux conditions se trouvent admirablement remplies ; car,
d'une part, la fusion de la neige commence dès que la température s'élève au zéro thermométrique, ce qui se pré-

sente souvent, même sur les pics les plus hauts, et, d'autre part, elle se fait avec une prudente lenteur, puisque, avant de se convertir en eau, la neige doit accumuler dans sa masse et rendre latente une quantité de chaleur capable de porter à la température rouge un poids égal de fer. D'où viennent donc à la neige ses propriétés extraordinaires relatives à la chaleur, et si merveilleusement calculées pour le rôle qu'elle doit remplir? Lui viennent-elles du hasard ou d'une Intelligence à qui rien n'échappe? Singulier hasard que celui qui donnerait aux cristaux de la neige les formes d'une géométrie savante et calculerait avec tant de précision leur résistance à la chaleur en vue des besoins de la Terre!

6. Un corps, pour se fondre, n'a pas toujours besoin de l'intervention d'un foyer de chaleur : il lui suffit d'être mis dans un liquide capable de le dissoudre. Le sel de cuisine fond dans l'eau sans qu'il soit nécessaire de chauffer; le sucre en fait autant. Il y a mieux : deux corps solides, convenablement choisis, peuvent se liquéfier mutuellement, une fois mélangés. Prenons, par exemple, de la glace pilée, ou mieux de la neige, et mélangeons-la avec du sel de cuisine en poudre. Par leur action mutuelle, les deux substances, neige et sel, entrent en fusion sans le secours d'un foyer de chaleur. Mais il faut ici, comme toujours, la chaleur latente nécessaire au changement d'état; il en faut à la neige, il en faut au sel. Que doit-il donc arriver, puisque la fusion s'opère et que la chaleur nécessaire n'est fournie par rien d'étranger au mélange? — Il arrive que le mélange prend en lui-même, aux dépens de sa chaleur sensible, aux dépens de sa température, la chaleur que réclame impérieusement la fusion. Cette chaleur, de sensible qu'elle était, devient latente, ne compte plus pour la température, et, par suite, le mélange se refroidit tout en fondant. Le refroidissement obtenu de la sorte atteint une quinzaine de degrés au-dessous de zéro. Pareille chose arrive, mais avec

un refroidissement bien moins énergique, quand on fait fondre du sel de cuisine dans de l'eau. La chaleur latente, nécessaire au changement d'état du sel, est prise sur la chaleur sensible de l'eau et du sel lui-même ; ce qui produit, dans la dissolution, un léger abaissement de température. D'une manière générale, toutes les fois que deux corps solides peuvent se liquéfier mutuellement, ou qu'un corps solide se dissout dans un liquide, il y a abaissement de température, à cause de la transformation d'une partie de la chaleur sensible en chaleur latente, indispensable à la fusion. C'est sur ce principe que sont basés les mélanges propres à refroidir, ou les mélanges réfrigérants.

7. Le plus simple d'entre eux et le plus employé, parce qu'il est le moins coûteux, est celui qu'on obtient avec de la glace et du sel de cuisine, pilés l'un et l'autre. Cela vous rend compte de l'emploi de la glace et de la neige recueillies l'hiver, et conservées dans des caves spéciales ou glacières, pour faire des boissons glacées dans la chaude saison. Vous seriez dans l'erreur en vous figurant que cette glace doit entrer comme élément dans les préparations glacées. Elle sert tout simplement à faire, avec du sel de cuisine, des mélanges réfrigérants, dans lesquels on plonge les vases contenant les préparations sucrées et aromatisées qu'il faut congeler.

Les mélanges réfrigérants connus sont fort nombreux ; mais, à part celui qui précède, ils sont formés de substances qui ne sont pas à votre disposition, et souvent même sont dangereuses à manier. Je n'en parlerai donc pas, si ce n'est de l'un d'eux, pour vous montrer qu'il est parfaitement possible de faire de la glace en toute saison, sans avoir recours à la glace elle-même. Si l'on arrose avec un liquide appelé *acide chlorhydrique* quelques poignées d'une sorte de sel nommé *sulfate de soude*, le sel entre en fusion et le mélange se refroidit assez pour congeler, même au milieu de l'été, l'eau contenue dans un vase qu'entoure ce mélange.

C'est à l'aide d'un mélange réfrigérant, le plus énergique de tous ceux que l'on connaît, qu'on parvient à obtenir l'incroyable température de 110 degrés au-dessous de zéro. Jamais, en aucun point des régions les plus froides de la Terre, pareille température ne s'est réalisée naturellement.

L'effet qu'un froid aussi vif exerce sur nos organes vous paraîtra bien étrange. Si l'on touche avec les doigts un morceau de métal refroidi jusqu'à ce point, on éprouve une cuisante sensation de brûlure, tellement, que si la vue n'avertissait du contraire, on croirait avoir saisi un morceau de fer rougi au feu. La peau se désorganise et se gonfle en ampoules, absolument comme à la suite d'une brûlure. Un froid trop vif brûle donc comme une chaleur trop forte ; ou plutôt, puisque le froid n'est qu'un degré inférieur de température, c'est la chaleur qui nous brûle toujours, aussi bien lorsqu'elle est trop faible que lorsqu'elle est trop forte.

8. Tout corps solide, avons-nous dit, peut se liquéfier ; réciproquement, tout corps liquide peut devenir solide, lorsque sa température est suffisamment abaissée. Si de rares exceptions à cette règle se présentent, il ne faut les attribuer qu'à l'insuffisance de nos moyens de refroidissement. Tel est le cas de l'alcool, qu'on n'a pu solidifier encore, mais qui prend un peu de consistance à 110 degrés au-dessous de zéro, et finirait certainement par devenir solide avec des moyens plus énergiques de production du froid.

La solidification d'un corps s'effectue précisément à la même température qui provoquerait la fusion de ce corps s'il était solide. L'eau se congèle à 0°, de même que la glace se liquéfie à 0°. La cire fond et redevient solide au même degré thermométrique, à 62° ; le soufre en fait autant à 115°, etc. Enfin, pendant toute la durée de la solidification, la température ne varie pas. Expliquons ce que présente de remarquable cette dernière loi.

Dans un mélange réfrigérant dont la température atteint une douzaine de degrés au-dessous de zéro, on met, en même temps, deux vases contenant, l'un de la glace à 0°, l'autre de l'eau liquide à 0° aussi. Chacun de ces vases est muni d'un thermomètre. Dans ces conditions, on voit le thermomètre du vase ou se trouve la glace s'abaisser rapidement et atteindre la température du mélange réfrigérant, tandis que celui du vase occupé par l'eau se maintient fixe à 0°. En même temps, cette eau se congèle ; et, quand elle est en entier convertie en glace, le thermomètre qui l'accompagne commence à baisser pour atteindre la température du mélange réfrigérant, comme l'a fait depuis longtemps celui du premier vase. Or, d'où peut provenir ce retard singulier dans la marche du thermomètre accompagnant l'eau en voie de se congeler? L'eau s'échaufferait-elle par cela même qu'elle se congèle? Y aurait-il quelque source de chaleur qui nous échappe, puisque en se transformant en glace, l'eau résiste à l'action réfrigérante du mélange et se maintient à 0° lorsqu'elle devrait descendre à une douzaine de degrés plus bas? Et en effet, cette source existe ; en voici l'origine.

9. L'eau ne devient et ne se maintient liquide qu'à la faveur d'une quantité considérable de chaleur latente. Si l'état liquide cesse pour faire place à l'état solide, la chaleur latente, dont le rôle est alors inutile, se dégage et devient de la chaleur sensible. On conçoit donc très-bien que le dégagement graduel de cette chaleur sensible puisse empêcher le liquide de se refroidir au-dessous de son point de congélation, en lui restituant sans cesse la chaleur que lui enlève le mélange réfrigérant. Mais, une fois la congélation terminée, il n'y a plus de chaleur sensible dégagée, et la glace formée se refroidit sans entraves. Quelque paradoxal que cela puisse paraître d'abord, il reste établi que la formation de la glace est une source de chaleur.

Voici une expérience plus concluante encore et que vous pouvez essayer. On fait dissoudre dans de l'eau bouillante autant d'alun qu'elle peut en dissoudre, et l'on remplit à demi une fiole de cette liqueur toute chaude. On approche alors la fiole du feu avec précaution et on la chauffe jusqu'à ce que le contenu en soit en pleine ébullition. A ce moment, pendant que les vapeurs se dégagent en abondance par le goulot, on bouche très-exactement la fiole avec un bon bouchon graissé de suif, et on la retire aussitôt de devant le feu pour la laisser refroidir à loisir dans un endroit tranquille. Quand elle est parfaitement refroidie, reprenez-la. Vous n'y trouverez rien de remarquable : le contenu en sera fluide, clair et froid comme de l'eau ordinaire. Mais si vous la débouchez, aussitôt un fait singulier se passe. Le liquide se congèle brusquement, se prend en un bloc solide ; et, chose plus singulière encore, pendant cette brusque solidification, la fiole et son contenu s'échauffent jusqu'à communiquer à la main une chaleur très-prononcée. Vous aviez entre les mains un objet froid, vous avez maintenant un objet plus que tiède. Que se passe-t-il donc ? — L'alun fondu redevient solide ; et par suite, il dégage, à l'état sensible, la chaleur latente employée à sa fusion.

10. Dans le bilan des choses créées, la somme des recettes représente toujours la somme des dépenses ; une comptabilité infaillible en règle la balance : aussi rien ne se perd, rien ne s'anéantit. Là, où nos sens grossiers ne saisissent plus rien et disent : néant, la raison, plus perspicace, dit : existence. Qu'est devenue la chaleur du foyer employée à la fusion de la glace et à la fusion de l'alun ? La main affirme qu'elle n'est pas dans l'eau, puisque la température ne s'en est pas élevée ; elle affirme qu'elle n'est pas dans l'alun dissous et refroidi. Ce que la main constate, le thermomètre le répète avec plus de précision encore. Mais voilà qu'en des circonstances favorables, cette chaleur à laquelle le toucher ne peut plus croire, cette chaleur qui paraît dissipée pour toujours, se révèle tout à coup avec ses propriétés et donne un éclatant démenti au premier témoignage des sens.

Il y a donc, pour la recherche de la vérité, quelque chose

de supérieur au témoignage des sens : c'est celui de la raison, qui voit avec certitude l'invisible, touche ce qui ne
peut être touché et affirme, dans l'eau et l'alun, l'existence
d'une chaleur que rien ne trahit. Si les sens et la raison
n'étaient en désaccord qu'au sujet de la chaleur d'une goutte
d'eau, nous n'aurions guère à nous en soucier ; mais ce désaccord reparaît dans une foule de questions, en particulier
dans la plus importante de toutes, dans celle qui doit faire
la grande préoccupation de notre vie. Il y a en nous quelque chose qui dit : moi ; quelque chose qui dit : ma tête,
mon bras, ma jambe, comme le maçon dit : ma truelle,
mon équerre, mon marteau, sachant bien que cette truelle,
ce marteau, cette équerre, ne sont pas lui, mais ses instruments ; ce quelque chose s'appelle l'âme. Or, quand le corps
n'est plus qu'un peu de poussière sans nom, les sens abusés
par la brutalité des apparences, disent au sujet de l'âme :
néant ; la raison et la foi, plus clairvoyante encore, disent :
existence. A qui s'en rapporter ? — Évidemment à la raison
et à la foi, affirmant que l'âme, rayon de divine chaleur,
survit immortelle, mais latente pour nos sens imparfaits ; à
la raison et à la foi, affirmant qu'aux yeux de Dieu, l'âme,
avec ses nobles pensées, avec ses aspirations infinies, ne
peut être moins que la chaleur matérielle d'une goutte
d'eau, chaleur qui pourtant ne se perd, ne s'anéantit jamais !

ONZIÈME LEÇON

EXPANSION DE LA GLACE

Expansion de la glace. — Énergie de la force expansive; sa valeur. — Effets divers de la poussée de la glace. — Action de la gelée sur le sol nouvellement labouré. — Formation de la terre arable. — Pulvérisation des roches par le froid. — La surface des chemins après le dégel. — La glace flotte sur l'eau. — Importance de ce fait. — Conservation des espèces aquatiques. — Sous la glace, l'eau ne descend pas à 0°. — Échange de température entre les régions équatoriales et les régions polaires par l'intermédiaire de la glace et de l'eau. — Courants de l'Atlantique. — Propriétés providentielles de l'eau relatives à la chaleur. — La mer libre du pôle. — Glaces flottantes des mers polaires. — Les lois physiques de la glace et de l'eau émanées d'une Pensée éternelle.

1. Presque toutes les substances se contractent en se solidifiant ; elles occupent à l'état solide moins de place qu'à l'état liquide. Par une exception dont vous allez bientôt comprendre la haute importance, l'eau fait tout le contraire : en se congelant, elle se dilate. L'accroissement en volume de la glace est égal aux 88 millièmes du volume de l'eau à 0°, c'est-à-dire qu'un litre d'eau à 0° produit un litre et 88 millilitres de glace. Lorsqu'elle se forme dans un espace clos dont les parois s'opposent à son expansion, la glace exerce contre ces parois une poussée indomptable, qu'on évalue à plus de mille kilogrammes par centimètre carré de surface pressée. Nous avons déjà vu dans la marche des glaciers un effet de cette poussée de l'eau qui se congèle ; en voici quelques autres.

Les carafes pleines d'eau se brisent quand il gèle. Il se forme d'abord dans le col un tampon de glace qui le bouche exactement ; puis, si la congélation se propage dans toute la masse liquide, la glace qui n'a plus le large nécessaire pour se dilater, exerce de dedans en dehors une poussée qui fait éclater la carafe. Les tuyaux de conduite des fontaines sont fendus, les bassins en maçonnerie sont crevassés, si leur contenu vient à geler en entier. Des canons en bronze remplis d'eau et solidement bouchés, se déchirent comme de minces tuyaux quand on les expose à la rigueur du froid. Les rochers les plus durs, s'ils emprisonnent de l'eau dans quelques fentes, se brisent par la gelée et démontrent toute l'exactitude de cette expression populaire : il gèle à pierre fendre. Rien ne résiste donc à la force expansive de la glace.

2. Or, dans cette puissance de la glace se trouve l'auxiliaire le plus énergique de l'agriculture pour rendre le sol apte à recevoir et à nourrir la semence. Vous avez vu parfois, sans doute, de forts attelages labourer péniblement, en automne, un champ encore inculte. Le soc mord profondément la terre ; de grandes mottes sont arrachées et culbutées, dans le plus complet désordre, sur le trajet de la charrue. Quand ce labour est fini, la surface du champ paraît comme ravagée : au lieu d'un sol égal, composé d'une terre meuble telle qu'en demande toute culture, ce n'est encore qu'un pêle-mêle confus de grosses mottes compactes, un chaos de blocs argileux où nul grain ne pourrait germer. Si l'homme devait lui-même émietter ces blocs, les pulvériser et en faire de la terre fertile, bien certainement tous ses moyens d'action, si ingénieux qu'ils soient, n'en viendraient jamais à bout. Ce que l'agriculteur ne peut faire, la gelée le fait avec une merveilleuse facilité. Voici qu'en effet les mottes, imprégnées des pluies automnales, sont saisies par le froid en hiver ; et, se gelant et se dégelant tour à tour, elles finissent par être réduites en poudre, par l'action expansive de la glace formée dans leur épaisseur. Au printemps, le sol est ameubli, c'est-à-dire converti en cette terre souple qu'exige la culture. Maintenant, la semence peut venir à bien, grâce à l'expansion de la glace, ou plutôt grâce à Dieu, qui a doué l'eau de l'exceptionnelle propriété d'augmenter de volume en devenant solide.

3. Il y a plus : c'est surtout à la force expansive de la glace qu'est due la formation de la terre végétale. La partie

fertile du sol, cette couche de matières pulvérulentes où plongent les racines de tous les végétaux, cultivés ou non cultivés, en un mot la terre, qui alimente la végétation et, par suite, toutes les races animales et l'homme lui-même, la terre est formée de débris de toute nature arrachés, parcelle à parcelle, aux roches compactes, que la glace a pour mission de pulvériser. En tel endroit, le roc est à nu, et la stérilité y est complète ; en tel autre, la terre végétale forme une épaisseur de quelques centimètres, et de maigres gazons y commencent à poindre ; en d'autres, enfin, elle atteint une épaisseur d'un petit nombre de mètres, et la végétation y arrive à toute sa prospérité. Mais nulle part, la terre végétale ne possède une épaisseur indéfinie : à une profondeur, qui n'est jamais bien grande, reparaît le roc vif des montagnes voisines. Comment s'est formée cette mince couche de terre, où tout ce qui vit puise sa nourriture, directement ou indirectement ; et comment encore se maintient-elle à peu près dans une même proportion, lorsque tous les cours d'eau, après de grandes pluies, l'entraînent graduellement à la mer ?

4. Minées tous les hivers, et même toute l'année sur les hautes montagnes, par la glace qui se forme dans leurs moindres fissures, les roches de toute nature éclatent en menus fragments, se divisent en grains de sable, tombent en poussière et fournissent les matières minérales que d'innombrables cours d'eau, grands et petits, charrient, pour les déposer momentanément dans les vallées et les amener tôt ou tard à la mer. Les cailloux roulés, les sables, les limons, la terre arable, n'ont pas en général d'autre origine. La glace, par sa puissance expansive, les a détachés de la croupe pelée des montagnes, et les eaux les ont balayés et transportés plus loin. On peut se faire une idée de l'action de la glace; émiettant les rochers pour en faire de la terre et enrichir les vallées, en examinant, au moment du dégel, la surface d'un chemin battu.

Ferme, résistante sous les pieds avant la gelée, la surface
d'un chemin est, après le dégel, dépourvue de consistance
et soulevée çà et là en petites mottes pulvérulentes, bientôt
converties en boue. Au moment de la gelée, l'humidité dont
le sol était imprégné est devenue de la glace, qui, par sa
force expansive, a miné la couche superficielle du chemin
et l'a réduite en menus débris. Quand le dégel est arrivé,
ces débris, que la glace n'agglutine plus, forment d'abord
de la boue, et plus tard de la poussière. C'est d'une manière
exactement pareille que la terre arable s'est formée, avec
les débris de roches de toute nature émiettées par la glace,
et qu'elle se forme encore aujourd'hui, pour remplacer
celle que les eaux courantes charrient sans repos à la mer.

5. La glace, plus volumineuse que l'eau d'où elle provient, est, par cela même, plus légère aussi ; et telle est la
cause qui la maintient flottante à la surface de l'eau. Il peut
vous paraître d'abord assez indifférent que la glace flotte
ou qu'elle descende au fond. Cependant, aucune des propriétés de l'eau, dont le rôle est capital, ne doit être un
résultat fortuit ; elles répondent toutes à quelque condition
de l'ordre général et ne pourraient changer sans amener
les plus graves désordres. Supposez la glace dépourvue de
sa force expansive, et le sol est privé de la cause principale
de sa fécondité ; il perd la source la plus importante de sa
terre végétale. Supposez la glace plus lourde que l'eau, et
les populations aquatiques sont condamnées à une destruction certaine dans tous les pays où l'hiver est rigoureux. En
effet, la glace se forme à la surface de l'eau que refroidit
l'air extérieur. Si la première couche formée descend au
fond, le contact glacial de l'air s'exerce sur une nouvelle
nappe de liquide et la congèle à son tour. La glace descend
encore, et l'eau, se trouvant de la sorte toujours en rapport
avec l'air froid, finira par geler dans toute son épaisseur.
Les fleuves, devenus solides, cesseront de couler ; les lacs,
les étangs, seront convertis, de la surface au fond, en assises

de glace. Est-il nécessaire de dire qu'une fois enveloppés de partout par la glace, les poissons qui peuplent ces fleuves, ces lacs, ces étangs, doivent infailliblement périr? Mais heureusement la glace flotte, elle couvre l'eau d'une couche plus ou moins épaisse et la préserve désormais des atteintes du froid. C'est par ce mécanisme, admirable de simplicité, que, malgré les rigueurs de l'hiver, l'eau se maintient liquide sous la glace, comme l'exige la conservation des êtres vivants qui l'habitent. Bien mieux : au moment des grands froids, l'eau qu'abrite la glace possède une température assez douce relativement à celle de l'air. En effet, puisqu'elle ne gèle pas, elle ne doit pas descendre à 0° de température, tandis que l'air se refroidit bien au-dessous de ce point. Les causes qui mettent un terme au refroidissement de l'eau sont : la voûte de glace qui la protége, et la chaleur latente que la formation de la glace convertit en chaleur sensible. Nous avons vu plus haut comment, à la faveur de cette étrange source de chaleur, l'eau oppose une grande résistance à la congélation.

Une autre cause de la conservation de la température au sein des eaux est la suivante. Tous les corps en s'échauffant à partir de zéro se dilatent et deviennent plus légers; par une exception bien remarquable, l'eau se contracte et devient plus lourde. Cette exception se maintient jusqu'à 4 degrés environ au-dessus de zéro. A partir de ce point, l'eau suit la loi générale, c'est-à-dire qu'elle devient plus légère en s'échauffant davantage. Arrivée à 4 degrés de température, l'eau est donc la plus lourde possible, ou, comme on dit, elle possède son maximum de densité. D'après cela, l'eau du fond est à 4 degrés lorsque celle de la surface est à zéro et se congèle.

6. Vous savez comment, d'après la manière dont la Terre présente ses flancs au Soleil, la chaleur solaire est distribuée inégalement à la surface du globe. Dans les régions intertropicales, les rayons solaires arrivent d'aplomb et la tem-

pérature est très-élevée; dans les régions polaires, ils arrivent obliquement et la température est très-basse. Cette inégalité, résultat forcé de la forme et du mode de rotation de la Terre, serait bien plus grande encore sans l'échange de température qui s'effectue sans cesse entre l'équateur et les pôles, par l'intermédiaire de la glace et de l'eau. Occupons-nous spécialement des régions les plus voisines de nous.

L'océan Atlantique est soumis à un double courant : l'un d'eau chaude, partant de l'équateur et surtout du golfe du Mexique pour se diriger vers le pôle Nord; l'autre d'eau froide et même de glace, partant des régions circumpolaires Nord pour se diriger vers les mers équatoriales. Je vous ai déjà dit combien l'eau est difficile à s'échauffer. Vous savez que, de toutes les substances, c'est elle qui exige le plus de chaleur pour s'échauffer d'un même nombre de degrés, ou, en d'autres termes, qui emmagasine, en quelque sorte, le plus de chaleur pour atteindre une température déterminée. Eh bien, après avoir accumulé dans leur masse, en quantité prodigieuse, la chaleur fournie par un soleil torride, les eaux équatoriales de l'Atlantique remontent vers le nord et vont la distribuer peu à peu aux rivages glacés de la Norwége, de la Laponie, de l'Islande et du Groënland, etc. Enfin, elles forment au pôle même une mer libre de glaces, où pullulent des légions de poissons, où des bandes sans nombre d'oiseaux aquatiques, passent l'été. A la faveur de ce courant, les contrées les moins favorisées du Nord reçoivent donc un supplément de chaleur; et l'extrémité de la Terre, au lieu d'être éternellement ensevelie sous les glaces, nourrit, l'été, d'innombrables populations animales. Toutes ces merveilles seraient-elles possibles sans les propriétés providentielles de l'eau, sans son aptitude exceptionnelle à accumuler de la chaleur? — Non.

7. En même temps que ce courant d'eau tiède remonte vers le Nord, les bancs de glace circumpolaires éclatent

avec de solennelles détonations, se disloquent, se fragmentent; et leurs débris se mettent en marche, comme une flotte féerique composée de montagnes de cristal. Le doigt de Dieu les guide; ils s'acheminent vers le sud, ils s'en vont tempérer les mers tropicales. Tôt ou tard fondues sous un soleil plus chaud, ces glaces flottantes se résolvent en un courant d'eau froide qui se dirige vers l'équateur pour en modérer la température et remplacer le courant d'eau chaude qui en est parti. Cette autre merveille, qui sous un ciel brûlant amène quelque fraîcheur empruntée au froid du pôle, serait-elle possible si la glace ne flottait pas? — Non.

Vous le voyez encore une fois : sous quelque aspect qu'on les considère, les lois physiques de la glace et de l'eau relatives à la chaleur, sont en parfaite harmonie avec les besoins de la Terre. Elles sont donc l'expression d'une pensée éternelle, qui les a conçues.

DOUZIÈME LEÇON

LES NIDS

Corps bons conducteurs de la chaleur; corps mauvais conducteurs. — La chaleur ne se propage dans l'eau qu'à la faveur du mouvement établi dans la masse liquide. — L'air, mauvais conducteur de la chaleur. — Expérience de Rumford. — Le fromage glacé au milieu de l'omelette brûlante. — Les corps mauvais conducteurs également efficaces pour garantir du chaud ou du froid. — Les matières pulvérulentes ou filamenteuses. — Le tison sous la cendre. — Les habitations de l'extrême nord de l'Europe. — Conservation des liqueurs glacées, en été. — Transport de la glace par les navires à travers les mers les plus chaudes. — Les doubles fenêtres. — Les vêtements et les couvertures. — Rôle de l'air dans nos vêtements. — Étoffes les plus chaudes. — Le plumage des oiseaux. — L'édredon. — L'Eider. — Matériaux employés par les oiseaux dans la construction de leurs nids. — L'instinct et les lois de la chaleur. — La Bonté conservatrice.

1. Un morceau de charbon peut être impunément saisi avec les doigts par l'une de ses extrémités, pendant que

l'autre est toute embrasée; mais on ne saisirait pas sans brûlure, par le bout froid en apparence, une tige de fer, même assez longue, rougie à l'autre bout. La chaleur ne se distribue donc pas avec la même facilité dans tous les corps; elle se propage aisément dans le fer, elle ne pénètre le charbon qu'avec difficulté. En d'autres termes : le fer conduit bien la chaleur, le charbon la conduit mal. A ce point de vue, on classe les corps en deux catégories : ceux qui se laissent facilement pénétrer par la chaleur ou qui la conduisent bien, et ceux qui se laissent difficilement pénétrer par la chaleur ou qui la conduisent mal. Les premiers sont appelés bons conducteurs, tel est le fer; les seconds sont appelés mauvais conducteurs, tel est le charbon.

Au nombre des corps bons conducteurs se trouvent tous les métaux : l'argent, le fer, le cuivre, l'or, etc. Les corps non métalliques, tels que le marbre, les pierres diverses, le bois, le charbon, le verre, la brique, etc., sont, au contraire, de mauvais conducteurs. La conductibilité est encore plus faible pour les corps pulvérulents, comme la cendre, la terre, la sciure de bois, la neige; et pour les corps filamenteux, tels que le coton, la laine, la soie. Enfin toutes les substances liquides conduisent mal la chaleur; et les gaz, plus mal encore.

2. Pour faire bouillir de l'eau, on fait du feu au-dessous du vase qui la contient, ou au moins tout à côté. Mais, si l'on s'avisait de ne faire du feu qu'au-dessus du vase, par exemple sur une feuille de tôle qui en couvrirait l'orifice, l'ébullition n'aurait pas lieu. En effet, quand le foyer est allumé en dessus, la couche superficielle de l'eau s'échauffe, il est vrai; mais, comme en s'échauffant elle se dilate et devient plus légère, elle reste constamment à la surface. Alors, les couches inférieures ne peuvent venir se mettre en rapport avec le foyer, et ne reçoivent d'autre chaleur que celle qui se transmet de proche en proche, de haut en bas, par l'effet de la conductibilité du liquide. Cette con-

ductibilité étant extrêmement faible, l'eau ne s'échauffe donc qu'avec une excessive lenteur et n'arrive jamais à l'ébullition.

Au contraire, si le foyer est allumé au-dessous du vase, la couche la plus profonde s'échauffe, devient plus légère et monte, aussitôt remplacée par de l'eau froide, plus lourde, qui vient s'échauffer à son tour au contact du foyer. Il s'établit ainsi dans le vase un courant d'eau chaude qui monte, et un courant d'eau froide qui descend. Ces courants peuvent être rendus sensibles au moyen d'un peu de sciure de bois, dont les parcelles, en suspension dans l'eau, accusent les mouvements de celle-ci par leurs propres mouvements. Il est visible qu'à la faveur de ce double courant, toutes les parties du liquide doivent tour à tour gagner le fond du vase et participer également à la chaleur du foyer. C'est donc par suite d'un mouvement, qui en mélange toutes les parties et les expose l'une après l'autre à l'action du foyer, que l'eau finit par s'échauffer dans toute sa masse, malgré sa très-faible conductibilité.

3. L'air et les autres gaz se comportent comme l'eau. Très-faibles conducteurs de la chaleur, ils ne s'échauffent dans toute leur masse qu'à la faveur d'un va-et-vient général. Si ce mouvement est rendu impossible, la propagation de la chaleur à travers les gaz est des plus faibles, comme le constate la singulière expérience suivante.

Rumford, à qui l'on doit de belles recherches sur la chaleur, faisait placer un fromage à la glace au milieu d'un plat. Sur ce fromage, on versait la mousse bien écumeuse obtenue avec des œufs battus. Enfin, on recouvrait le tout d'un four bien chaud pour faire prendre rapidement les œufs. On obtenait, de la sorte, une omelette soufflée brûlante, au milieu de laquelle, sans avoir rien perdu de sa fraîcheur, se trouvait le fromage glacé. La cause de cette singularité est tout entière dans la faible conductibilité de l'air. C'était l'air emprisonné dans l'écume des œufs qui préservait le fromage de l'ardeur du four, arrêtait la chaleur au passage et l'empêchait de pénétrer plus avant.

4. Une substance conduisant mal la chaleur peut servir à deux usages qui semblent d'abord s'exclure l'un l'autre, et qui cependant reconnaissent les mêmes principes. On peut l'employer, en effet, à garantir un corps du froid, comme à le garantir de la chaleur ; à empêcher un corps de se refroidir, comme à l'empêcher de se réchauffer. Il s'agit d'arrêter, dans le premier cas, la chaleur du corps qui pourrait s'en aller ; dans le second cas, la chaleur étrangère qui pourrait arriver. De part et d'autre, il n'y a qu'un moyen efficace : c'est d'opposer à la chaleur un obstacle qu'elle ne puisse franchir, pas plus dans un sens que dans l'autre, c'est-à-dire une enveloppe très-mauvaise conductrice.

Les matières pulvérulentes et les matières filamenteuses sont les plus remarquables parmi celles qui conduisent mal la chaleur, parce que, à leur faible conductibilité, elles joignent la conductibilité plus faible encore de l'air emprisonné entre leurs particules, entre leurs filaments. On les emploie à garantir indistinctement, soit du froid, soit de la chaleur. Quelques exemples vont nous l'expliquer.

Si, le soir, les tisons à demi consumés sont ensevelis sous la cendre, ils se retrouvent le lendemain encore embrasés. La cendre, en les mettant à l'abri de l'air, en arrête la combustion ; mais elle fait mieux : tout en les empêchant de se consumer, elle les conserve avec presque toute leur chaleur primitive ; aussi sont-ils, le lendemain, aussi ardents que la veille. Ce résultat est dû à l'obstacle que la cendre, comme matière pulvérulente, oppose à la déperdition de la chaleur. Sous cette enveloppe poudreuse, le charbon se maintient embrasé, parce qu'il ne peut transmettre sa chaleur au dehors, un corps mauvais conducteur s'y opposant.

Dans l'extrême nord de l'Europe, où l'hiver est si rigoureux, des maisons construites en maçonnerie, comme le sont les nôtres, seraient inhabitables, parce que la pierre et la brique n'opposeraient à l'issue de la chaleur intérieure qu'un obstacle insuffisant, et permettraient un refroidissement trop rapide. Pour ces habitations boréales, il faut des matériaux plus mauvais conducteurs que la brique et la pierre; des matériaux propres à conserver la chaleur des appartements, aussi bien que la cendre conserve la chaleur des tisons qu'elle recouvre. A cet effet, la maçonnerie est remplacée par des murs en planches épaisses. C'est déjà un progrès, car le bois conduit la chaleur bien plus mal que la pierre; mais ce n'est pas encore assez. Les planches forment une double cloison, et l'intervalle est rempli avec de la mousse, de la paille et même des cendres. C'est à la faveur de cette enceinte multiple de matériaux éminemment mauvais conducteurs, que la chaleur d'un poêle toujours allumé se conserve dans l'habitation, tandis qu'au dehors sévit le froid le plus violent.

5. Veut-on au contraire empêcher la chaleur extérieure de se propager vers un corps qu'il importe de maintenir froid? On mettra encore à profit l'admirable propriété des matières filamenteuses. En été, pour préserver de la chaleur de l'air les liqueurs glacées obtenues avec les mélanges réfrigérants, on les renferme dans un vase contenu dans un autre plus grand; et l'intervalle qui sépare les deux vases est rempli avec de la laine, du coton ou toute autre matière filamenteuse. Vous le voyez, ce qui défend du froid défend aussi de la chaleur, puisque les habitations des contrées polaires et les vases destinés à conserver la glace en été, sont disposés suivant les mêmes principes. C'est, de part et d'autre, une double enveloppe garnie d'un matelas de matériaux mauvais conducteurs. Dans le premier cas, ce matelas arrête au passage la chaleur intérieure et l'empêche de se dissiper au dehors; dans le second cas, il arrête la chaleur extérieure et préserve de la fusion la glace contenue dans le vase central.

La glace, qui pour les pays chauds est presque un objet de première nécessité, est quelquefois transportée de fort loin sous un soleil brûlant. Les États-Unis, par exemple, expédient chaque année aux Indes et en Chine de grandes quantités de glace. Les navires chargés du transport traversent les mers les plus chaudes ; et cependant la marchandise arrive à destination, à la faveur des substances non conductrices qui la protégent, savoir la sciure de bois, la paille et les copeaux dont on a eu soin d'envelopper étroitement les blocs de glace, entassés à fond de cale.

6. Les diverses substances que je viens de vous citer, cendre, sciure de bois, copeaux, laine, coton, etc., comme également propres à entraver soit l'accès de la chaleur, soit sa déperdition, doivent en grande partie leur propriété à l'air qu'elles retiennent captif dans leurs intervalles vides. Il est alors évident que l'air seul peut être employé comme obstacle à la propagation de la chaleur, s'il est convenablement mis dans l'impossibilité de se renouveler, de se mélanger avec l'air libre de l'atmosphère. Voici un cas où cette propriété de l'air est en effet mise à profit. La chaleur d'un appartement se dissipe au dehors par les murs, le plancher, le plafond, dont la conductibilité est toujours plus ou moins forte. A cette cause de déperdition de chaleur, il n'y a guère de remède dans nos habitations, construites en maçonnerie. Mais il y a une cause de refroidissement que l'on peut éviter avec facilité ; elle se trouve dans les fenêtres. Les carreaux de vitre, indispensables pour l'éclairage de l'appartement, n'opposent à l'issue de la chaleur qu'un obstacle imparfait. Pour obtenir une barrière plus efficace, sans nuire à la transparence des fenêtres, on bâtit, en quelque sorte, un mur d'air en arrière des vitres ; c'est-à-dire qu'on place deux fenêtres à l'ouverture, l'une en dehors, l'autre en dedans du mur en maçonnerie. On obtient ainsi, dans l'intervalle qui sépare les deux châssis également vitrés, une couche d'air immobile, une sorte de mur

transparent, que la chaleur de l'intérieur ne peut plus traverser.

7. Appliquons ces aperçus à l'étude raisonnée de nos
vêtements. On dit d'une étoffe qu'elle est chaude, de telle
autre, qu'elle est froide. Que faut-il entendre par là? Une
fourrure, une étoffe, ont-elles une chaleur propre qu'elles
nous communiquent? Demandons-nous à la laine, au duvet,
à la soie, au coton, un supplément de chaleur, émané de
leur substance même? Non, car plongez un thermomètre
dans le duvet le plus soyeux, dans la fourrure la plus douce,
et vous ne verrez pas l'instrument accuser un accroissement
de température. Aucune de ces matières, n'ayant par elle-
même de chaleur, ne peut nous en fournir. Leur rôle se
borne à empêcher la déperdition de la chaleur qui nous est
propre, de cette chaleur naturelle dont la cause réside dans
le jeu même de la vie. Nos vêtements, nos couvertures, sont
donc de mauvais conducteurs interposés entre notre corps,
qu'échauffe la chaleur vitale, et l'air froid extérieur, qui
nous ravirait notre température. Ils sont pour nous ce
qu'une pelletée de cendres est pour les tisons de l'âtre. Ils
ne donnent rien, mais ils empêchent de perdre; ils ne nous
réchauffent pas, mais ils nous conservent la chaleur naturelle.

Au point de vue d'une réelle utilité, la valeur d'un vêtement dépend donc de sa faible conductibilité pour la chaleur. Plus il sera mauvais conducteur, et mieux le vêtement
remplira son rôle. Mais de tous les corps, l'air est celui qui
conduit le plus mal la chaleur. Aussi, est-ce pour ainsi dire
avec de l'air que nous nous habillons. Effectivement, nos
étoffes de laine, de coton, n'importe, ne sont, en quelque
sorte, que des réseaux propres à emprisonner de l'air dans
leur innombrables mailles, de même qu'une éponge mouillée emprisonne de l'eau. Cette couche d'air maintenue tout
autour du corps, nous protége d'autant plus efficacement
contre le froid, qu'elle est plus épaisse et plus gênée dans

ses mouvements. Aussi, n'est-ce pas l'étoffe la plus lourde et la plus compacte qui tient le plus chaud, mais bien l'étoffe souple, moelleuse, qui s'imbibe aisément d'air et le garde captif dans son épaisseur, comme le font l'ouate et le duvet. Entre le corps et les vêtements se trouve, en outre, retenue par ceux-ci, une enveloppe d'air dont il faut tenir compte, car elle constitue une sorte de doublure naturelle que rien ne pourrait remplacer. Pour bien remplir son rôle, cette doublure d'air exige une certaine épaisseur qu'on obtient avec des vêtements d'une ampleur suffisante sans être exagérée, car alors l'air se renouvellerait avec trop de facilité, et, changeant de rôle, deviendrait une cause de refroidissement.

Les couvertures de nos lits, les matelas, les édredons, ne sont encore que des barrières opposées à la déperdition de la chaleur naturelle. Les plumes légères, la laine, le coton, qui les composent, retiennent abondamment de l'air dans leur masse floconneuse, et forment ainsi une enceinte sans conductibilité que la chaleur du corps ne peut franchir.

8. Il est maintenant hors de doute pour nous que, pour bien protéger contre le froid, une enveloppe doit être formée d'une matière conduisant mal la chaleur, légère, très-divisée, et pénétrée d'air qui ne puisse se déplacer. Or, toutes ces conditions sont admirablement réalisées dans le plumage des oiseaux. Les plumes, formées d'une substance sans conductibilité, retiennent, entre leurs rangs pressés et leurs innombrables menus filaments, un grand volume d'air dont le déplacement est impossible. Ce n'est pas encore assez pour les oiseaux aquatiques, surtout pour ceux des régions très-froides. Les plumes extérieures sont alors fortes, très-exactement appliquées l'une sur l'autre, et lustrées avec un vernis onctueux que l'eau ne peut mouiller. Ni la pluie, ni la brume la plus fine, n'ont de prise sur ce premier vêtement. L'oiseau peut plonger au fond des eaux, s'ébattre à leur surface, y sommeiller bercé par le flot, et

l'humidité ne l'atteindra pas. Le froid ne l'atteindra pas davantage, car, sous cette enveloppe résistante, faite pour braver les intempéries, s'en trouve une seconde composée de ce qu'il y a de plus délicat, de plus moelleux, de plus douillet. Ce vêtement intérieur, c'est un duvet tellement fin, tellement divisé et subdivisé que, ne pouvant le comparer à aucun autre, on lui a donné un nom spécial, celui d'édredon.

On ne connaît rien d'aussi efficace que l'édredon pour entraver la déperdition de la chaleur. Ni la laine, ni l'ouate, ni les fourrures, ne peuvent, sous ce rapport, rivaliser avec lui. Aussi fait-on un commerce assez considérable de cette précieuse matière, la plus recherchée de toutes pour les couvertures des lits.

9. L'édredon le plus estimé est fourni par une espèce de canard, l'eider, dont la taille est intermédiaire entre celles de l'oie et du canard domestiques. L'eider vit à l'état sauvage dans les régions glacées du Nord, en particulier en Laponie, en Islande, au Spitzberg. Sa nourriture se compose de poisson, que son aile infatigable lui permet d'aller pêcher à de grandes distances des côtes, au milieu de la haute mer. Tout le jour en recherche sur des eaux glaciales, l'eider se retire, la nuit, sur quelque îlot de glace, lieu de repos assez chaud pour lui tout matelassé d'édredon. C'est dans quelque creux des rochers escarpés du rivage qu'il établit son nid, composé au dehors de mousses, d'algues desséchées, et à l'intérieur d'édredon, que l'oiseau s'arrache lui-même sous le ventre. Sur cette chaude couchette reposent cinq ou six œufs d'un vert sombre. Après le départ de la couvée, ceux qui recherchent l'édredon, les Islandais surtout, visitent les nids abandonnés et recueillent le précieux duvet; mais non sans danger, car les nids sont généralement inaccessibles. On ne parvient à ces nids qu'en se faisant descendre, avec des cordes, le long des flancs abrupts des rochers fréquentés par les eiders.

10. Nous profitons du lit abandonné de l'eider pour nous garantir du froid; l'observation et la raison nous ont appris la propriété du duvet qui le compose. Mais, dites-moi, comment l'oiseau peut l'avoir apprise lui-même? Qui donc lui a révélé les lois de la chaleur? Qui peut lui avoir conseillé de s'arracher douloureusement le duvet de la poitrine pour abriter sa jeune famille et la défendre contre l'âpreté du climat? Et comment se fait-il encore que, d'un bout à l'autre de la terre, tous les oiseaux, jusqu'aux moindres, connaissent à fond, sans les avoir jamais apprises, les propriétés des corps mauvais conducteurs? Pour bâtir la charpente, l'extérieur de leurs nids, ils emploient les méthodes et les matières les plus variées. L'un entrelace des bûchettes, l'autre tisse de fines racines; celui-ci feutre des mousses et des lichens, celui-là devient maçon et gâche de la terre; en voici qui se font charpentiers, et du bec percent un trou dans la tige des arbres; en voici d'autres qui grattent le sol et se creusent des conques dans le sable. Tout leur est bon pour le dehors du nid; chacun, suivant sa spécialité, emploie les matériaux les plus divers et les met en œuvre d'une façon différente. Mais pour l'intérieur, c'est autre chose : comme d'un commun accord, ils ne le composent qu'avec un petit nombre de matériaux choisis entre mille. Dans le matelas destiné à la jeune couvée, ils ne font entrer que le coton, la bourre, la laine, les plumes, le duvet, c'est-à-dire les corps les plus mauvais conducteurs de tous. Pour entretenir dans le nid la chaleur nécessaire à leurs petits nus et frileux, ils ne feraient pas mieux guidés par la science.

D'où vient alors cette étonnante inspiration de l'instinct qui dévoile au pinson les secrets les plus savants de la chaleur, conseille à l'eider de se dépouiller de son édredon pour abriter ses jeunes, et dit à l'hirondelle de matelasser de duvet le nid de terre maçonné sous le bord du toit? Si c'est folie que de nier la lumière en plein soleil, ne serait-ce pas folie tout aussi grande que de mettre en doute la Bonté conservatrice, dont tout nous parle, même le nid du moindre oisillon !

TREIZIÈME LEÇON

LA SERRE

Chaleur lumineuse et chaleur obscure. — L'air est diaphane pour la première et opaque pour la seconde. — Propriétés du verre relativement aux deux espèces de chaleur. — Le carreau de vitre et le rayon de soleil. — Le carreau de vitre et la chaleur du poêle. — Expérience de la caisse vitrée. — Le four sans combustible. — Cause de la faible température des hautes régions de l'air. — L'atmosphère permet à la chaleur solaire d'arriver jusqu'à nous sans déperdition trop sensible. — Elle empêche la chaleur obscure de la Terre de se dissiper trop rapidement. — Le manteau de la Terre. — La résistance de l'air à la chaleur obscure savamment accommodée aux besoins des êtres vivants. — Ce qui adviendrait si cette résistance était plus forte. — La serre. — Le vitrage de la Terre et l'Intelligence infinie.

1. Nous venons de voir que l'air oppose à la chaleur une barrière difficile à franchir. Mais il y a diverses espèces de chaleur : il y a, en particulier, la chaleur lumineuse et la chaleur obscure. La première est celle que la lumière accompagne; telle est la chaleur du Soleil, et celle que rayonnent la flamme, les charbons allumés et les métaux incandescents. La seconde est celle que la lumière n'accompagne pas; telle est la chaleur que rayonnent les objets terrestres tant qu'ils ne sont pas chauffés au rouge. Or, l'air est transparent pour la chaleur lumineuse; c'est-à-dire qu'au lieu de l'arrêter au passage et de se l'approprier pour s'échauffer lui-même, il lui laisse, à peu près sans obstacle, continuer son trajet, absolument comme il le fait pour la lumière elle-même. Au contraire, l'air est opaque pour la chaleur obscure: c'est-à-dire qu'il s'oppose à sa propagation, qu'il

l'arrête au passage, de même qu'un écran non diaphane arrête la lumière.

2. Le verre, lui aussi, est transparent pour la chaleur lumineuse; mais il ne l'est pas pour la chaleur obscure. En se plaçant derrière les carreaux d'une fenêtre où donne le Soleil, on éprouve la même impression de chaleur que si l'on recevait directement les rayons solaires, sans l'interposition de ces carreaux. Une lame de verre n'arrête donc pas la chaleur du Soleil. Elle arrête fort bien, au contraire, la chaleur obscure, par exemple celle d'un poêle fortement chauffé, mais non incandescent, car la main rapprochée de ce calorifère n'en reçoit presque plus de chaleur du moment qu'elle est abritée derrière une lame de verre, un carreau de vitre.

Cette remarquable propriété du verre de laisser passer la chaleur ou de lui barrer le passage, suivant qu'elle est lumineuse ou obscure, peut se vérifier encore de la manière suivante. Supposez une petite caisse en bois, peinte en noir à l'intérieur, et dont une paroi soit formée de deux ou trois carreaux de vitre placés l'un devant l'autre à une petite distance. En exposant au Soleil ce côté vitré de la caisse, on observe qu'en peu de temps la température de l'intérieur de l'appareil s'élève d'une manière extraordinaire. La chaleur y est plus forte que celle de l'eau bouillante, si bien que les aliments pourraient cuire dans cet étrange four chauffé sans combustible.

Les lames de verre superposées sont cause de cette élévation de température. La chaleur des rayons solaires les traverse sans difficulté en arrivant, parce qu'elle est alors lumineuse; mais une fois qu'elle a pénétré dans l'appareil et qu'elle est devenue obscure en échauffant les parois noircies, elle ne peut plus les franchir pour se dissiper au dehors. Elle ne peut davantage se déperdre par les autres faces de la caisse, parce que le bois est mauvais conducteur. La chaleur s'accumule donc dans l'intérieur de l'appareil jusqu'à produire la température insupportable d'une étuve.

3. L'air, disons-nous, est transparent pour la chaleur lumineuse, spécialement pour celle que rayonne le Soleil ; il se laisse traverser aisément par cette chaleur sans l'arrêter, sans se l'approprier et s'échauffer à ses dépens. Il faut bien qu'il en soit ainsi, car si l'atmosphère arrêtait la chaleur des rayons solaires, ceux-ci nous arriveraient, toujours lumineux il est vrai, mais refroidis. Ce serait alors l'atmosphère, surtout dans ses parties supérieures, et non la Terre, qui profiterait de la chaleur du Soleil, et la température irait en augmentant avec la hauteur au-dessus du sol. Mais c'est précisément le contraire qui a lieu : l'observation démontre que la température décroît à mesure qu'on s'élève plus haut. Donc, encore une fois, l'air n'arrête pas la chaleur lumineuse ; et, par suite, il ne s'échauffe que très-difficilement par l'action directe des rayons du Soleil.

Cela nous donne l'explication de l'abaissement rapide de température qu'on observe dans les hautes régions de l'atmosphère. Bien que ces régions soient un peu plus rapprochées du Soleil que la surface du sol, elles sont extrêmement froides, parce que la chaleur solaire qui les traverse passe sans produire d'effet. De même que la lumière ne peut illuminer un espace où il n'y a rien de matériel, ainsi que vous l'avez vu dans la première leçon, de même la chaleur solaire, la chaleur lumineuse, ne peut échauffer que très-imparfaitement un espace occupé par de l'air seul. Grâce à cette merveilleuse propriété, les rayons solaires traversent, sans affaiblissement trop considérable, toute l'épaisseur de l'atmosphère, et arrivent jusqu'ici avec la majeure partie de leur température primitive, avec la juste mesure de chaleur exigée par la conservation des êtres qui peuplent la Terre.

4. Il ne suffit pas que l'atmosphère laisse la chaleur solaire arriver librement jusqu'à nous, il faut encore qu'elle l'empêche de rétrograder, de se dissiper trop rapidement

une fois qu'elle a pénétré les corps terrestres et qu'elle s'est convertie en chaleur obscure ; sinon, chaque nuit, le refroidissement serait si brusque et si violent, qu'aucun être organisé ne pourrait résister à de pareilles transitions de température. Il faut donc que l'air ait relativement à la chaleur obscure, à celle que rayonnent les corps terrestres après avoir été chauffés par le Soleil, des propriétés inverses de celles qu'il possède relativement à la chaleur lumineuse ; il faut, en un mot, que l'air, transparent pour la chaleur lumineuse, soit opaque pour la chaleur obscure.

Des exemples assez variés nous ont prouvé qu'en effet l'air jouit, à un haut degré, de la propriété d'opposer à la chaleur obscure un obstacle bien difficile à franchir. Rappelez-vous, à ce sujet, l'expérience de Rumford. L'atmosphère permet donc à la chaleur lumineuse du Soleil d'arriver aisément jusqu'à nous ; mais elle empêche cette même chaleur, devenue obscure en pénétrant les corps terrestres et les échauffant, de revenir trop facilement sur ses pas et de se déperdre, avant l'heure, en rayonnant vers les étendues glacées qui nous entourent, de même que nos vêtements s'opposent à la déperdition trop rapide de la chaleur du corps. Sous ce rapport, l'atmosphère est le vêtement de la Terre.

5. En l'absence du Soleil, l'atmosphère ralentit le refroidissement de la Terre ; mais elle ne l'empêche pas tout à fait, parce qu'elle n'oppose à la chaleur obscure qu'un obstacle insuffisant. Ne vaudrait-il pas mieux que l'atmosphère, tout en se laissant traverser sans difficulté par la chaleur lumineuse du Soleil, fût, pour la chaleur obscure, une barrière complétement infranchissable? Nous n'aurions plus alors la fraîcheur des nuits, souvent désagréable ; nous n'aurions plus les rigueurs de l'hiver. — Eh bien, non : car alors la chaleur envoyée chaque jour par le Soleil irait s'accumulant sur la Terre, bientôt convertie en fournaise étouffante ; et rien ne résisterait à la haute température

développée dans ces conditions. Les longues journées d'été sont parfois accablantes; et que serait-ce si la chaleur obscure de la Terre, ne pouvant se dissiper en partie, la nuit, à travers l'atmosphère, s'accumulait indéfiniment? En roulant le manteau de l'atmosphère autour de la Terre, la Providence a prévu toutes les difficultés. Elle a voulu que l'air se laissât traverser par la chaleur lumineuse, afin de permettre aux rayons vivifiants du Soleil d'arriver jusqu'à nous; elle a voulut que l'air s'opposât dans une juste mesure au passage de la chaleur obscure, pour conserver à la Terre une température suffisante jusqu'au retour suivant du Soleil, mais sans amener une mortelle accumulation de chaleur.

6. Pour nous rendre mieux compte du rôle de l'atmosphère dans la température de la Terre, examinons ce qui se passe dans les serres, où fleurissent l'hiver les plantes des pays chauds, cultivées ici pour agrément. Une serre est comparable à la caisse dont il a été parlé plus haut. Sa façade, tournée vers le midi, est entièrement vitrée. A travers cette cloison de verre, pénètrent librement la chaleur et la lumière nécessaires à la prospérité des plantes. En outre, comme le verre s'oppose à l'issue de la chaleur obscure, la chaleur solaire s'accumule à l'abri du vitrage à mesure qu'elle devient obscure en réchauffant les plantes. Aussi, la température de la serre est-elle bien plus élevée que celle de l'extérieur. Deux façades vitrées mises l'une devant l'autre rendraient cette température plus chaude encore, en augmentant, par elles-mêmes et par l'air interposé, la difficulté que devrait vaincre la chaleur obscure pour se dissiper au dehors. Trois façades pareilles produiraient un effet plus grand; mais, avec cette superposition d'obstacles opposés à l'issue de la chaleur obscure, la serre deviendrait une étuve, comme notre caisse de tout à l'heure, et les plantes périraient brûlées. Pareille chose arriverait sur la Terre si l'air présentait trop de résistance à la chaleur obscure. Il importe donc que les propriétés de l'air

relatives à la chaleur, tant obscure que lumineuse, atteignent une mesure exacte qu'une science infaillible pouvait seule déterminer à l'avance. Si la disposition d'une serre bien construite annonce l'intelligence du constructeur, comment ne pas reconnaître qu'une Intelligence souveraine a présidé aux savants arrangements de la Terre, serre d'une haute perfection qui pour vitrage a l'atmosphère!

QUATORZIÈME LEÇON

L'ÉVAPORATION

La fumée de la marmite qui bout. — La vapeur d'eau proprement dite est invisible. — Évaporation. —Conditions qui influent sur son abondance et sa rapidité. — Dessiccation du linge. — Les marais salants et les sources d'eau salée. — Chaleur latente des vapeurs. — Comment l'air d'une salle se trouve rafraîchi par l'eau répandue sur le parquet. — L'évaporation, cause de refroidissement. — Frissons au sortir du bain. — Alcarazas. — Dangers des courants d'air lorsque le corps est en transpiration. — Froid produit par l'évaporation de l'éther et de l'acide sulfureux. — La machine réfrigérante. — Froid produit par l'évaporation de l'ammoniaque.

1. Nous avons déjà vu que tout corps solide peut devenir liquide par l'effet de la chaleur, et que, pareillement, tout corps liquide, par un accroissement plus grand de chaleur, peut devenir gazeux, c'est-à-dire se transformer en une substance impalpable, le plus souvent invisible, aussi subtile que l'air et portant le nom de vapeur [1]. A ce mot de vapeur, l'esprit se reporte vers la fumée blanche qui s'é-

---

[1] Certaines substances solides peuvent se réduire en vapeur sans passer par l'état liquide; de ce nombre est le camphre. L'odeur que le camphre répand est précisément occasionné par les vapeurs qu'il dégage. D'une manière générale, les odeurs, quelles qu'elles soient, sont produites par des vapeurs disséminées dans l'air. Une matière, pour être odorante, doit donc être volatile, c'est-à-dire susceptible de se résoudre aisément en vapeur.

chappe d'un vase plein d'eau en ébullition. Cette fumée, cependant, n'est pas de la vapeur proprement dite, mais bien de la vapeur vésiculaire, c'est-à-dire de l'eau disposée en très-petites gouttelettes creuses ou vésicules pareilles à celles dont se composent les nuages et les brouillards. Elle provient de la vapeur véritable, de la vapeur invisible qui se dégage de l'eau en ébullition, et qui, au contact de l'air plus froid qu'elle, éprouve un commencement de condensation et se réduit en fumée, de même que la vapeur invisible contenue dans l'air se change en nuages par l'effet du refroidissement. A part quelques exceptions sans importance pour nous, par exemple la vapeur jaune du soufre et la vapeur verte de l'argent en fusion, à part quelques rares exceptions, les vapeurs de tous les corps sont complétement invisibles. Celles de l'eau, en particulier, sont d'une telle transparence, que l'air, qui en renferme toujours des quantités considérables, n'éprouve de leur part aucune altération dans sa limpidité, à moins qu'elles ne cessent d'être vapeurs et ne deviennent brouillard.

2. Abandonné à l'air libre, un linge mouillé se dessèche ; pareillement une assiette pleine d'eau perd peu à peu son contenu. Dans les deux cas, l'eau se réduit lentement en vapeur et pénètre dans l'espace environnant, où elle se répand de partout et se dissipe sous forme invisible. On dit alors qu'il y a évaporation. Examinons les circonstances qui influent sur l'abondance et la rapidité de l'évaporation, en prenant de préférence l'eau pour exemple, à cause du rôle immense de sa vapeur tant dans la nature que dans l'industrie. Une ménagère occupée à la dessiccation de sa lessive souhaite quatre choses : un soleil chaud, un temps sec, un peu de vent et des cordes suffisamment longues pour bien étendre tout le linge. Là se trouvent, en effet, toutes les conditions favorables à une prompte dessiccation, ainsi que vous allez le voir.

L'évaporation s'effectue à toutes les températures, puisque un linge mouillé se dessèche pendant l'hiver aussi bien que pendant l'été ; mais il est incontestable que plus la température est élevée, plus l'évaporation est rapide. Pour s'en convaincre, il suffit de se rappeler avec quelle facilité, pendant l'été, le sol arrosé reprend sa sécheresse primitive; avec quelle facilité un linge humide se dessèche quand on le présente à la chaleur d'un foyer.

3. D'autre part, nous savons que la vapeur, à mesure qu'elle se forme, pénètre dans l'air et s'y dissémine. Mais, évidemment, un même espace ne peut admettre une quantité indéfinie de vapeur, pas plus qu'un vase ne peut recevoir au delà de ce que comporte sa contenance. Il arrive donc tôt ou tard un moment où cet espace atteint son degré extrême d'humidité, un moment où il renferme toute la vapeur qu'il est susceptible de contenir. On dit alors que cet espace est saturé, c'est-à-dire qu'il ne peut plus recevoir de nouvelles vapeurs, de même qu'un vase exactement rempli ne peut plus rien admettre dans sa capacité. Il est dès lors évident que dans un espace, dans un air saturé, l'évaporation est complétement impossible. On comprend également bien que plus l'air sera rapproché de son point de saturation, c'est-à-dire sera déjà plus riche en vapeur, plus l'évaporation y sera difficile. L'air humide entrave donc l'évaporation et l'air sec la favorise.

Ce n'est pas tout : l'air en contact avec les surfaces en évaporation, finit par se saturer plus ou moins de vapeurs ; et, s'il n'est pas renouvelé, l'évaporation cesse, ou, du moins, devient laborieuse. Il faut donc encore qu'à mesure qu'il s'imprègne de vapeurs, l'air soit remplacé par d'autre plus sec, afin que l'évaporation se fasse toujours avec la même rapidité.

En dernier lieu : il est évident qu'un linge mouillé, plié et replié sur lui-même, ne séchera que difficilement, parce que la surface qui prendra part à l'évaporation n'aura qu'une faible étendue. Ce linge sera, au contraire, dans les meilleures conditions pour la rapidité de sa dessiccation, s'il présente à l'air la plus grande surface possible ; en un mot, s'il est suspendu et bien étalé. On voit donc, en résumé, que les conditions d'une prompte évaporation sont au nombre de quatre : une température élevée, un temps sec, une certaine agitation dans l'air, et enfin une grande étendue dans les surfaces d'évaporation.

4. Toutes ces conditions ne peuvent pas toujours être remplies à la fois lorsqu'il s'agit d'évaporer à peu de frais de grandes quantités d'eau ; mais on en réalise, au moins, quelques-unes. Examinons, par exemple, les procédés employés pour extraire le sel des eaux de la mer, ou des eaux des sources salées.

Si vous abandonnez au soleil de l'eau salée dans une assiette, l'eau s'en ira peu à peu en vapeurs invisibles et finira par laisser le sel à sec. On ne s'y prend pas autrement pour se procurer le sel dissous dans les eaux de la mer. A cet effet, dans un terrain bas, uni et voisin de la mer, on pratique une suite de bassins de quelques décimètres seulement de profondeur, mais d'une immense étendue, car leur superficie totale embrasse parfois plus de deux cents hectares. Ces bassins, appelés marais salants, communiquent avec la mer par des rigoles qui permettent l'arrivée de l'eau. Au commencement de la belle saison, on laisse l'eau de la mer entrer dans les bassins ; et, quand ils sont pleins, on ferme les rigoles de communication. Pendant tout l'été, sous les rayons d'un soleil brûlant, il se fait sur ces immenses nappes d'eau une évaporation énorme. Aussi, vers la fin de l'été, le sel n'a plus dans les bassins assez d'eau pour rester dissous, et il se prend en une croûte cristalline qu'on enlève avec des râteaux. Après cette extraction du sel, les eaux qui restent encore dans les marais salants et qu'on nomme eaux mères des salines, retiennent quelques substances dont l'extraction va nous occuper tout à l'heure.

En quelques localités, il existe des sources d'eau salée

dont on extrait le sel de la manière suivante. On dresse
sous un hangar un grand **tas** de fagots d'épines dont la
plus grande face est exposée au vent qui règne habituelle-
ment dans la contrée. L'eau salée arrive à l'aide de pompes
au sommet du tas ; de là, elle retombe en fines gouttelettes, se
répand dans le fourré de branchages, se divise, se subdivise
et éprouve ainsi une rapide évaporation, en étalant une
grande surface au courant d'air qui traverse le tas de fagots.
Quand, après plusieurs opérations de ce genre, l'eau s'est en
grande partie évaporée et que le liquide est devenu assez
riche en sel, on achève l'évaporation dans des chaudières

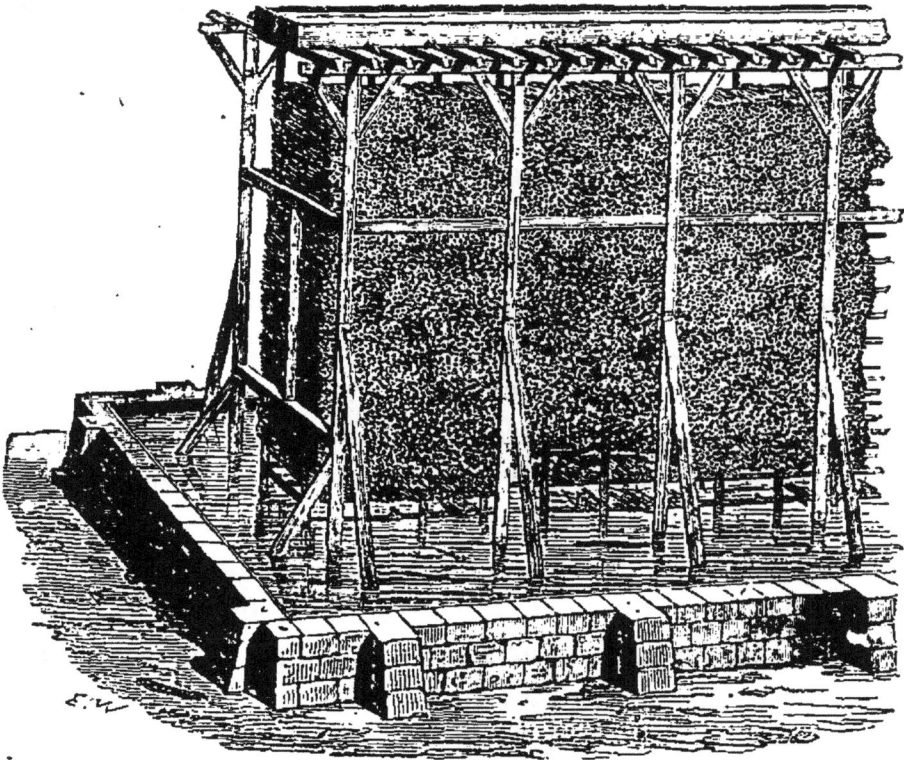

Fig. 10. — Tas de fagots pour l'évaporation des eaux salées.

chauffées sur le feu. Ces deux exemples suffisent pour vous
montrer que lorsqu'on veut obtenir à peu de frais l'évaporation d'une grande masse d'eau, il faut tenir compte de

l'étendue des surfaces et du renouvellement de l'air tout
autant, et même plus, que de la température.

5. Dans une leçon précédente, on a vu que la glace, pour
se fondre, ou, plus généralement, qu'un corps, pour passer
de l'état solide à l'état liquide, nécessite une quantité considérable de chaleur, qui dès lors cesse d'être chaude, n'exerce
aucune influence sur la température, et borne son rôle à
produire et à maintenir l'état liquide. Cette chaleur, nous
l'avons appelée chaleur latente. Pareille chose se passe
quand une substance liquide passe à l'état gazeux. Ainsi,
les vapeurs qui s'exhalent de l'eau en évaporation, ne se
forment et ne se maintiennent qu'à la faveur d'une incroyable
quantité de chaleur ; et cependant, elles ne sont pas plus
chaudes que l'eau qui les a engendrées, puisque cette chaleur est uniquement employée à produire le changement
d'état et non à accroître la température, en un mot, parce
qu'elle est latente. Pour le moment, une observation bien
simple va nous fournir une preuve de cette chaleur latente.

Pendant les chaleurs de l'été, si l'on arrose avec de l'eau
le parquet d'une salle, on éprouve bientôt une agréable impression : la salle est subitement rafraîchie. L'eau serait-elle
par elle-même la cause de cette fraîcheur ? — Évidemment
non, car l'arrosage peut très-bien ne pas être fait avec de
l'eau fraîche, et cependant le résultat est le même. C'est
l'évaporation seule qui amène cette fraîcheur. Effectivement,
l'eau répandue sur le parquet devient le siège d'une abondante évaporation, à cause de le grande surface qu'elle présente. Mais les vapeurs, pour se former, exigent de la chaleur
qui est prise au parquet, à l'air de la salle, à tous les objets
voisins quels qu'ils soient. Dès lors, cette chaleur ne compte
plus pour la température, ne produit plus d'effet sensible,
puisqu'elle devient latente en donnant naissance aux vapeurs.
La température de la salle doit donc baisser un peu.

6. D'une manière générale : toute évaporation amène un
refroidissement, parce que les vapeurs, pour se former,

prennent aux objets voisins la chaleur qui leur est nécessaire et la rendent latente.

Les exemples suivants vont nous familiariser avec cette loi.

Qui ne connait les frissons qu'on éprouve au sortir d'un bain, même chaud? La mince couche d'eau dont le corps est couvert en est cause. Son évaporation nous enlève une partie de notre chaleur naturelle; les vapeurs, formées aux dépens de notre température, emportent avec elles, sous forme latente, une partie de notre chaleur propre. Ces frissons cessent dès que, le corps étant essuyé, l'évaporation cesse elle-même.

Pour avoir de l'eau fraîche, on emploie, en Espagne, des vases en terre poreuse, nommés *alcarazas*. L'eau suinte légèrement à travers la paroi de ces vases, dont le dehors est ainsi dans un état continuel d'humidité. Cette humidité extérieure, dont on a soin de favoriser l'évaporation en suspendant le vase dans un courant d'air, rafraîchit l'eau de l'intérieur, à laquelle elle prend la chaleur nécessaire pour passer à l'état de vapeur. Il est clair qu'avec une carafe enveloppée d'un linge mouillé et suspendue à un courant d'air, on obtiendrait le même résultat.

La prudence nous commande, lorsque nous sommes en transpiration, de ne pas nous dépouiller d'une partie de nos vêtements, et surtout de ne pas nous exposer à un courant d'air. La raison en est maintenant facile à saisir. En cet état, nous sommes comme l'alcarazas, comme la carafe entourée d'un linge humide; nous pouvons donc, surtout dans un courant d'air, donner lieu à une évaporation active, dont le résultat final sera un refroidissement, toujours dangereux et quelquefois mortel.

7. Le froid occasionné par l'évaporation est d'autant plus vif, que le liquide employé se réduit plus facilement en vapeur, ou, comme on dit, est plus volatil. Ainsi l'éther[1].

---

[1] L'éther est un liquide d'une odeur vive et suave. On le fait respirer

incomparablement plus volatil que l'eau, produit, versé dans le creux de la main, une impression de fraîcheur des plus marquées, tant il enlève rapidement la chaleur à la main pour se réduire en vapeur. D'autres liquides plus volatils encore amèneraient un froid insupportable, et glaceraient la main. Tel est l'acide sulfureux[1], dont l'évaporation, excessivement rapide, abaisse la température à 40 degrés au-dessous de zéro et congèle le mercure.

C'est sur le principe du refroidissement occasionné par l'évaporation, que l'industrie construit de puissantes machines réfrigérantes, ayant pour but, non-seulement de produire de la glace en grande quantité en toute saison, mais encore d'abaisser de 15 ou 20 degrés au-dessous de zéro les masses liquides les plus considérables, afin d'extraire, par ce grand degré de froid, quelques substances contenues dans les eaux mères des salines, spécialement le sulfate de soude, qui sert à la fabrication du verre et du savon. La manière dont ces curieuses machines fonctionnent n'a rien de bien difficile à comprendre.

8. Supposons un liquide très-volatil renfermé dans une chaudière parfaitement close. Cette chaudière, au lieu de recevoir d'un foyer la chaleur nécessaire à la volatilisation du liquide qu'elle contient, la reçoit des corps qui l'enveloppent, de l'eau par exemple qu'il s'agit de congeler. Un large tube à robinet met en communication la chaudière pleine du liquide volatil avec un très-grand vase également clos mais vide. A l'ouverture du robinet, les vapeurs du liquide se précipitent dans le vase vide; d'autres vapeurs se

aux personnes prises de défaillance. Il est très-inflammable, aussi ne doit-on s'en servir qu'avec une extrême prudence dans le voisinage du feu.

[1] L'odeur suffocante que répand une allumette enflammée est due à de l'acide sulfureux, formé par la combustion du soufre. L'acide sulfureux est gazeux; mais, par une forte compression, ou bien encore par un refroidissement d'une dizaine de degrés au-dessous de zéro, on peut le liquéfier. C'est alors un liquide incolore et limpide comme de l'eau.

forment aussitôt et suivent les premières ; et ainsi de suite, tant qu'il reste du liquide à évaporer. Les vapeurs ne pouvant se former qu'en prenant aux parois de la chaudière la chaleur latente nécessaire à leur existence, ces parois se refroidissent, comme se refroidit la main sur laquelle on verse de l'éther. Elles doivent donc enlever aux corps qui les entourent la quantité de chaleur qu'elles fournissent à l'évaporation. Par conséquent, si l'on met des cylindres pleins d'eau en contact avec ces parois, le contenu de ces cylindres sera, dans peu de temps, converti en colonnes de glace. Il est bien entendu que les vapeurs du liquide volatil sont recueillies à mesure qu'elles se forment, de nouveau liquéfiées et ramenées dans la chaudière réfrigérante, qui fonctionne ainsi, d'une manière continue, toujours avec la même substance, tour à tour évaporée ou liquéfiée.

Le liquide employé dans cette production industrielle du froid est l'ammoniaque. L'alcali volatil ordinaire, ce liquide d'une odeur si pénétrante qu'on emploie fréquemment dans les usages domestiques pour décrasser les habits, l'alcali volatil, dis-je, renferme, en dissolution dans de l'eau, une sorte de gaz nommé ammoniaque, qu'on peut obtenir seul à l'état liquide. C'est ce gaz, préalablement liquéfié par une forte compression, que l'on met évaporer dans la chaudière. On comprend toute la puissance réfrigérante d'un pareil liquide, quand on sait qu'il entre en ébullition à 40 degrés au-dessous de la formation de la glace. Si le creux de la main est un vase assez chaud pour volatiliser l'éther, la glace, que dis-je, un corps incomparablement plus froid que la glace est assez chaud pour faire entrer l'ammoniaque liquide en ébullition et la réduire en gaz.

QUINZIÈME LEÇON

LA VAPORISATION.

Différence entre l'évaporation et la vaporisation. — Ébullition. — Pour chaque liquide, la vaporisation a lieu à une température spéciale. — Invariabilité de la température pendant toute la durée de la vaporisation. — Chaleur latente de vaporisation. — Formation de la glace dans un creuset rouge de feu. —. Quantité de chaleur latente que renferme un kilogramme de vapeur d'eau. — Emploi industriel de cette chaleur. — Chauffage à la vapeur. — Distillation. — Alambic. — Distillation de l'eau de mer et du vin. — Influence de la pression atmosphérique sur la température de l'ébullition. — Points d'ébullition pour quelques lieux élevés. — Chauffée dans un vase fermé, l'eau acquiert une température aussi élevée qu'on le désire.

1. Le passage d'un liquide à l'état de vapeur s'effectue de deux manières; par évaporation et par vaporisation. Tantôt, les vapeurs se forment uniquement à la surface du liquide, qui reste dans un complet repos; il y a alors évaporation. Tantôt les vapeurs se forment au fond de la masse liquide, animée d'un mouvement tumultueux appelé ébullition, et viennent en grosses bulles, crever à la surface. Ce dernier mode de génération des vapeurs prend le nom de vaporisation. De l'eau exposée à l'air s'évapore; de l'eau mise dans un vase sur le feu et chauffée jusqu'à bouillir se vaporise. L'évaporation s'effectue à toute température, seulement elle est d'autant plus active que la température est plus élevée; la vaporisation, au contraire, a lieu pour chaque espèce de liquide, à une température spéciale, invariable. Ainsi, l'éther entre en ébullition et se vaporise à 35 degrés; l'alcool, à 78; l'eau, à 100; le mercure, à 350; etc.

Si nous mettons sur le feu un vase plein d'eau et muni d'un thermomètre, nous verrons la température s'élever graduellement; et, quand le thermomètre marquera 100 degrés, l'eau sera en pleine ébullition. En ce moment, si nous activons le plus possible l'ardeur du foyer, nous constaterons que tous nos efforts n'aboutissent qu'à faire bouillir l'eau plus vite sans l'échauffer davantage, car le thermomètre se maintient invariablement à 100 degrés. Ainsi, une fois que l'eau bout, on ne saurait l'obtenir plus chaude, quelle que soit la violence du foyer.

2. On doit se demander alors ce que devient l'énorme quantité de chaleur fournie par le foyer, puisque la température de l'eau qui la reçoit n'augmente plus à partir du premier moment de l'ébullition. La réponse à cette question est toute simple : cette chaleur est employée à produire le changement d'état ; elle devient latente, comme cela a lieu pendant la fusion de la glace, et elle est entraînée par les vapeurs, qui lui doivent leur manière d'être sans en recevoir une augmentation de température. Et, en effet, les vapeurs qui s'échappent de l'eau bouillante, malgré toute la chaleur qu'elles contiennent en plus, ne sont pas plus chaudes que l'eau elle-même, et possèdent tout juste 100 degrés de température. Nous devons généraliser ce double résultat et dire : premièrement, lorsqu'un liquide a atteint son point d'ébullition, il ne peut s'échauffer davantage, et toute la chaleur fournie par le foyer est dès lors employée, sous forme latente, à constituer le liquide en vapeurs, sans en élever la température ; secondement, les vapeurs qui se dégagent d'un liquide en ébullition, ont précisément la température du liquide lui-même.

3. Ce principe nous fournit l'explication du fait suivant, remarquable entre tous par son étrangeté. Il est parfaitement possible de faire geler de l'eau dans un vase en métal tout rouge de feu. Raisonnons un peu et nous verrons le merveilleux de cette singulière expérience s'expliquer de la manière la plus naturelle. On chauffe ce vase dans un fourneau très-ardent ; et quand il est arrivé au rouge, on y verse un liquide très-volatil, susceptible d'entrer en ébullition à une basse température, par exemple de l'acide sulfureux, qui bout à 10 degrés au-dessous de zéro. Dans

le vase incandescent, le liquide se vaporise avec rapidité ; mais, malgré la violence de la chaleur, il ne s'échauffe pas au-dessus de la température de son point d'ébullition, parce que les vapeurs qui se forment rendent latente et entraînent avec elles toute la chaleur que le vase fournit. Au milieu de l'enceinte de feu qui l'entoure, le liquide reste donc très-froid, puisqu'il conserve invariablement la température qui convient à son ébullition, c'est-à dire 10 degrés au-dessous de la formation de la glace. Donc, si l'on verse en ce moment un peu d'eau sur l'acide sulfureux, cette eau doit se prendre en un glaçon, qu'on retire aussitôt, avec une extrême surprise, du fond du vase encore tout rouge de feu.

4. La quantité de chaleur latente que l'eau, arrivée à la température de 100 degrés, exige pour se transformer en vapeurs également à 100 degrés, est très-considérable. Un kilogramme de vapeur renferme en effet, sous forme latente, la même quantité de chaleur qu'il faudrait pour élever de 0 à 100 degrés la température de cinq kilogrammes et demi d'eau ; de sorte que ce kilogramme de vapeur, outre les 100 degrés de chaleur sensible qui lui donnent sa température à partir de zéro, possède cinq fois et demie autant de chaleur qui échappe à nos sens. Mais si la vapeur retourne à l'état liquide, cette chaleur latente, qui n'est plus alors nécessaire, se dégage aussitôt sous forme sensible, et produit, comme à l'ordinaire, des effets thermométriques. Par conséquent, si dans cinq kilogrammes et demi d'eau à zéro, nous faisons arriver un kilogramme de vapeur, celle-ci, en se liquéfiant, abandonnera à l'eau froide sa chaleur latente, redevenue sensible, et nous obtiendrons finalement en tout six kilogrammes et demi d'eau à la température de 100 degrés. Sur ce nombre, un kilogramme est donné évidemment par la vapeur elle-même ramenée à l'état liquide, mais conservant sa température primitive.

L'industrie utilise fréquemment ce principe pour chauffer de grandes masses d'eau sans les exposer directement à la chaleur d'un foyer, ce qui n'est pas toujours possible. Imaginons, par exemple, une grande cuve en bois pleine d'eau froide qu'il faut porter à l'ébullition. A cet effet, on amène au fond de la cuve, au moyen d'un tuyau de conduite, la vapeur qui se forme dans une chaudière placée sur le feu, quelquefois à une assez grande distance. D'après ce qui précède, chaque kilogramme de vapeur qui arrive fournit lui-même en se liquéfiant, un kilogramme d'eau bouillante; et, par sa chaleur latente redevenue sensible, il chauffe jusqu'à l'ébullition cinq kilogrammes et demi de l'eau contenue dans la cuve [1].

5. Chaque liquide se vaporise à une température déterminée, qui lui est propre; l'alcool à 78 degrés, l'eau à 100, etc. Si l'on chauffe graduellement un mélange de deux liquides vaporisables à des températures différentes, le plus facile à vaporiser entrera le premier en ébullition; et, si ses vapeurs, au lieu de se répandre librement dans l'air, s'engagent dans un tube conducteur suffisamment froid, elles s'y condenseront. On aura, de la sorte, opéré la séparation des deux liquides, dont l'un, moins vaporisable, reste dans le vase servant à chauffer le mélange, et dont l'autre, plus vaporisable, est recueilli à part à l'aide de la formation de ses vapeurs, suivie de leur condensation. On donne à cette opération le nom de *distillation*. La distillation a donc pour but de séparer des liquides inégalement vaporisables qui se trouvent mélangés. Un appareil distillatoire, ou un *alambic*, comme on l'appelle, se compose d'une *chaudière*, d'un *serpentin* et d'un *vase réfrigérant*. C'est dans la chaudière qu'on chauffe le liquide soumis à la

---

[1] On suppose ici que l'eau contenue dans la cuve est, au début, à la température de 0°. Mais si la température de cette eau était en commençant de 20°, par exemple, il est clair que la quantité d'eau portée à 100° par la vapeur serait un peu plus considérable.

distillation. Elle est fermée de partout pour ne pas laisser perdre les vapeurs, et communique seulement avec le serpentin, ou tube roulé en forme de spirale. De l'eau froide, sans cesse renouvelée, remplit le vase réfrigérant et enveloppe le serpentin.

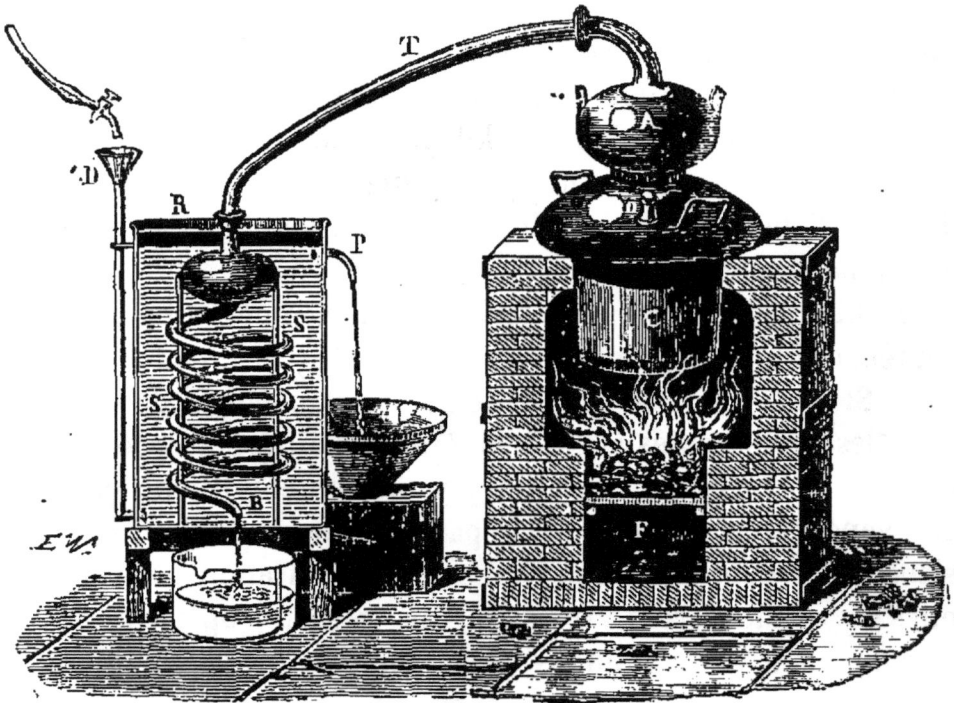

Fig. 11. — Alambic[1].

Si dans la chaudière, on met, par exemple, du vin, qui est un mélange naturel d'eau et d'alcool, et qu'on chauffe avec précaution jusqu'à 80 degrés seulement, l'alcool seul entre en ébullition et se dégage en vapeurs, qui repassent à l'état liquide en circulant dans le serpentin. Il s'écoule

[1] F Fourneau. — C Chaudière, nommée aussi *cucurbite*. — A Couvercle de la chaudière, appelé *chapiteau*. — T Tube qui amène les vapeurs dans le serpentin. — R Vase plein d'eau froide dans lequel est plongé le *serpentin* S — B Orifice d'écoulement pour le liquide résultant de la condensation des vapeurs. — D Tube par où arrive un filet continu d'eau froide. — P Orifice par où s'écoule l'eau du réfrigérant à mesure qu'elle s'échauffe.

ainsi de l'extrémité du serpentin un mince filet d'alcool ou d'esprit-de-vin. Quand cet écoulement cesse, l'opération est terminée. Il ne reste plus alors, dans la chaudière, que de l'eau et les matières qui donnaient au vin sa couleur.

D'autres fois, la distillation a pour objet de séparer une substance vaporisable d'une autre qui ne l'est pas. Les grands navires de l'État sont munis d'un appareil distilla--toire qui leur permet de renouveler en pleine mer leur provision d'eau douce. A cause du sel qu'elle contient en si grande abondance, l'eau de la mer est impropre à la plupart des usages ordinaires : elle ne peut servir ni à la préparation des aliments ni au savonnage du linge ; à plus forte raison ne peut-on la boire. Par la distillation, elle abandonne tout le sel dans la chaudière, parce que le sel n'est pas vaporisable, à moins de le chauffer à des températures extrêmement élevées. Elle s'écoule donc du serpentin dépouillée de toute saveur salée et propre alors à la plupart des usages. Elle n'est pas encore, cependant, bonne à boire, parce qu'elle ne renferme pas en dissolution le peu d'air indispensable à toute eau potable. On parvient à lui donner la qualité qui lui manque en l'agitant au contact de l'air.

6. Pour chaque liquide, la vaporisation a lieu, disons-nous, à une température spéciale, invariable. C'est ainsi que l'eau entre en ébullition à la température de 100 degrés et ne peut, à partir de là, s'échauffer davantage, pourvu toutefois que rien ne soit changé aux conditions-ordinaires de l'ébullition. Mais, en modifiant ces conditions, on peut faire bouillir de l'eau aussi bien au-dessus de 100 degrés qu'au-dessous. Or, parmi les conditions qui influent sur la température à laquelle se fait l'ébullition, la plus remarquable est la pression que supporte la surface du liquide. Nous savons que l'atmosphère presse sur tous les corps, quels qu'ils soient ; elle presse donc sur l'eau qu'on fait bouillir, à raison de cent kilogrammes par décimètre carré de surface. N'est-il pas évident que cette pression de l'air

doit opposer aux vapeurs une résistance considérable, qu'elle doit entraver leur issue hors du liquide et, par suite, retarder l'ébullition? Si la pression atmosphérique diminue, l'ébullition deviendra donc plus facile ; elle exigera pour se faire une température moindre. C'est, en effet, ce que l'on constate dans tous les lieux élevés, où la pression de l'air est, vous le savez, plus faible que dans la plaine. Au sommet du mont Blanc, à 4 800 mètres au-dessus du niveau des mers, l'ébullition de l'eau se fait à 84 degrés. Sur les flancs du volcan l'Antisana, dans l'Amérique du Sud, se trouve une métairie qui est le point habité le plus élevé de la Terre. Son altitude est de 4 101 mètres. L'eau y bout à 86 degrés. A l'hospice du Saint-Gothard, élevé de 2 075 mètres, elle bout à 92 degrés ; aux bains du mont Dore, élevés de 1 040 mètres, à 96 degrés. Enfin, dans les plaines basses, ou plus exactement au niveau des eaux des mers, elle entre en ébullition exactement à 100 degrés.

7. Chauffée dans un vase ouvert, l'eau ne peut, en aucune façon, dépasser la température de 100 degrés, encore faut-il, pour lui faire acquérir ce degré de chaleur, se trouver en un lieu dont la hauteur au-dessus des mers soit nulle ou à peu près ; car, à une hauteur un peu considérable, l'ébullition commence plus tôt, comme le prouvent les exemples précédents ; et, dès qu'elle bout, l'eau ne gagne plus en chaleur. En la chauffant, au contraire, dans un vase exactement fermé, qui ne laisse aucune issue aux vapeurs, on peut lui faire acquérir la température que l'on voudra et retarder indéfiniment son point d'ébullition. Dans ce cas, en effet, les vapeurs, accumulées dans la partie supérieure du vase, exercent elles-mêmes sur le liquide une pression énorme qui augmente sans cesse avec la température et permet au liquide, en l'empêchant de bouillir, d'acquérir indéfiniment de la chaleur. Mais il faut que le vase soit d'une solidité à toute épreuve, pour pouvoir résister à la force extraordinaire des vapeurs ainsi emprisonnées,

SEIZIÈME LEÇON

LA MACHINE

La pensée et la machine. — Importance industrielle de la vapeur. — Expérience sur la puissance de la vapeur. — Force élastique de la vapeur. — Elle augmente avec la température. — Son évaluation en atmosphères. — Sa valeur à diverses températures. — La chaudière à vapeur. — La pompe alimentaire. — Le chauffeur. — Explosion des chaudières. — Denis Papin et James Watt. — Le corps de pompe. — Le piston. — Évaluation de la poussée qu'il éprouve. — Comment s'utilise son mouvement de va-et-vient. — La locomotive. — Son mécanisme fondamental. — Le tender. — Les rails. — Avantage des voies ferrées. — Puissance de traction des locomotives. — Vitesse. — Nombre de chevaux nécessaires pour faire le travail d'une locomotive. — Puissance de la machine d'un navire de guerre. — Immensité du travail fait par l'ensemble des machines à vapeur.

1. La plus grande puissance de ce monde, c'est la pensée, qui met les forces de la nature au service d'un bras trop faible par lui-même et les assujettit en créant la machine. La pensée dit au ruisseau de moudre le grain; et le ruisseau se charge de tourner la meule, au moyen d'un ingénieux mécanisme. Elle dit au vent de pousser le navire vers de lointaines rives; et le vent obéit, reçu dans une voile savamment orientée. Elle dit à la vapeur de façonner les métaux, de filer la soie, de tisser les étoffes, de transporter de lourds fardeaux; et, serviteur docile, la vapeur s'empresse d'accomplir les mille tâches qui lui sont imposées. Elle dit à la foudre de transmettre une nouvelle à l'autre extrémité de la Terre; et la foudre, conduite par un fil métallique, remplit sa mission avec une rapidité qui lutte avec celle de la pensée elle-même. Elle dit à la chaleur de liquéfier le bronze et l'acier, à l'aimant de diriger sur mer la marche des navigateurs, à la lumière de dessiner une image durable des objets, à l'électricité de mouler les métaux; et la chaleur, le magnétisme, la lumière, l'électricité, exécutent le travail voulu. Elle appelle au service de

l'homme chacune des forces naturelles ; et chacune reconnait la domination de la pensée et répond : me voici. La matière, comme un esclave, plie devant l'homme qui pense, et l'homme, roi de la Terre, élève ses adorations vers Dieu, qui lui a donné le rayon divin de la pensée.

2. Or, de toutes les puissances utilisées par l'activité humaine, la plus importante, à cause de ses nombreuses applications, est celle de la vapeur. Dans l'eau vaporisée se trouve un auxiliaire inépuisable en ressources dans tout genre de travail mécanique, quelle que soit la force ou la dextérité à mettre en jeu. La vapeur rabote le fer et le réduit en copeaux avec la même facilité qu'elle polit une aiguille ; elle soulève, façonne, martelle les masses les plus pesantes, comme elle tisse la gaze la plus légère ; elle lance un convoi sur les rails d'un chemin de fer, comme elle met en mouvement les milliers de bobines d'une usine où se file le coton. Les doigts de la plus habile ouvrière ne peuvent lutter avec elle de dextérité ; la tempête et les eaux torrentielles n'ont pas sa force brutale. Mais pour dompter cette puissance terrible, pour la rendre docile, comme elle l'est aujourd'hui, que de recherches, que d'efforts de génie n'a-t-il pas fallu ! Vous dire tous les secrets de la marmite qui bout n'est pas chose possible ; contentons-nous de ce qu'ils renferment de plus élémentaire.

Soit un petit flacon à demi plein d'eau que nous bouchons solidement et que nous mettons devant le feu. Quand l'eau est suffisamment chaude, une explosion a lieu ; le bouchon est lancé violemment en l'air, ou bien, si le bouchon résiste trop, le flacon lui-même est brisé avec fracas. C'est dire que cette expérience est très-dangereuse et ne doit être faite qu'avec une extrême prudence. La cause de cette rupture soudaine du flacon est la vapeur de l'eau qui, n'ayant pas d'issue pour s'échapper, s'est accumulée, exerçant sur les parois une poussée de plus en plus forte, à mesure que la température s'est élevée. Enfin un moment est venu où le flacon, si solide qu'il fût, n'a pu résister davantage à la poussée de la vapeur, et il s'est brisé en éclats, si le bouchon n'a pas auparavant cédé. On appelle force élastique la poussée que la vapeur exerce sur les parois des vases qui la retiennent prisonnière. Cette force élastique est d'autant plus considérable que la température de la vapeur est plus élevée. On peut donc lui donner, en chauffant suffisamment, une puissance irrésistible, capable de faire éclater, non pas seulement un flacon de verre, mais encore les vases les plus solides, les plus épais, en fer, en bronze, ou en toute autre matière très-résistante. Est-il nécessaire de dire que, dans ces conditions, l'explosion est terrible? Les débris du vase sont lancés avec une violence comparable à celle du boulet qui sort du canon et des fragments d'une bombe qui éclate. Tout est brisé, renversé sur leur passage. La poudre ne produit pas des effets plus redoutables.

3. On évalue la force élastique de la vapeur d'après la hauteur de la colonne de mercure que cette vapeur est capable de soulever dans un tube vertical, communiquant avec l'intérieur du vase, parfaitement fermé, où elle se forme. Si cette colonne est de 76 centimètres, on dit que la force élastique est d'une atmosphère, parce que le poids de cette colonne de mercure représente le poids d'une colonne d'air de même base et s'étendant du sol à l'extrême limite de l'atmosphère. Si la colonne de mercure soulevée est de deux fois, trois fois, dix fois, etc., 76 centimètres, la force élastique de la vapeur est de deux, trois, dix atmosphères. Mais nous savons que la pression de l'atmosphère est de 100 kilogrammes par chaque décimètre carré de surface: par conséquent, dire que la force élastique de la vapeur est de dix atmosphères, par exemple, c'est dire que cette vapeur exerce une poussée de dix fois 100 kilogrammes, ou de 1000 kilogrammes, sur chaque décimètre carré de la paroi qui la retient captive.

La force élastique de la vapeur augmente très-rapidement

avec la température. A 100 degrés, elle est d'une atmosphère ; à 121 degrés, de 2 ; à 135 degrés, de 3 ; à 181 degrés, de 10 ; à 214 degrés ; de 20 ; à 266 degrés, de 50 ; etc. D'après ce qu'on a vu plus haut, il est clair que l'eau et sa vapeur ne parviennent à ces températures que dans des vases fermés. Il ne faut donc pas perdre de vue que la vapeur dont nous allons étudier les effets, se forme toujours dans des vases hermétiquement clos.

4. Dans toute machine mue par la vapeur, se trouvent deux pièces principales qui sont : la *chaudière* et le *corps de pompe*. C'est dans la chaudière que se produit la vapeur. Elle est formée de solides plaques de fer, parfaitement assemblées avec de gros clous. Sa forme est celle d'un grand cylindre arrondi aux deux bouts. Elle est couchée, dans le sens de sa longueur, au-dessus d'un foyer très-ardent entretenu avec du charbon de terre. L'eau, qui ne la remplit qu'à moitié, est maintenue toujours au même niveau au moyen d'une pompe qui en puise de nouvelle dans un réservoir, et l'injecte dans la chaudière à mesure que le contenu de celle-ci diminue, par suite de la formation et de l'écoulement des vapeurs. Cette pompe, dite alimentaire, est mise en mouvement par la machine elle-même. Un ouvrier, appelé *chauffeur*, est exclusivement occupé à surveiller la marche de la chaudière et du foyer. Il faut qu'il s'informe à chaque instant de ce qui se passe dans la chaudière ; il faut qu'il sache si la vaporisation est assez rapide, si la force élastique n'est pas trop considérable, si l'eau de la pompe alimentaire arrive en convenable quantité. Divers appareils, qu'il a constamment sous les yeux et qui communiquent avec l'intérieur de la chaudière, lui donnent ces divers renseignements, d'après lesquels il règle l'activité du foyer. Mais cette surveillance ne doit être jamais interrompue, un léger oubli pouvant provoquer d'épouvantables désastres. Quelques pelletées de charbon jetées mal à propos dans le foyer amènent quelquefois l'explosion de la

chaudière, dont les débris, lancés avec une force indomp- table, ébranlent, renversent les murs les plus solides et écrasent les ouvriers sous les ruines. Ce malheur est du reste très-rare; et quand il arrive, c'est presque toujours pour cause de négligence.

Nous voilà en possession d'une source de vapeur d'une énorme puissance ; mais comment utiliser cette force bru- tale qui gronde dans sa prison de métal et menace de tout renverser? La vapeur est sans doute capable de faire sauter la chaudière ; mais pourrons-nous maîtriser son énergie, tirer parti de son élan sauvage et l'employer à un travail régulier, paisible, continu? Ce problème fondamental a été pour la première fois résolu vers la fin du dix-septième siècle par une des gloires de la Faance, par l'infortuné Denis Papin, qui, après avoir fourni le point de départ de la machine à vapeur, source incalculable de bien-être, lan- guit à l'étranger dans la misère et l'abandon.

5. L'idée de Papin fut reprise plus tard et entièrement transformée par James Watt, qui, d'abord pauvre ouvrier mécanicien dans une petite ville d'Écosse, devint, par son génie et ses découvertes sur l'emploi de la vapeur, l'un des hommes les plus importants de son siècle. Voici, en abrégé, comment, d'après Watt, on utilise aujourd'hui la force élastique de la vapeur.

Représentez-vous un gros cylindre creux de métal, exactement fermé aux deux bouts. C'est là ce qu'on appelle le *corps de pompe*. Un tampon, ou mieux un *piston*, égale- ment en métal et de même calibre que le corps de pompe, peut glisser, aller et venir dans la cavité de ce dernier, s'il est convenablement poussé dans un sens ou dans l'autre. Par chacune de ses extrémités, le corps de pompe peut, tour à tour, recevoir la vapeur de la chaudière ou laisser écouler dans l'air celle qu'il contient déjà. D'autre part, cette entrée et cette sortie de la vapeur sont réglées de telle sorte que, lorsque le corps de pompe reçoit la vapeur de la chaudière par sa partie supérieure, il laisse écouler dans l'air celle qu'il renferme de l'autre côté du piston, dans sa partie inférieure; et réciproquement. Une fois cela compris, le mouvement du piston est chose toute simple. Lorsqu'elle arrive dans le compartiment supérieur, la vapeur, trouvant de ce côté toute issue fermée, pousse violemment le piston et le fait descendre. Rien, en effet, ne s'y oppose en dessous, car, en ce moment, la vapeur contenue dans le compartiment inférieur du corps de pompe s'écoule en liberté dans l'air. Cela fait, la vapeur cesse d'arriver en haut, et celle qu'il y a déjà s'échappe au dehors; au-dessous, au contraire, il en arrive. Le piston doit donc remonter, entraînée par une poussée égale à celle qui l'a fait descendre. Au moyen de cette arrivée et de cet écoulement alternatifs de la vapeur, tant à la partie supérieure qu'à la partie inférieure du corps de pompe, le piston est donc animé d'un mouvement de va-et-vient qui lui fait parcourir, dans un sens, puis dans l'autre alternativement, toute la longueur du corps de pompe.

6. L'énergie de ce mouvement est très-facile à évaluer. Supposons que l'eau de la chaudière soit chauffée à 150 degrés; la force élastique de la vapeur est alors de cinq atmosphères, c'est-à-dire qu'elle presse sur chaque décimètre carré comme le ferait un poids de 500 kilogrammes. Si la surface du piston est de 20 décimètres carrés, ce piston éprouve donc, tour à tour en dessus et en dessous, une pression de 10 000 kilogrammes. Mais comme, lorsqu'une face du piston est en rapport avec la vapeur de la chaudière, l'autre est en rapport avec l'air, chose nécessaire pour l'écoulement de la vapeur qui n'agit plus, l'atmosphère presse sur cette dernière face et contre-balance une partie de la poussée que supporte la première. Le piston n'obéit donc, en réalité, qu'à une poussée de quatre atmosphères, c'est-à-dire, à cause de l'étendue de sa surface, à une poussée représentée par un poids de 8 000 kilogrammes.

Fig. 12. — La locomotive.

[1] Le *corps de pompe* A est ouvert pour montrer le *piston*, alternativement poussé par la vapeur d'avant en arrière et d'arrière en avant,
Au moyen de sa *tige*, le *piston* transmet son mouvement de va-et-vient

Pour utiliser le mouvement de va-et-vient du piston, on munit celui-ci d'une solide tige en métal, qui pénètre dans le corps de pompe par un orifice percé au milieu de l'une des extrémités, et tout juste suffisant pour livrer passage à la tige, sans laisser écouler la vapeur. L'extrémité de cette tige, saillante au dehors, est donc animée du même mouvement de va-et-vient que le piston. C'est elle qui se rattache à la machine qu'il faut faire mouvoir, et lui communique sa force et son mouvement, transformé, par d'ingénieuses combinaisons, en mouvement révolutif.

7. On appelle *locomotive* la machine à vapeur qui, sur les chemins de fer, entraîne à sa suite la file de voitures ou *wagons* qui composent un convoi. Elle est presque en entier formée par la chaudière, portée sur six roues. Le foyer se trouve à l'arrière. La flamme et la fumée qui s'en dégagent traversent l'eau de la chaudière par une centaine ou plus de tubes en cuivre et vont se rendre dans la cheminée, placée à l'avant de la locomotive. Cette disposition a pour résultat de mettre en rapport avec l'eau une grande étendue de surface chauffée, afin de produire rapidement et en abondance la vapeur nécessitée par l'énergie de la machine. De chaque côté de la locomotive, se trouve un corps de pompe, alimenté par cette vapeur. La tige du piston est reliée à la roue voisine et la fait tourner.

Il semble d'abord que les deux roues mues par la va-

à une pièce appelée *bielle*, qui est en rapport avec la roue du milieu et la fait tourner. Le même mécanisme se reproduit de l'autre côté de la locomotive. En B, la chaudière est également ouverte pour montrer quelques-uns des *tuyaux de chauffe*, qui partent du foyer placé devant le mécanicien, reçoivent la flamme et la fumée, et se rendent à la cheminée en traversant d'un bout à l'autre l'eau de la chaudière. La manivelle que le mécanicien tient à la main sert à régler l'arrivée de la vapeur dans le *corps de pompe*, suivant le degré de vitesse à obtenir. Les deux tubes placés au bas de la machine, en dessous du foyer amènent du *tender* de l'eau que des pompes, mises en jeu par le mouvement même des roues, injectent peu à peu dans la chaudière pour l'alimenter.

peur devraient tourner sur place, glisser sans avancer. Mais, à cause du poids énorme de la locomotive, il s'établit un tel frottement entre les roues et les rails, que le glissement devient impossible et se trouve remplacé par un roulement en avant[1]. Après avoir agi sur le piston, la vapeur pénètre dans la même cheminée par où s'écoule la fumée. Aussi voit-on cette cheminée lancer tantôt des bouffées blanches, tantôt des nuages noirs. Ces derniers sont de la fumée venant du foyer; les bouffées blanches proviennent de la vapeur rejetée hors des corps de pompe après chaque coup de piston.

La voiture qui vient immédiatement après la locomotive, s'appelle le *tender*. Là, se trouvent la provision de charbon pour entretenir le foyer, et la provision d'eau qu'une pompe, mise en mouvement par la locomotive même, injecte incessamment dans la chaudière pour remplacer celle qui s'est vaporisée. Sur le tender se trouvent le chauffeur, qui prend soin du foyer, et le mécanicien, qui règle l'arrivée de la vapeur dans le corps de pompe suivant la vitesse qu'il faut donner au convoi.

8. La puissance d'une locomotive est sans doute considérable; cependant, si elle peut entraîner avec grande vitesse une longue file de wagons tous pesamment chargés, elle le doit surtout à la disposition de la voie sur laquelle elle roule. De fortes barres de fer, appelées *rails*, sont solidement fixées sur la voie, dans toute sa longueur, en deux rangés parallèles sur lesquelles roulent, sans jamais les abandonner, toutes les roues du convoi. Un léger rebord dont les roues sont munies empêche celle-ci de glisser hors des rails.

La voie ferrée n'ayant pas les inconvénients des routes ordinaires, c'est-à-dire les ornières, les cailloux, les inégalités, qui entravent la marche des voitures et font dépenser

---

[1] Une locomotive à voyageurs pèse 22 000 kil. Une machine à marchandises en pèse 37 000. On en fait même qui pèsent 49 000 kil.

beaucoup de force en pure perte, toute la traction de la locomotive est utilisée et les résultats obtenus tiennent du merveilleux. Une locomotive à voyageurs remorque, avec une vitesse d'une douzaine de lieues par heure, un convoi dont le poids total atteint 150 000 kilogrammes. Une locomotive à marchandises remorque, à raison de sept lieues par heure, un poids total de 650 000 kilogrammes. Plus de 1300 chevaux seraient nécessaires pour remplacer la première locomotive, et plus de 2000 pour remplacer la seconde, s'ils étaient employés à transporter de pareils fardeaux avec la même célérité et aux mêmes distances, à l'aide de chariots roulant sur des rails. Combien n'en faudrait-il pas avec des chariots roulant sur des routes ordinaires, dont les inégalités occasionnent une si grande perte de force.

Et maintenant, songez que des milliers de locomotives pareilles circulent journellement sur tous les points de la terre, supprimant, pour ainsi dire, les distances, et mettant en rapport entre elles les nations les plus éloignées; songez qu'une infinité de machines de toute nature, mues par la vapeur, travaillent incessamment pour l'homme, le délivrent de l'œuvre la plus pénible, et lui créent le noble loisir de la pensée; songez que, parfois, la machine qui fait mouvoir un navire de guerre représente à elle seule les efforts réunis de quarante-deux mille chevaux; songez à toutes choses, et voyez quel inconcevable développement de puissance le génie de l'homme s'est donné, avec quelques pelletées de houille brûlant sous un vase plein d'eau! Et comment ces merveilleuses choses ont-elles été trouvées? En y pensant....

DIX-SEPTIÈME LEÇON

LE SON

Les ronds sur l'eau. — Les ondes aériennes. — Le son est impossible dans le vide. — Vitesse du son dans l'air. — Propagation du son dans l'eau et dans les corps solides. — Expérience de la poutre et des rails. — Réflexion des ondes liquides. — Réflexion des ondes aériennes. — Écho. — Résonnance. — Vibrations des corps sonores. — Le verre qui tinte et le diapason. — Inégalité en longueur des ondes sonores. — L'acuïté ou la gravité d'un son est déterminée par la longueur des ondes. — Un corps sonore produit des sons aigus ou graves suivant qu'il vibre vite ou lentement. — Nombre de vibrations correspondant à quelques sons des plus remarquables. — Gui d'Arezzo. — Origine des noms des notes de la gamme. — Nombre de vibrations correspondant à chaque note de la gamme. — Formation de la voix. — Poumons. — Trachée-artère. — Larynx. — Cordes vocales. — Ventricules. — Mécanisme de la voix. — Le tuyau d'écorce et la feuille d'oignon. — Renforcement de la voix. — L'âne et les singes hurleurs. — Différence entre la voix et la parole. — Articulation. — Voyelles et consonnes. — Les sourds-muets.

1. Au milieu d'une nappe d'eau bien tranquille, laissons tomber une pierre. Aussitôt, autour du point atteint, un rond se forme, puis deux, trois, quatre, cent, indéfiniment ; et tous, s'élargissant sans cesse, courent avec une parfaite régularité à la file l'un de l'autre, jusqu'à ce qu'ils se dissipent à une distance considérable du point de départ commun, si rien n'entrave leur propagation. Mille fois vous avez vu ce curieux spectacle de l'eau ébranlée en cercles concentriques, dont la précision défierait le compas ; vous avez suivi d'un regard étonné la singulière évolution de ces ronds, qui naissent un à un d'un même centre, se rangent avec ordre et fuient de plus en plus grands. Tout cela vous est connu, et vous vous demandez, sans doute, dans quel but j'appelle votre attention sur un fait, objet tout au plus d'un passe-temps puéril. Les ronds sur l'eau auraient-ils donc quelque importance? — Oui, certes, et une très-grande. A ces ronds, se rattache d'une étroite manière la cause du son, de la voix, de la parole. C'est ce que je vais vous ex-

pliquer, mais avant rendons-nous un peu compte de ce qui se passe à la surface de l'eau, mise en mouvement par la chute d'une pierre.

2. Un peu d'attention suffit pour reconnaître que les ronds formés autour du point où la pierre a plongé, se composent alternativement d'une petite vague et d'un sillon circulaires; de sorte que la surface de l'eau, d'abord tranquille et plane, est maintenant soulevée, en certaines parties, au-dessus de son niveau primitif, et abaissée, en d'autres, au-dessous de ce niveau. Un léger corps flottant, un brin de paille, peut très-bien rendre sensible cette petite tempête, car chaque vague qui passe le soulève, et chaque sillon le fait redescendre. Il faut remarquer en outre, que, malgré la rapidité apparente des vagues qui devraient l'entraîner, le brin de paille ne change pas de place; preuve évidente que ces vagues ne courent réellement pas à la surface de l'eau, comme les apparences le font croire. Si les vagues et les sillons ne courent pas en effet, que se passe-t-il donc? — Il s'effectue un simple mouvement de palpitation, c'est-à-dire qu'en chaque point l'eau se soulève et s'affaisse tour à tour sans changer de place. Ce mouvement de palpitation débute au point atteint par la pierre et se communique de proche en proche dans l'eau voisine, de telle sorte que les vagues et les sillons circulaires qui en résultent semblent se poursuivre réellement. Ainsi donc, quand un ébranlement survient dans une nappe d'eau tranquille, autour du point ébranlé il se propage une sorte de palpitation par laquelle alternativement l'eau est refoulée sur elle-même, ce qui produit les vagues, puis affaissée, ce qui produit les sillons.

3. Dans l'air, à la suite d'un ébranlement convenable, a lieu un mouvement de palpitation calqué sur celui de l'eau. Tour à tour, chaque couche d'air reflue sur elle-même et se condense, puis se détend et se dilate. On ne voit pas, il est vrai, les vagues concentriques engendrées par ce mouvement, à cause de l'invisibilité de l'air lui-même, mais on

les entend, car elles sont la cause du son. Le nom d'ondes que l'on donne aux couches d'air alternativement condensées et dilatées qui produisent le son, vous montrent l'étroite analogie qu'on a su trouver entre le mouvement sonore de l'air et le mouvement qui fait naître, à la surface de l'eau, des vagues et des sillons ou bien encore des ondes.

En l'absence de l'eau, les ondes liquides seraient impossibles; c'est d'une pleine évidence. En l'absence de l'air, les ondes sonores le seraient également. Sans l'atmosphère, le son n'existerait pas; la parole nous serait inconnue; un morne silence règnerait éternellement sur la Terre. Une expérience bien concluante le démontre. Si l'on suspend, avec un fil, une clochette au centre d'un vase en verre et qu'on agite le tout, on entend très-bien la clochette tinter, même quand le vase est exactement fermé. L'air contenu dans le vase transmet son mouvement à l'air extérieur par l'intermédiaire des parois du vase, et les pulsations sonores arrivent jusqu'à l'oreille. Mais si, à l'aide de la pompe dont je vous ai déjà parlé, si, à l'aide de la machine pneumatique, on retire tout l'air que contient le vase, le son devient impossible. A chaque secousse imprimée au vase, on voit bien le battant frapper contre la clochette, mais on n'entend plus rien. Un complet silence s'est fait, parce que les pulsations sonores ne peuvent plus se former; la clochette est devenue muette, parce qu'elle ne peut plus produire des ondes sonores, l'air manquant autour d'elle. Enfin, on laisse rentrer l'air dans le vase, et aussitôt le son renaît tout aussi distinct qu'au début.

4. Le son, disons-nous, résulte d'un mouvement de palpitation de l'air, pareil à celui qui produit les ondes circulaires sur une nappe d'eau, subitement ébranlée. Mais pour se propager au loin, à partir de leur centre de formation, les ondes liquides mettent un certain temps; le regard les voit cheminer et peut juger de leur rapidité. Les ondes sonores en font autant : elle gagnent de proche en proche

des points plus éloignés, avec une vitesse qu'il est important
de déterminer. Et voici comment : si jamais vous avez prêté
attention à la décharge d'une arme à feu, faite à une distance un peu considérable de vous, vous avez dû observer
qu'on aperçoit d'abord l'éclair et la flamme de l'explosion,
et que le bruit n'arrive qu'après, et d'autant plus tard que
le lieu de l'explosion est plus éloigné. La lumière, vous le
savez, parcourt un immense trajet en un temps excessivement court. La lueur de l'explosion parvient donc à l'œil
de l'observateur placé à distance, à l'instant même où elle
jaillit. Si le son n'arrive qu'après, c'est qu'il est beaucoup
moins rapide dans sa marche, et que, pour franchir une
distance un peu forte, il met un temps assez long qu'on
peut très-bien mesurer. Supposons que dix secondes s'écoulent entre l'instant de l'apparition de l'éclair et l'instant de
l'arrivée du son. Mesurons alors la distance qui sépare le
point où l'explosion a eu lieu et le point où on l'a entendue.
Nous trouverons 3400 mètres. Par conséquent, le son parcourt dans l'air en un seule seconde une distance de 340
mètres.

Le son ne se propage pas seulement dans l'air, il se propage aussi dans toute substance matérielle, soit gazeuse,
soit liquide, soit solide, n'importe. Un plongeur entend
sous l'eau les bruits produits sur le rivage ; les poissons en-
tendent les pas d'un passant, puisqu'ils s'enfuient brusquement au fond de l'eau, même avant d'avoir aperçu la personne, cause de leur frayeur. En appliquant bien l'oreille
à l'extrémité d'une longue poutre, nous entendons distinctement le bruit qu'une seconde personne produit à l'autre
extrémité en grattant le bois avec une épingle ; et cependant, ce bruit est si faible que la personne qui le produit
l'entend à grand'peine par l'intermédiaire de l'air. De
même, en collant l'oreille contre un rail, on est averti de
l'arrivée d'une locomotive bien avant que le son propagé dans
l'air puisse lui-même nous en avertir. Le son se propage donc

plus facilement dans les corps solides que dans l'air. Il en est de même pour les corps liquides. Dans l'eau, le son parcourt une distance de 1435 mètres par seconde ; dans le fer une distance de 3570 mètres, c'est-à-dire dix fois et demi le chemin parcouru dans l'air pendant le même temps.

5. Revenons encore sur les ondes provoquées, à la surface d'une eau tranquille, par la chute d'une pierre. Si la nappe d'eau est barrée par un mur, ainsi que dans un bassin, par exemple, les ronds, en s'élargissant, finissent par atteindre cet obstacle. Arrivés là, ils rétrogradent, ils cheminent en sens inverse de leur première direction, sans altérer en rien la régularité de leur marche. Alors en même temps, deux séries d'ondes courent à la surface de l'eau : les unes s'acheminent vers le mur, les autres en reviennent ; et toutes ces ondes, allant et revenant, se croisent sans se troubler mutuellement, sans se confondre. On donne le nom d'ondes réfléchies, c'est-à-dire renvoyées, aux ondes qui reviennent en arrière après avoir frappé contre le mur.

Les ondes aériennes, cause du son, se réfléchissent aussi quand elles rencontrent un obstacle, comme un mur, un rocher, une colline ; et alors, outre le son direct, occasionné par les ondes qui vont, il s'en produit un autre, nommé *écho*, par les ondes qui reviennent. Examinons à quelle distance une personne qui fait parler l'écho doit se trouver de l'obstacle réfléchissant, pour que le son des ondes renvoyées ne se confonde pas avec celui des ondes directes ; en d'autres termes, pour que l'oreille, en les entendant séparément, puisse distinguer les syllabes de l'écho des syllabes directes. Quelque volubilité qu'on y mette, on ne prononce au plus qu'une dizaine de syllabes par seconde de temps. Pour être rapidement prononcée, une syllabe exige donc un dixième de seconde environ. Pendant le même temps, les ondes sonores parcourent 34 mètres. Un obstacle étant supposé placé à la moitié de cette distance, à 17 mètres, le son pour y arriver et pour en revenir sous forme d'écho, mettra un dixième de seconde ; et, par conséquent, la syllabe directe sera prononcée et entendue, quand la syllabe réfléchie se fera entendre à son tour. Dans ces conditions, l'écho répétera distinctement une syllabe. Si l'obstacle est placé à deux fois, trois fois, etc., cette distance, l'écho pourra faire entendre deux, trois syllabes, etc. Mais pour une distance moindre que 17 mètres, il n'y a plus d'écho distinct possible. La syllabe réfléchie arrive alors à l'oreille presque en même temps que la syllabe directe, et l'on n'entend plus qu'un seul son. Il y a toutefois dans la syllabe réfléchie un léger retard, qui prolonge le son et produit ce qu'on appelle la *résonnance*. C'est ce qu'on peut aisément constater dans les salles vastes et nues. Certains échos, appelés multiples, répètent plusieurs fois les mêmes syllabes. Ils sont produits par plusieurs obstacles qui se renvoient de l'un à l'autre les ondes sonores et les font passer à diverses reprises par le lieu où se trouve l'auditeur. On trouve un écho pareil à Simonetta, en Italie : il répète une même syllabe jusqu'à quarante fois.

6. Pour entrer dans ce mouvement de palpitation qui produit le son, l'air doit être évidemment ébranlé par le choc d'un corps, de même que l'eau, pour se couvrir d'ondes, doit être ébranlée par la chute d'une pierre. Et, en effet, tout corps, au moment où il engendre un son, est animé d'un rapide mouvement de va-et-vient qu'on peut reconnaître dans une corde de violon qui résonne. Ces allées et venues rapides prennent le nom de *vibrations*. Si, pendant qu'il résonne, on touche légèrement du doigt un corps sonore, on sent un vif frémissement occasionné par les vibrations ; mais en appuyant davantage, les vibrations sont arrêtées, et le corps ne résonne plus. Il suffit de faire tinter un verre pour s'assurer que le son est bien occasionné par un mouvement vibratoire, car dès que ce mouvement est étouffé par le contact de la main, le son se tait à l'instant.

Le corps sonore transmet son mouvement de va-et-vient

à l'air environnant, et produit, à chaque vibration, une onde aérienne. Si les vibrations sont rapides, les ondes qui leur correspondent sont courtes, parce qu'elles ont très-peu de temps pour se former ; si les vibrations sont lentes, les ondes,

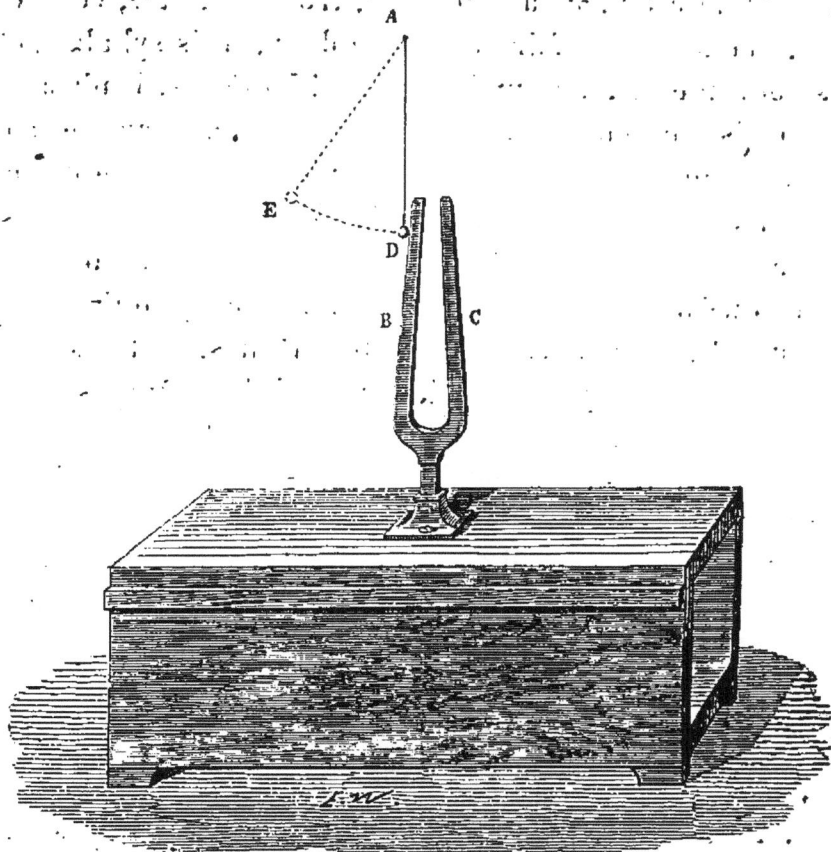

Fig. 134.

dont la formation embrasse un temps plus long, deviennent plus étendues. L'ampleur des ondes détermine cette qualité qui fait dire d'un son qu'il est aigu ou grave, élevé ou bas. Plus les ondes sont longues, plus le son est grave , plus elles sont courtes, plus le son est aigu.

---

[1] Si l'on fait vibrer le diapason BC, et qu'on approche de l'une de ses branches, pendant qu'il résonne, une petite bille D suspendue à l'extrémité d'un fil AD, on voit la bille lancée à une assez grande distance, en AE, par exemple, par l'effet des chocs successifs qu'elle reçoit.

Puisque la longueur des ondes dépend de la rapidité des vibrations, et que le degré d'élévation du son dépend à son tour de la longueur des ondes, on voit que le son sera d'autant plus aigu ou plus grave que le corps sonore vibrera plus vite ou plus lentement.

7. Le nombre de vibrations nécessaires pour produire un des sons auxquels notre oreille est le plus habituée, est beaucoup plus considérable qu'on ne pourrait l'imaginer tout d'abord. Le son qu'on appelle le *la* du diapason et avec lequel on règle les instruments de musique, correspond à 870 vibrations par seconde. La note la plus grave que puisse rendre la voix humaine, correspond à peu près à 130 vibrations par seconde : et la plus aiguë, à 2088. Il est bien entendu qu'une seule personne ne pourrait atteindre ces deux limites extrêmes de la portée de la voix. Pour les sons graves, comme pour les sons les plus aigus, il faut des voix spéciales, dont les portées réunies embrassent le champ compris entre les deux limites précédentes.

L'oreille est mieux favorisée que l'organe de la voix, en ce sens qu'elle est apte à apprécier des sons beaucoup plus graves ou beaucoup plus aigus que ceux que nous pouvons émettre. Le son le plus grave, perceptible pour une oreille exercée, correspond à 16 vibrations par seconde; et le plus aigu, à 73000.

Vous vous demandez, sans doute, comment on peut trouver ces nombres prodigieux de vibrations exécutées dans un temps si court, dans une seconde. Mais à peine, en allant très-vite, nous serait-il possible, en une seconde, de compter jusqu'à dix. Aussi n'est-ce pas en les suivant du regard, chose impossible à cause de leur excessive rapidité, et en les comptant une à une, qu'on trouve les vibrations nécessaires pour produire tel ou tel autre son. On se sert d'ingénieux mécanismes faisant partie du corps sonore lui-même, et dont les rouages, animés de toute la rapidité voulue, marquent, avec une précision parfaite, le nombre des vibrations exécutées.

8. A l'aide de ces mécanismes, dont la description serait
pour nous trop difficile à comprendre, on évalue numérique-
ment les diverses notes de la gamme. Si vous avez quelques
notions de musique, vous verrez sans doute avec plaisir ces
évaluations. Mais que je vous dise d'abord l'origine des noms
qu'on donne aux notes musicales. C'est à un savant moine du
onzième siècle, à Gui d'Arezzo, qu'on doit en grande partie
le système musical employé de nos jours. Parmi ses heu-
reuses innovations, il faut citer l'emploi de syllabes courtes
et sonores pour désigner les diverses notes, au lieu de lettres
dont on se servait avant lui. Les syllabes qu'il adopta sont
tirées de la première strophe de l'hymne que chante l'Église
en l'honneur de saint Jean-Baptiste. Ouvrez vos Heures à la
fête de ce saint, et vous trouverez la strophe suivante :

> UT queant laxis
> REsonare fibris
> MIra gestorum
> FAmuli tuorum,
> SOLve polluti
> LAbii reatum,
> Sancte Johannes[1].

Vous reconnaissez dans les premières syllabes de ces lignes
latines les noms des notes de la gamme. Le *si* manque, il
est vrai, parce que, au temps de Gui d'Arezzo, cette note
n'avait pas de nom spécial. Il vous est permis toutefois de le
retrouver en partie dans l'*S* qui commence le dernier vers.
Enfin, des raisons de sonorité ont fait, de nos temps, remplacer la syllabe *ut* par la syllabe *do*.

Voici, dans leur ordre, les noms des sept notes de la
gamme, et, au-dessous de chacun, le nombre correspondant
de vibrations.

---

[1] Pour que vos serviteurs puissent dignement raconter les merveilles
de votre vie, vous-même, saint Jean, purifiez leurs lèvres souillées par
le péché.

Noms des notes.	DO	RÉ	MI	FA	SOL	LA	SI
Nombres de vibrations par seconde.	522	587	652	696	783	870	978

En multipliant chacun de ces nombres par 2, on aurait les nombres de vibrations correspondant aux notes de l'octave en dessus. De cette octave on passerait à la suivante en multipliant encore par 2, et ainsi de suite. En les divisant au contraire par 2, on obtiendrait les nombres de vibrations correspondant aux notes de l'octave en dessous. De cette octave on passerait à celle qui la précède par une nouvelle division par 2. En résumé, pour chaque octave, le nombre de vibrations d'une note quelconque est juste le double de celui de la note portant le même nom dans l'octave qui précède immédiatement, ou la moitié du nombre correspondant à la note de même nom dans l'octave qui suit.

9. Appliquons ces notions sur le son à l'étude de la formation de la voix. Si l'on vous demandait quel est l'organe de la voix, vous répondriez sans hésiter que c'est la langue, et beaucoup feraient comme vous, sans se douter de leur grossière erreur. Non, la langue, malgré la croyance si répandue, n'est pas la cause de la voix. Comment voulez-vous, en effet, que cet organe si massif, si lourd, puisse vibrer avec la rapidité prodigieuse qu'exige la formation des sons, même les plus ordinaires? La langue, sans doute, joue un rôle dans la prononciation, mais elle ne produit pas le son, elle n'engendre pas la parole. C'est tellement vrai, que l'on connaît de nombreux exemples de personnes privées accidentellement ou naturellement de langue, et qui, cependant, par suite d'une longue habitude, parlaient avec une telle facilité, une telle clarté, qu'il était impossible, à moins d'en être prévenu, de soupçonner chez elles l'absence de l'organe réputé l'instrument par excellence de la parole. L'organe de la voix s'appelle le *larynx*. Voici ce que c'est.

L'air nécessaire à la respiration pénètre par la bouche et

les narines et se rend dans les poumons, situés dans la poitrine, l'un à gauche, l'autre à droite. Après avoir exercé une
action des plus remarquables sur le sang, qu'il rend propre
à l'entretien de la vie, cet air, vicié alors dans sa composition, est rejeté au dehors par les mêmes voies. Il y a donc,
alternativement et à courts intervalles, un courant d'air pur
de l'extérieur aux poumons et un courant d'air vicié des
poumons à l'extérieur. Ce double courant d'air, qui tour à
tour monte ou descend, s'effectue dans un canal spécial,
indépendant de celui par où passent les aliments et nommé
trachée-artère.

La trachée-artère commence dans l'arrière-bouche, parcourt la longueur du cou, descend dans la poitrine et se termine dans les poumons en s'y ramifiant. Elle est composée
d'une suite d'anneaux élastiques empilés l'un sur l'autre. Or,
dans la partie supérieure du cou, la trachée-artère se renfle
et produit ce qu'on appelle le larynx. La protubérance que
sent la main en avant du cou n'est autre chose que la face
antérieure du larynx même.

10. La cavité de la trachée-artère est ronde dans toute
son étendue ; mais, en débouchant dans le larynx, elle se
rétrécit brusquement en forme de fente étroite, comprise
entre deux lamelles très-élastiques appelées *cordes vocales.*
On peut comparer cette fente à une boutonnière, dont les
deux bords représenteraient les cordes vocales. Au-dessus
de cette fente, la cavité du larynx s'élargit en formant, l'un
à droite, l'autre à gauche, deux enfoncements appelés *ventricules.* Enfin, un peu plus haut, à l'endroit où elle se termine dans l'arrière-bouche, la cavité du larynx se rétrécit
une seconde fois sous forme d'une fente en boutonnière,
pareille à la précédente.

Les cordes vocales, comme leur nom l'indique, donnent
naissance à la voix par leurs vibrations. Ces deux petites
lamelles charnues peuvent se rapprocher ou s'éloigner l'une
de l'autre, de manière à laisser un passage plus ou moins

libre à l'air venant des poumons; elles peuvent se tendre pour vibrer plus vite ou se relâcher pour vibrer plus lentement ; elles remplissent enfin toutes les conditions pour produire à volonté des sons forts ou faibles, graves ou aigus.

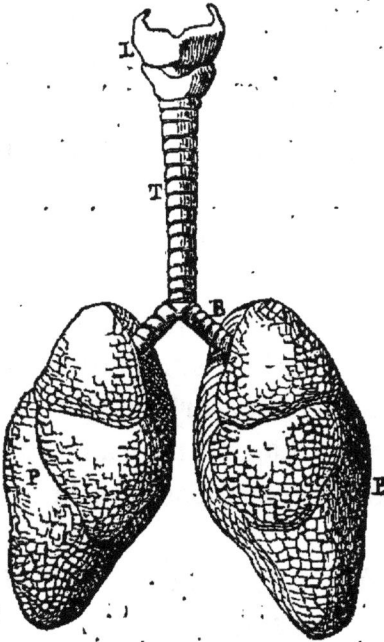

Fig. 14.
Les poumons et la trachée-artère [1].

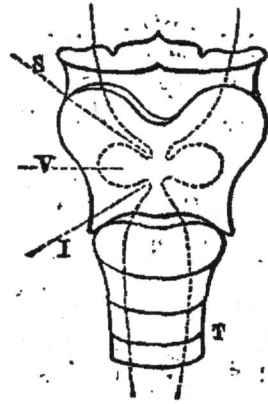

Fig. 15.
Le larynx [2].

11. Mais d'elles-mêmes les cordes vocales n'entrent pas en vibration : il faut qu'elles soient mises en mouvement par l'air chassé des poumons, comme d'un soufflet. Vous connaissez apparemment ces instruments sonores que chacun a confectionnés dans son jeune âge et consistant en un cylindre d'écorce enlevé, tout d'une pièce, sur un jeune rameau en sève, ou tout simplement en une feuille creuse d'oignon. En pinçant entre les lèvres ces tuyaux flexibles, de manière à

[1] P,P, poumons; B, bronche; T, trachée-artère; L, larynx.
[2] Les lignes ponctuées représentent la cavité du larynx. T, trachée-artère; I, cordes vocales inférieures; S, cordes vocales supérieures; V, ventricules.

ne laisser entre les bords rapprochés qu'une étroite fente,
on obtient, quand on souffle, de fort beaux sons, produits
par le même mécanisme qui fait résonner les cordes vocales.
Les bords, rapprochés en boutonnières du tuyau d'écorce ou
de la feuille creuse, représentent très-bien les cordes vocales
du larynx. Animés par le souffle, ils vibrent, ils frémissent
sous la lèvre et résonnent ; mais ils deviennent immobiles et
muets quand le souffle ne passe plus. Les cordes vocales en
font autant : elles ne vibrent que sous l'impulsion du courant d'air chassé des poumons.

Les deux enfoncements nommés ventricules du larynx
servent à renforcer le son produit par les cordes vocales. La
voix humaine n'a rien de bien remarquable sous le rapport
de l'intensité, parce que ces ventricules sont de petite étendue. Mais chez quelques animaux doués d'une voix assour-
dissante, le larynx communique avec de grandes cavités où
se fait une résonnance extraordinaire. Cette conformation se
trouve dans le larynx de l'âne, et, à un plus haut degré,
dans celui de certains singes de l'Amérique, appelés singes
hurleurs. D'après les récits des voyageurs, les cris de ces
animaux sont effrayants ; ils se font entendre à plus d'une
demi-lieue de distance. Si quelques-uns de ces hurleurs sont
réunis, leur concert est si formidable qu'on croirait entendre
le bruit de l'écroulement d'une montagne.

12. La voix n'est pas la parole : tous les animaux qui res-
pirent à l'aide de poumons ont une voix, mais aucun d'eux
n'a la parole. L'homme seul possède la raison ; seul aussi il
possède le sublime privilége de penser et de traduire sa
pensée par la voix articulée ou découpée en syllabes ; en un
mot, par la parole. Le son engendré par les cordes vocales
n'est, au sortir du larynx, que la voix sans signification intellectuelle, le cri informe sans correspondance avec une
idée ; mais, en pénétrant dans la bouche, il devient la parole,
c'est-à dire que, par le jeu des lèvres, des joues, de la langue,
des dents, des cavités nasales, il se divise en syllabes, dans

lesquelles le son vocal presque pur, la voyelle, est mo-
difié par l'articulation ou consonne, que détermine le mécanisme spécial de l'une ou l'autre des parties de la bouche.

La parole est, avant tout, un acte intellectuel. Pour parler,
la première condition est de rattacher une idée à un son déterminé. Si les sourds-muets ne peuvent parler, ce n'est pas,
comme vous pourriez le croire, par suite d'un vice de conformation dans l'organe de la voix. Ils ont, comme nous,
langue, souffle, cordes vocales, larynx ; ils ont, en apparence,
absolument tout ce qu'il faut pour parler. Cependant de ce
larynx ne s'élancent que des sons, aussi distincts que les
nôtres, il est vrai, mais qui demeurent à l'état de cris inar-
ticulés au lieu de se transformer en paroles. Que leur man-
que-t-il donc pour parler ? Il leur manque la faculté principale, la faculté d'associer une idée déterminée à tel ou tel
autre son. Étant sourds de naissance, ils n'ont jamais entendu proférer une parole ; ils ignorent donc la valeur intellectuelle d'un arrangement déterminé de syllabes ; et de
cette ignorance radicale résulte pour eux la privation de la
parole. Ils sont muets uniquement parce qu'ils sont sourds.
Si l'ouïe leur était jamais rendue, ils apprendraient, comme
les autres, l'usage de la parole par une longue éducation.
Nous sommes tous muets dans notre premier âge, en ce sens
que l'intelligence n'étant pas encore assez développée, nous
ne pouvons rattacher à un son une idée précise ; aussi ne
jetons-nous alors que des cris informes, sans signification
arrêtée. Ce n'est qu'un peu plus tard, quand les idées acquièrent un peu de netteté, que nous apprenons à parler
en entendant parler les autres. C'est donc par l'imitation,
par l'éducation que se transmet la parole, qui, dans le principe, fut certainement une inspiration divine, tant il est
difficile de comprendre que les hommes jamais aient pu
l'inventer.

DIX-HUITIÈME LEÇON

L'OUIE

L'oreille externe. — Le pavillon, la conque auditive et le conduit auriculaire. — Les oreilles du lapin et de l'âne. — Le cornet acoustique. — Sinuosités du pavillon de l'oreille humaine. — Leur forme parabolique et leurs usages. — L'oreille moyenne. — La caisse, le tympan, les osselets, la trompe d'Eustache, les deux fenêtres. — Vibration des membranes. — La feuille de papier tendue sur un cadre. — Le tympan renforce le son en le transmettant à la chaîne des osselets. — Influence de la pression atmosphérique et de l'humidité de l'air sur le degré de tension du tympan. — Rôle de la trompe d'Eustache et de la chaîne des osselets pour conserver à la membrane tympanique une tension constante. — La chaîne des osselets accommode la tension du tympan à l'intensité du son. — Transmission des vibrations du tympan aux membranes des deux fenêtres. — La chaîne des osselets comparée à l'*âme* du violon, et l'oreille moyenne à la caisse de cet instrument. — L'oreille interne. — Le vestibule, les canaux semi-circulaires, le limaçon. — Le nerf acoustique. — Ses ramifications dans les diverses parties de l'oreille interne. — L'audition. — La science ne peut en rendre compte. — Mystères des rapports de l'âme avec le monde extérieur.

1. Nous venons de voir par quel mécanisme se forme le son ; il nous reste maintenant à examiner comment les ondes sonores sont recueillies par l'oreille et comment elles agissent pour nous impressionner.

L'organe de l'audition comprend trois parties, savoir : *l'oreille externe*, *l'oreille moyenne* et *l'oreille interne*. L'oreille externe se compose du *pavillon* et du *conduit auriculaire*. Le pavillon de l'oreille est cette lame flexible et sinueuse que vous prenez apparemment pour l'oreille complète, bien qu'elle n'en soit que la partie la moins importante. Sa surface présente divers replis et divers enfoncements, dont le plus remarquable est la *conque auditive*. On désigne ainsi la cavité évasée en forme d'entonnoir dans laquelle débouche le conduit auriculaire. Ce dernier est un canal un peu recourbé qui s'enfonce dans l'épaisseur de l'os des tempes ou de l'*os temporal*.

Le pavillon de l'oreille a pour fonction de recueillir les

ondes sonores et de les diriger dans le conduit auriculaire. Chez quelques animaux, cette partie de l'oreille acquiert un développement considérable et prend la forme d'un grand

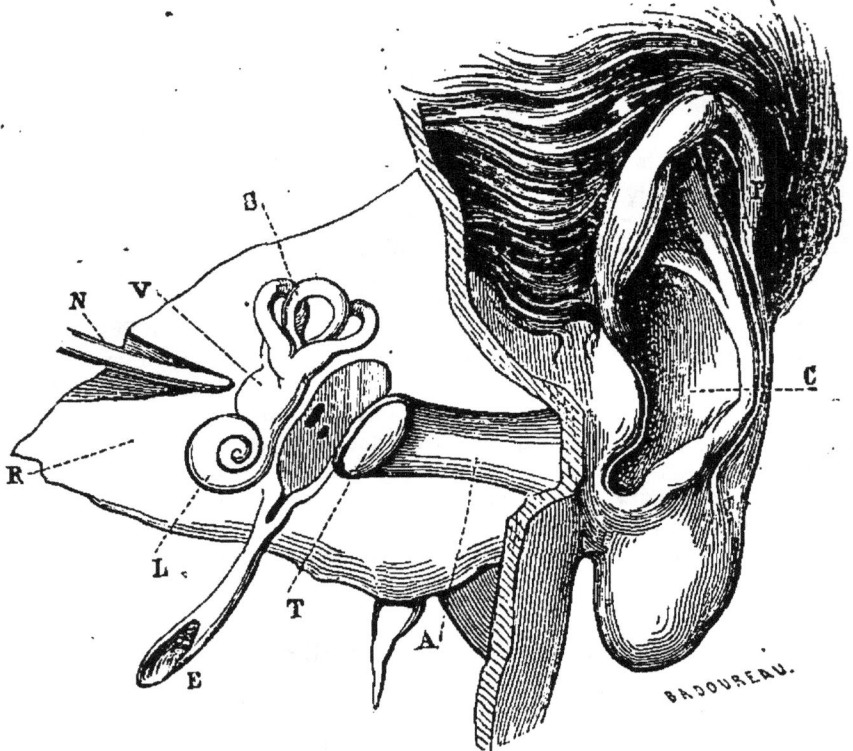

Fig. 16 [1].

cornet mobile, susceptible d'être dirigé en tous sens pour percevoir le moindre bruit s'élevant à la ronde. Le lièvre et le lapin doivent aux dimensions exagérées du pavillon de l'oreille la finesse de leur ouïe, qui les avertit du danger en-

[1] Cette figure reproduit les parties extérieures de l'organe de l'ouïe et les parties intérieures logées dans l'épaisseur de l'os des tempes. P, pavillon; C, conque auditive; A, conduit auriculaire; T, tympan; E, trompe d'Eustache, débouchant dans la caisse, où se voient deux points noirs qui sont : la fenêtre ovale en dessus, et la fenêtre ronde en dessous. V, vestibule; L, limaçon; S, canaux semi-circulaires; N, nerf acoustique; R, portion de l'os temporal, appelée le rocher, où se trouvent renfermées les parties intérieures de l'oreille. Les osselets de la caisse sont représentés à part dans la figure suivante.

core éloigné et leur fait trouver, dans une fuite rapide opérée à temps, leur seule chance de salut. L'âne, la sobre et patiente bête dont le nom placé ici suscite mal à propos votre sourire, l'âne est doué aussi de cornets auditifs d'une rare dimension, qu'il peut diriger tout droit en avant, ou coucher en arrière sur le cou, ou étaler à droite et à gauche, suivant la direction du bruit qui le préoccupe. Quelle peut être pour lui l'utilité de la finesse de l'ouïe que suppose un pareil développement dans les pavillons auditifs? Nous n'en savons rien; mais ce qui est incontestable, c'est que ces énormes cornets, largement ouverts aux ondes sonores, doivent beaucoup faciliter l'audition. Nous-mêmes, en effet, pour recueillir un son trop faible ou trop éloigné, n'empruntons-nous pas, pour ainsi dire, ses cornets auditifs à l'âne, quand nous épanouissons la paume de la main derrière l'oreille, afin d'augmenter l'étendue du pavillon? Les personnes un peu sourdes n'emploient-elles pas des cornets analogues, qu'elles s'appliquent, pour mieux entendre, à l'entrée du conduit auditif? Ne nous moquons point des oreilles de l'âne, car elles sont savamment construites, et c'est sur leur modèle que sont disposés les cornets acoustiques destinés à nous venir en aide dans la dureté de l'ouïe.

2. Dans l'oreille humaine, la conque auditive et l'entrée du conduit auriculaire forment une cavité en forme d'entonnoir, qui remplit, sur une petite échelle, le rôle des larges cornets auditifs que je viens de vous citer. Quant au reste du pavillon, on ne voit pas d'abord à quels usages il peut servir; on ne se rend pas compte de l'utilité de ces saillies sinueuses à l'arrangement desquelles le hasard seul semble avoir présidé. Mais une étude plus approfondie démontre que chacune de ces saillies, que chacun de ces replis, en apparence si capricieux, présente la forme que la science lui assignerait pour le rendre propre à réfléchir et à concentrer les ondes sonores dans le conduit auriculaire. Les plis du pavillon de l'oreille ont la forme qu'en géométrie on

appelle parabolique. Or, une surface modelée sur cette forme jouit de la propriété de rassembler en seul point les diverses ondes sonores qui viennent la frapper. Dans le cas actuel, ce point commun où viennent aboutir les ondes réfléchies est précisément l'entrée du canal auditif. Nous retrouvons donc dans les replis de l'oreille la haute géométrie entrevue déjà dans les cristaux de la neige, et nous la retrouverions en toute chose, puisque tout provient de Celui que l'antiquité, dans son admiration, appelait l'Éternel Géomètre, puisque tout provient de Dieu, qui est la Science même.

3. Le pavillon de l'oreille, soit en recevant directement le son dans la conque auditive, soit en l'y réfléchissant au moyen de ses replis paraboliques, remplit un rôle d'une certaine importance relativement à la finesse de l'ouïe; mais, à un point de vue plus général, son rôle est très-secondaire, car la perte des deux pavillons n'amène point la surdité, elle rend seulement l'ouïe un peu dure. D'ailleurs, beaucoup d'animaux, qui ne sont pas sourds pour cela, ne possèdent pas de pavillon : tels sont les oiseaux.

Suivons plus loin les ondes sonores qui ont pénétré dans le conduit auriculaire. Ce conduit plonge, en se recourbant, dans l'épaisseur de l'os temporal et se termine bientôt par une cloison membraneuse extrêmement mince, tendue comme la peau d'un tambour et nommée *tympan*. Là commence l'oreille moyenne, qui se compose du *tympan*, de la *caisse* et des parties qui en dépendent. La caisse est une petite cavité pleine d'air, séparée du conduit auriculaire par la cloison du tympan. Elle est percée, du côté opposé au tympan, de deux autres ouvertures, également bouchées par une fine membrane tendue, et nommées, l'une la *fenêtre ovale*, et l'autre la *fenêtre ronde*. Un conduit long et étroit, appelé *trompe d'Eustache*, débouche à sa partie inférieure et vient aboutir, d'autre part, en arrière des fosses nasales, mettant ainsi en communication l'air renfermé dans la caisse

avec l'air extérieur. Enfin, quatre tout petits osselets, placés
à la file l'un de l'autre, sont suspendus dans la caisse par
leur mutuel appui et forment une sorte de chaîne irrégulière,
qui aboutit, d'un côté, à la membrane
du tympan, et du côté opposé, à la
membrane de la fenêtre ovale. Ces
quatre osselets sont : le *marteau*, l'*enclume*, l'*os lenticulaire* et l'*étrier*.
Leurs dénominations sont tirées de la
forme qu'ils présentent grossièrement.
Le marteau s'appuie sur le tympan par
son manche, l'étrier s'applique par sa
base sur la membrane de la fenêtre
ovale, l'os lenticulaire et l'enclume sont intercalés entre
l'étrier et le marteau.

Fig. 17.
Les osselets de l'ouïe [1].

4. Arrivées au tympan, qui leur barre totalement le passage, les ondes sonores vous paraissent, sans doute, ne pouvoir aller plus avant; et, si l'on vous avertit que le son est
encore loin du point où il doit arriver pour que l'audition
s'effectue, vous ne pouvez manquer de trouver bien étrange
que, là où le passage devrait être parfaitement libre, s'interpose, au contraire, un obstacle infranchissable en apparence. Eh bien, cet obstacle apparent est en réalité un
mécanisme très-favorable à l'audition : la membrane du
tympan, loin d'arrêter le son, le renforce et le transmet
avec une merveilleuse perfection. Voici comment. Il vous
est arrivé, à coup sûr, d'entendre trembler, vibrer les vitres
à la suite d'une violente détonation, comme celle du tonnerre, par exemple. La cause de cette vibration des carreaux
n'est autre que le choc des puissantes ondes sonores occasionnées par l'explosion de la foudre. Si une grossière lame
de verre peut vibrer dans ces conditions, une membrane
très-fine et bien tendue doit également entrer en vibration

___

[1] *m*, le marteau; *e*, l'enclume; *l*, l'os lenticulaire; *é*, l'étrier.

sous le choc d'ondes sonores moins puissantes. L'expérience
en est facile à faire. On colle une feuille de papier mouillé
sur un cadre; et quand, par la dessiccation, elle est tendue
comme la peau d'un tambour, on la saupoudre de sable très-
fin. Approchez maintenant de la feuille ainsi préparée un
corps sonore en vibration, les cordes d'un violon animées par
l'archet ou les branches d'un diapason qui résonne, et vous
verrez le sable sautiller vivement sur la feuille : preuve
évidente que cette feuille vibre elle-même, qu'elle est mise
en mouvement par le choc des ondes qui lui viennent de
l'instrument voisin. La membrane du tympan, excessivement
fine et tendue avec un soin exquis, entre donc très-facilement en vibration quand arrivent les ondes sonores amenées
par le conduit auditif. De plus, elle renforce le son, car,
après l'avoir recueilli, elle transmet, en grande partie, ses
propres vibrations à la chaîne des osselets, et transporte
ainsi dans des corps solides l'ébranlement sonore qui d'a-
bord se propageait dans l'air. Or, dans le chapitre précédent, vous avez vu avec quelle facilité les corps solides
transmettent le son. Rappelez-vous les exemples de la poutre
et du rail.

5. Pour vibrer aisément, une membrane doit être convenablement tendue Trop tendue, elle vibre mal; trop peu
tendue, elle vibre mal encore. Entre ces deux extrêmes se
trouve un degré moyen de tension que le tympan doit toujours conserver. Mais ne le perdons pas de vue, cette membrane supporte la pression atmosphérique par sa face extérieure, qui est en rapport direct avec l'air. Alors, si la
pression atmosphérique, variable d'un moment à l'autre, vient
à augmenter, la tension du tympan sera trop forte; si elle
vient à diminuer, la tension sera trop faible; et, dans les
deux cas, l'audition sera gênée. Nous entendrons bien ou
mal suivant la hauteur du lieu où nous nous trouverons; la
sensibilité de l'oreille dépendra des variations du baromètre. Cette difficulté a été prévue et levée de la manière la

plus simple. Pour que le degré de tension du tympan soit à l'abri des variations de la poussée de l'air, il faut que les deux faces de la membrane soient également en rapport avec l'atmosphère; alors, la poussée de l'air sera pareille des deux côtés, et se détruira elle-même. C'est ce qui a lieu au moyen de la trompe d'Eustache, qui amène dans la caisse l'air du dehors, et permet à la poussée atmosphérique de s'exercer sur le tympan du côté de la caisse aussi bien qu'elle s'exerce du côté du canal auditif.

6. Une autre difficulté se présente : par un temps humide, une membrane, d'abord bien tendue, se ride et se détend. Le tympan doit se comporter de la même manière. Comment alors n'est-on pas frappé d'une surdité temporaire toutes les fois qu'il pleut? On n'a jamais observé qu'on devînt sourd par un temps pluvieux, et que l'on reprît la faculté d'entendre au retour du beau temps. Si l'oreille échappe à la cause de surdité momentanée qu'amènerait infailliblement une trop forte humidité de l'air, nous le devons aux osselets suspendus dans la caisse. Ces osselets constituent, vous ai-je dit, une espèce de chaîne irrégulière et rigide, dont une extrémité, formée par le manche du marteau, s'appuie sur le tympan, et dont l'autre, formée par la base de l'étrier, s'applique sur la membrane de la fenêtre ovale. Si l'humidité fait détendre le tympan, aussitôt les osselets, articulés l'un à l'autre, se déplacent légèrement; et le marteau, appuyant plus fortement son manche sur la membrane tympanique, la ramène, par cette poussée, à la tension convenable.

La chaîne des osselets joue encore un autre rôle. Par une pression plus forte, elle empêche la membrane tympanique de vibrer trop violemment sous l'influence de sons très-intenses, qui pourraient blesser la délicatesse de l'ouïe; par une pression moindre, elle lui laisse la faculté d'entrer aisément en vibration sous l'influence de sons faibles, incapables de produire une vive sensation. Sous ce rapport, la chaîne des osselets est un régulateur qui modifie à chaque instant la tension de la membrane tympanique, et l'accommode à l'intensité des sons, de manière que les sons faibles soient aisément perçus, et que les sons trop forts soient affaiblis avant d'arriver jusqu'aux parties les plus délicates de l'oreille. Comment, dans la chaine des osselets, s'effectuent ces mouvements régulateurs, d'une délicate précision, qui tendent ou relâchent la membrane tympanique dans une juste mesure, suivant l'état de l'atmosphère et suivant l'intensité des ondes sonores? Est-ce notre propre volonté qui les provoque, est-ce notre science qui les règle? Certainement non : ils s'exécutent indépendamment de nous, à notre insu. Ils n'obéissent pas à notre volonté ignorante, mais à une Volonté supérieure, qui une fois pour toutes, leur a dicté les lois savantes de leur merveilleux mécanisme.

7. Les vibrations du tympan doivent se transmettre aux membranes de la fenêtre ovale et de la fenêtre ronde. Elles arrivent à la fenêtre ronde par l'intermédiaire de l'air qui remplit la caisse; elles arrivent à la fenêtre ovale par l'intermédiaire de la chaine des osselets. De ces deux voies, la dernière est la plus importante, parce que les corps solides transmettent le son avec bien plus de facilité que ne le font les corps gazeux. Examinons donc en particulier la transmission du son par la chaine des osselets; et à ce sujet, prenons un exemple dans l'instrument de musique le plus répandu, dans le violon.

Si les quatre cordes d'un violon étaient simplement tendues sur une planchette, elles ne rendraient que des sons faibles, maigres, désagréables; mais, tendues sur l'instrument que vous connaissez, elles rendent, au contraire, des sons d'une ampleur très-satisfaisante pour l'oreille. Les cordes ne sont donc pas les seules parties de l'instrument qui prennent part à la formation du son; le reste doit aussi jouer un rôle important dans cette formation. Outre le manche, qui représente la simple planchette de tout à l'heure, un violon comprend une spacieuse cavité ou caisse pleine d'air.

La paroi, ou table supérieure de cette cavité, communique avec la table inférieure par un pilier placé vers le centre du violon, et qu'on nomme l'*âme*. Quand les cordes vibrent sous l'archet, le chevalet qui les supporte met en vibration la table supérieure. Par l'intermédiaire de l'*âme*, les vibrations de la table supérieure se transmettent à la table inférieure ; et les deux tables enfin font participer l'air de la caisse à leurs propres vibrations. Ainsi, aux vibrations des cordes du violon viennent s'adjoindre celles des deux tables et de l'air de la caisse ; et telle est la cause de l'ampleur que le son acquiert.

La caisse de l'oreille présente avec celle du violon une étroite analogie. Comme cette dernière, la caisse de l'oreille est remplie par de l'air, et comprend deux tables vibrantes réunies par un pilier intermédiaire. La table supérieure, c'est le tympan, qui reçoit l'influence des ondes sonores venant du dehors, comme la table supérieure du violon reçoit l'influence directe des cordes. La table inférieure, c'est la membrane de la fenêtre ovale ; et l'*âme*, qui met en rapport les deux tables vibrantes, c'est la chaîne des osselets. Vous le voyez, ce que l'art, guidé par une longue expérience, a imaginé de mieux pour augmenter la puissance du son, se trouve admirablement réalisé dans l'oreille. Mais combien les savantes dispositions de l'oreille l'emportent sur celles du roi des instruments sonores ! Au lieu des deux tables rigides du violon, impuissantes à vibrer sous l'influence des sons faibles, c'est, dans l'oreille, deux membranes de la plus grande finesse, éminemment aptes à être influencées par les sons les plus faibles ; au lieu de l'*âme* immobile, inerte du violon, c'est, dans l'oreille, une chaîne vivante d'osselets, qui se meut, se resserre ou s'allonge pour diminuer ou augmenter l'aptitude à vibrer dans les deux membranes qu'elle met en rapport.

8. L'audition n'a pas lieu encore lorsque le son est arrivé aux membranes des deux fenêtres, d'une part au moyen de

l'air de la caisse, d'autre part au moyen de la chaîne des osselets. Jusqu'ici, les diverses parties de l'oreille n'ont servi qu'à recueillir le son, à le concentrer et à le diriger; c'est dans les parties qu'il nous reste à connaître, ou dans l'oreille interne, que s'effectue enfin l'audition.

L'oreille interne se compose : premièrement, d'une ampoule ovalaire appelée *vestibule*; secondement, de trois canaux courbés en demi-cercle et nommés pour ce motif *canaux semi-circulaires*; troisièmement, d'un canal roulé sur lui-même en spirale, comme la coquille d'un escargot, et qu'on nomme pour cette raison *limaçon*. La caisse est en rapport avec le vestibule par la fenêtre ovale, et avec la partie inférieure de la rampe du limaçon par la fenêtre ronde. Les trois parties de l'oreille interne communiquent librement entre elles ; elles sont remplies d'un liquide clair et fluide comme de l'eau, au lieu de contenir de l'air, comme la caisse. Au milieu de ce liquide s'épanouissent des pinceaux de filaments blancs, des houppes de fines ramifications nerveuses. Un nerf, c'est-à-dire un rameau de la même substance molle et blanche qui constitue le cerveau, se détache de la base de ce dernier organe et vient se rendre dans les trois parties de l'oreille interne en s'y divisant à l'infini. On lui donne le nom de *nerf acoustique*, parce que c'est de lui que dépend la sensibilité de l'appareil auditif. Les houppes nerveuses qui s'épanouissent et nagent dans le liquide du vestibule, des canaux semi-circulaires et du limaçon, ne sont autre chose que les dernières ramifications du nerf acoustique.

Cela compris, il est visible que les vibrations sonores des membranes des deux fenêtres doivent se propager dans le liquide de l'oreille interne, et que ce liquide doit les transmettre aux filaments nerveux qu'il baigne. Et tout est fait; on a entendu. Le cerveau, centre commun des ramifications nerveuses, le cerveau, instrument de l'âme dans ses rapports avec la matière, reçoit l'impression sonore par l'intermédiaire du nerf acoustique, et la livre à l'âme, qui en prend connaissance. La science explique d'une manière satisfaisante le mode d'action des diverses parties de l'oreille, mais elle reconnaît toute son impuissance à se rendre compte de ce qui se passe du moment que l'onde sonore est arrivée aux filaments nerveux, car elle se trouve alors en face des mystères insondables de la vie. Dans ces hautes questions des rapports de l'âme avec le monde extérieur, la science n'est plus qu'ignorance ; et lorsque le désir nous prend d'y apporter les faibles lumières de la raison, mieux vaut s'écrier avec Bossuet, au sujet des mystères de la foi : Raison humaine, taisez-vous !

DIX-NEUVIÈME LEÇON

L'ÉLECTRICITÉ

De Romas va chercher la foudre dans les nuages avec un cerf-volant. — Il l'amène à sa portée pour l'étudier de près et la fait tomber à ses pieds. — Substance de la foudre. — Électricité; ses caractères. — La feuille de papier frottée sur les genoux. — Elle donne des étincelles et attire les corps légers. — Électrisation du verre et de la cire d'Espagne par le frottement. — La fourrure du chat, qui étincelle sous la main dans l'obscurité. — Corps bons conducteurs de l'électricité, corps mauvais conducteurs. — Les seconds s'électrisent directement par le frottement; les premiers, pour s'électriser, ont besoin d'être isolés du sol par un mauvais conducteur. — Vitesse de transmission de l'électricité à travers les bons conducteurs. — Divers effets de l'étincelle électrique. — Les deux électricités, vitrée et résineuse. — Combinaison des deux électricités. — Électriser un corps, c'est en désunir les deux principes électriques. — Les deux électricités se développent à la fois. — Électrisation par influence. — Explication de l'étincelle. — L'évaporation des eaux de la mer est la source de l'électricité atmosphérique. — Électricité des nuages. — La foudre et l'éclair. — Rapidité excessive de l'éclair. — Le tonnerre.

1. Le 7 juin 1753, un magistrat, de Romas, sortait de la petite ville de Nérac pendant une journée orageuse, avec un énorme cerf-volant de papier et un paquet de cordes. Plus

de deux cents personnes l'accompagnaient, vivement préoccupées. Qu'allait-il donc faire, le célèbre magistrat? Oubliant ses graves fonctions, se proposait-il quelque divertissement indigne de lui? Était-ce pour voir lancer un puéril cerf-volant que les curieux affluaient de tous les points de la ville? Non, non : de Romas allait réaliser le plus audacieux projet que le génie de l'homme ait jamais conçu; il allait témérairement provoquer la foudre au sein même des nuages, et faire descendre à ses pieds le feu du ciel, rendu pour la première fois docile. Arrêtons-nous avec quelques détails sur cette expérience, la plus solennelle que la science ait enregistrée dans ses annales.

Le cerf-volant qui devait recueillir la foudre au milieu des nuées orageuses et l'amener sous les yeux de l'intrépide expérimentateur, ne différait pas de ceux qui vous sont connus; seulement, sa corde de chanvre était garnie d'un fil de cuivre dans toute sa longueur. Le vent s'étant levé, on lança la machine de papier, qui atteignit une hauteur d'environ deux cents mètres. A l'extrémité inférieure de la corde, on attacha un cordon de soie; et ce cordon fut fixé lui-même sous l'auvent d'une maison, à l'abri de la pluie. Un petit cylindre de fer-blanc était appendu en un point de la corde en chanvre, bien en rapport avec le fil métallique qui la parcourait. Enfin, de Romas était armé d'un cylindre pareil, emmanché à l'extrémité d'un long tube de verre. C'est avec cet instrument, nommé *excitateur*, et tenu à la main par son manche de verre, qu'il devait faire jaillir le feu des nuées, conduit par la corde du cerf-volant jusqu'au cylindre métallique qui la terminait. Telle était la simple disposition de l'appareil imaginé par de Romas pour vérifier son audacieuse prévision. Qu'attendre de ce jouet d'enfant lancé dans les airs à la rencontre du redoutable météore? Ne vous paraît-il pas insensé de croire qu'un tel jouet puisse diriger le tonnerre et le maîtriser? Il faut cependant que le magistrat de Nérac, par de savantes méditations sur la nature du tonnerre, ait acquis la conviction bien intime de réussir pour oser ainsi, devant des centaines de témoins, entreprendre cette tentative dont l'insuccès le couvrirait de confusion. Le résultat de cette lutte terrible entre la pensée et la foudre ne peut être douteux : la pensée, comme toujours, quand elle est bien dirigée, aura le dessus.

2. Et voici qu'en effet quelques nuées, avant-coureurs de l'orage, passent à proximité du cerf-volant. De Romas approche l'excitateur du cylindre de fer-blanc suspendu au bout de la corde, et soudain une lueur jaillit. Elle est produite par une éblouissante étincelle qui s'élance sur l'excitateur, petille, jette un éclair bleuâtre, et se dissipe à l'instant même. Voilà la substance de la foudre, voilà l'électricité dans la corde du cerf-volant. Elle est inoffensive encore, à cause de sa faible quantité ; aussi de Romas n'hésite-t-il pas à la faire jaillir avec le doigt. Chaque fois qu'il l'approche du cylindre, son doigt reçoit une étincelle pareille à celle qu'à reçue l'excitateur. Les spectateurs enhardis, viennent, à son exemple, provoquer l'explosion électrique. On s'empresse autour du cylindre merveilleux qui recèle maintenant le feu du ciel, appelé par le génie de Romas ; chacun veut en tirer des éclairs, chacun veut voir étinceler entre ses doigts la substance fulminante descendue des nuages. On joue ainsi impunément une demi-heure avec le tonnerre, lorsque tout à coup une étincelle violente atteint de Romas et le renverse à demi. L'heure du péril est venue. L'orage s'approche, à chaque instant plus fort ; d'épais nuages noirs planent au-dessus du cerf-volant. De Romas rappelle toute sa fermeté ; il fait rapidement écarter la foule, et reste seul à côté de son appareil, au centre du cercle des spectateurs que l'épouvante commence à gagner. Alors, à l'aide de l'excitateur, il fait jaillir du cylindre métallique d'abord de fortes étincelles capables de terrasser une personne sous la violence de la commotion, puis des lames de feu qui serpentent comme la foudre et éclatent avec fracas. Ces lames mesurent bien-

tôt une longueur de deux à trois mètres. Celui qu'elles atteindraient périraient infailliblement. De Romas, qui redoute d'un moment à l'autre quelque accident mortel, fait élargir davantage le cercle des curieux et cesse la périlleuse provocation du feu électrique. Mais, bravant une mort imminente, il continue de près ses redoutables observations, avec le même sang-froid que s'il eût procédé à l'expérience la plus inoffensive. Autour de lui, quelque chose bruit comme le souffle continu d'une forge ; une odeur de soufre brûlé règne dans l'air ; la corde du cerf-volant se couvre d'une enveloppe lumineuse et figure un ruban de feu joignant le ciel à la terre. Trois longues pailles, gisant par hasard sur le sol, se dressent debout, sautillent, s'élancent vers la corde, retombent, s'élancent encore, et, pendant quelques minutes, égayent les spectateurs de leurs évolutions simulant une danse désordonnée. Soudain tout le monde pâlit d'effroi : une violente explosion, composée de trois craquements successifs, se fait entendre, et le tonnerre tombe sur la plus longue des pailles. Enfin, le cerf-volant redescend. Les prévisions de Romas étaient vérifiées avec un succès qui tenait du prodige : il était démontré que la foudre peut être amenée des nuages à la portée de l'observateur.

3. Les belles recherches de Romas et de beaucoup d'autres savants, surtout de Franklin, dont le nom reparaîtra bientôt ici, ont dévoilé la nature de la foudre. Elles ont appris, en particulier, que la substance foudroyante, quand elle est en petite quantité, jaillit sans danger à l'approche du doigt, sous forme de vives étincelles petillantes, et que tout corps qui en recèle attire à lui les corps légers voisins, comme la corde du cerf-volant attirait les pailles dans l'expérience que je viens de vous raconter. On a donné à cette substance le nom d'électricité. Bornons-nous pour le moment à ces deux caractères de l'électricité : l'attraction des corps légers et le jaillissement en étincelles ; puis, sans aller imprudemment l'emprunter aux nuages orageux, cherchons

à voir nous-mêmes, à manier le feu électrique. Ce serait chose bien simple si nous avions à notre disposition le curieux appareil que la science emploie pour développer en abondance de l'électricité, c'est-à-dire une machine électrique ; mais, comme la plupart d'entre vous n'ont pas, sans doute, cet avantage, il convient de s'adresser à quelque chose de beaucoup plus modeste. L'expérience se ressentira de l'imperfection de nos moyens ; toutefois, elle sera suffisante pour vous donner une idée exacte de l'électricité. Voici la machine électrique que je propose ; une feuille de papier en fait tous les frais.

Vous pliez en deux, dans le sens de la longueur, une belle feuille de papier ordinaire, et vous saisissez cette double bande par chaque extrémité. Puis, vous la chauffez aussi fortement que possible, mais sans la brûler, au-dessus d'un poêle rouge ou devant un foyer très-ardent. Plus la chaleur sera élevée, plus l'électricité se développera avec abondance. Enfin, tenant toujours la bande rien que par les extrémités, vous la frottez vivement, dès qu'elle est bien chaude, sur vos vêtements, que je suppose en laine, tendus sur le genou[1]. Cette friction doit se faire avec rapidité dans le sens de la longueur de la bande. Si les vêtements sont eux-mêmes bien chauds, l'expérience ne marchera que mieux. Après une courte friction, la bande est brusquement soulevée d'une seule main, en ayant bien soin de ne pas laisser le papier toucher contre aucun objet, sinon l'électricité se dissiperait. Alors, sans tarder, retirez-vous dans un coin un peu obscur, et approchez du centre de la bande l'articulation d'un doigt de la main libre : vous verrez s'élancer, entre le papier et le doigt, avec un léger pétillement, une belle étincelle électrique[2]. Pour en obtenir de nouvelles, il faut chaque fois

[1] On peut encore tendre sur les genoux une large bande d'étoffe en laine. C'est sur cette bande d'étoffe préalablement chauffée avec soin, que l'on frotte la bande de papier également chauffée.

[2] L'étincelle jaillit encore mieux si l'on présente à la feuille de papier un objet en métal, par exemple le bout d'une clef.

recommencer la même série d'opérations, car, à l'approche du doigt, la feuille de papier perd en entier son électricité.

4. Au lieu de faire jaillir l'étincelle, on peut présenter à plat la feuille électrisée au-dessus de petites parcelles de papier, de menus débris de paille, de fragments de barbes de plumes, etc. Ces corps légers sont attirés et repoussés tour à tour ; ils vont et ils viennent rapidement de la bande électrisée à l'objet qui leur sert de support, et de celui-ci à la bande, comme le faisaient les pailles, dans l'expérience de Romas, entre la corde du cerf-volant et le sol. Nous retrouvons donc en petit, dans la feuille de papier frottée sur nos habits de laine, les traits caractéristiques du dangereux appareil servant à dérober la foudre aux nuages. Comme le cylindre du cerf-volant, cette feuille lance des étincelles et attire les corps légers. Il est donc hors de doute, quelque étrange que cela puisse vous paraître, que votre pacifique feuille contient cependant, quand on vient de la frotter, la cause même du tonnerre.

On connaît une foule de moyens propres à développer de l'électricité. En voici quelques-uns que leur simplicité pourra vous engager à essayer. Frottez contre du drap un morceau de verre bien sec, ou de résine, ou de cire d'Espagne. Ces différents objets acquerront la propriété d'attirer les corps légers. Ils seront donc électrisés. Vous ne pourrez cependant en faire jaillir une étincelle, parce qu'ils retiennent l'électricité avec une grande énergie et s'opposent à son écoulement. Si, l'hiver, lorsque souffle l'âpre bise qui rend le temps si sec, vous passez la main sur la fourrure du chat sommeillant au coin du feu, vous verrez jaillir dans l'obscurité des étincelles électriques par centaines, vous les entendrez pétiller comme une décharge continue de légers craquements. Méfiez-vous alors du chat : ce jeu ne lui plaît pas, car l'électricité que le frottement de la main fait ruisseler en perles de feu sur sa fourrure, offense sa peau délicate.

Nous sommes, sous ce rapport, moins impressionnables

que le chat : une faible étincelle, comme celles que nous savons faire jaillir du papier, ne produit sur nous qu'un effet à peine sensible. Tout au plus éprouvons-nous, au point atteint, un léger picotement. Mais, à l'aide d'instruments plus puissants que le nôtre, le choc électrique est pénible et peut devenir dangereux et même mortel. Quand on est atteint par une étincelle un peu forte, on éprouve, surtout aux articulations, une brusque secousse qui vous fait tressaillir et ployer sur les jarrets. Avec une étincelle plus forte encore, tout le corps est saisi d'un ébranlement soudain si brutal, que les articulations semblent se disjoindre, et qu'on est terrassé par la commotion. A ce degré de force, l'électricité est dangereuse ; plus loin, elle serait mortelle.

5. Tous les corps, quels qu'ils soient, peuvent, étant frottés, s'électriser comme le font le verre, le papier, la résine. Mais les uns permettent à l'électricité de se propager rapidement et de s'écouler dans le sol à mesure qu'elle se produit, tandis que les autres la conservent avec plus ou moins d'énergie, la retiennent captive et l'empêchent de se dissiper dans le sol. En un mot, il se passe relativement à l'électricité quelque chose d'analogue à ce que nous avons vu au sujet de la chaleur, que certains corps laissent passer facilement et d'autres non. Il y a donc pour l'électricité, comme pour la chaleur, des corps bons conducteurs et des corps mauvais conducteurs. Dans les premiers, l'électricité circule avec une inconcevable rapidité ; dans les seconds, elle reste stationnaire au point où elle s'est développée. Les premiers permettent à l'électricité de se dissiper aussitôt, en se distribuant, se perdant dans le sol ; les seconds la conservent quelque temps.

Les substances qui conduisent bien l'électricité sont d'abord les métaux et le charbon ; puis les liquides, l'eau en particulier. Le corps de l'homme et celui des animaux sont aussi de bons conducteurs. Les substances qui la conduisent mal sont le verre, le soufre, la résine, la cire d'Espagne, la soie, l'air atmosphérique lorsqu'il est sec. Vous comprenez maintenant pourquoi de Romas avait muni d'un fil de cuivre la corde en chanvre du cerf-volant, pourquoi il avait fixé cette corde sous l'auvent avec un long cordon de soie, pourquoi enfin il tenait l'excitateur par un manche en verre. Le fil de cuivre servait à conduire l'électricité du nuage jusqu'au cylindre en fer-blanc ; le cordon de soie arrêtait au passage l'électricité amenée et s'opposait à sa déperdition dans le sol ; de même le manche en verre de l'excitateur empêchait le choc mortel des lames de feu d'arriver jusqu'à l'expérimentateur.

Un bon conducteur, un morceau de métal, par exemple, s'il est frotté sans précaution, ne peut jamais s'électriser, parce que, à mesure qu'elle se développe, l'électricité se propage dans la main, le bras, le corps entier de l'opérateur, et de là se perd dans la terre. Mais s'il est emmanché à l'extrémité d'un mauvais conducteur qui barre le passage à l'électricité, il s'électrise fort bien et donne des étincelles. Le verre, le soufre, la résine et tous les corps mauvais conducteurs s'électrisent au contraire directement, parce que l'électricité développée en un point s'y conserve sans pouvoir se transporter ailleurs. La charge électrique est même retenue avec tant d'énergie par ces diverses substances, qu'à moins d'être très-forte elle ne donne pas d'étincelle à l'approche du doigt.

Le papier tient un rang intermédiaire entre la trop grande conductibilité des métaux et la trop faible conductibilité du verre. Aussi se laisse-t-il électriser, quoique tenu directement à la main, et permet-il à l'étincelle de jaillir quand le doigt est présenté à la partie frottée. Disons enfin que s'il faut, pour réussir dans l'expérience que je vous ai fait connaître, chauffer le papier avec tant de soin, c'est pour en chasser la moindre trace d'humidité, qui lui laisserait trop de conductibilité et rendrait l'électrisation impossible.

L'électricité se transmet dans les bons conducteurs avec une rapidité qui dépasse même la vitesse de propagation de la lumière. Pour parcourir d'un bout à l'autre un fil de cuivre qui s'enroulerait une douzaine de fois autour de la Terre, elle ne mettrait qu'une seconde ! Nous verrons bientôt, dans la télégraphie électrique, une merveilleuse application de cette rapidité sans égale. L'étincelle électrique met feu aux matières inflammables ; elle brise, déchire, fait voler en éclats les corps mauvais conducteurs, comme le bois et la pierre ; elle échauffe les fils métalliques qu'elle traverse en grande quantité ; elle peut même les faire rougir, les fondre et les volatiliser s'ils sont courts et fins.

6. Des observations, dans le détail desquelles je n'entrerai pas, démontrent qu'il y a deux espèces d'électricité. L'une est appelée vitrée, l'autre résineuse. La première est identique à celle que le frottement développe sur le verre ; la seconde, à celle que le frottement fait apparaître sur la résine. Ces deux électricités existent dans tous les corps, associées en quantités égales. Tant qu'elles sont réunies, rien n'en trahit la présence ; elles sont comme si elles n'existaient point. Mais, une fois séparées, elles se recherchent à travers tous les obstacles, s'attirent et se précipitent au-devant l'une de l'autre avec explosion et jet de lumière. Puis tout rentre dans un complet repos, jusqu'à ce que la séparation des deux principes électriques ait lieu de nouveau. Les deux électricités se complètent donc mutuellement et se neutralisent, c'est-à-dire forment quelque chose d'invisible, d'inoffensif, d'inerte, qu'on trouve partout et qu'on nomme électricité neutre. Électriser un corps, c'est en décomposer l'électricité neutre, en désunir les deux principes électriques, qui, mélangés, ne produisaient rien, mais qui, séparés l'un de l'autre, apparaissent avec les plus curieuses propriétés. Le frottement est un moyen d'effectuer cette séparation : le corps frotté prend une espèce d'électricité, le corps frottant prend l'autre, et chacun d'eux se trouve ainsi électrisé, mais

différemment. Dans notre expérience de la feuille de papier, celle-ci prend l'électricité vitrée ; et le vêtement sur lequel on la frotte, l'électricité résineuse. Cette dernière électricité se dissipe à l'instant dans le sol, parce qu'elle se trouve sur un corps bon conducteur.

Dès qu'un objet est chargé de l'une des deux électricités, résineuse ou vitrée, peu importe, l'électricité de nom contraire se développe à l'instant sur les objets suffisamment rapprochés, à la condition expresse qu'ils soient bons conducteurs. C'est ce qu'on appelle électrisation par influence. Ainsi, par exemple, quand vous présentez le doigt à la feuille de papier que le frottement a chargée d'électricité vitrée, il se développe aussitôt dans ce doigt, bon conducteur, une charge égale d'électricité résineuse. Si la distance entre le doigt et le papier est assez petite, les deux électricités de nom contraire s'élancent violemment à la rencontre l'une de l'autre et produisent l'étincelle en se mélangeant. Cela fait, ni le doigt, ni le papier n'ont plus la moindre trace d'électricité. La cause de l'étincelle part donc tout à la fois et du papier et du doigt.

Vous arriveriez au même résultat en approchant de la feuille électrisée un objet quelconque bon conducteur, une clef par exemple : une étincelle jaillirait, fournie, moitié par la feuille, moitié par la clef. Mais en se servant d'un objet mauvais conducteur, d'un bâton de cire d'Espagne ou d'une baguette de verre, l'électrisation par influence de l'objet présenté n'aurait pas lieu ; et, l'électricité de nom contraire n'apparaissant pas, l'étincelle ne pourrait jaillir.

7. Le frottement est loin d'être la seule cause capable de développer de l'électricité. Toute modification survenant dans la nature intime d'un corps en développe aussi. Or, de toutes les modifications sans cesse effectuées dans les diverses substances de notre globe, la plus importante, à cause de son immense étendue, est celle qui consiste dans le passage des eaux de la surface des mers à l'état de vapeurs sous

l'influence de la chaleur solaire. L'évaporation occasionne le dédoublement en ses deux principes de l'électricité neutre des eaux ; les vapeurs qui se dégagent entraînent avec elles dans l'atmosphère l'électricité vitrée ; la mer et la terre laissent dissiper dans leur énorme masse l'électricité résineuse. Cependant, dans certaines circonstances, les vapeurs recueillent aussi de l'électricité résineuse. De là résultent plus tard des nuages électrisés eux-mêmes de l'une ou de l'autre manière, suivant la nature de l'électricité des vapeurs qui les ont formés.

Au sein des blanches nuées, inoffensives en apparence, couve donc en réalité le feu électrique, puisé, chose étrange, dans les eaux de la mer. Leur molle ouate, si douce au regard, recèle la plus terrible des forces explosives, l'électricité, qui, pour éclater, n'attend que le voisinage de l'électricité contraire. Que deux nuages électrisés différemment viennent à se trouver en présence, et aussitôt les deux électricités contraires accourent pour se recombiner, et jaillissent avec fracas dans l'intervalle qui sépare les deux nuages, sous forme d'un sillon de feu qui jette une vive et subite lueur. Cette lueur, c'est l'éclair ; ce sillon de feu, c'est la foudre. Sur son trajet, l'air est ébranlé avec une telle violence, qu'il en résulte ce bruit éclatant, ce roulement formidable qu'on appelle le tonnerre.

La foudre peut jaillir encore entre un nuage et la terre. En effet, lorsqu'un nuage orageux passe à une faible hauteur, par son influence, il détermine dans le sol l'apparition de l'électricité contraire, de même que le fait un objet électrisé dans le doigt qu'on lui présente. Pour se rapprocher du nuage qui l'attire, cette électricité gagne les points les plus saillants du sol, comme la cime d'un arbre, le sommet d'un édifice élevé, et s'y accumule jusqu'à ce que, l'électricité du nuage venant à sa rencontre, il se produise, par leur brusque mélange, un trait de feu qui foudroie l'arbre ou l'édifice.

La foudre est donc une immense étincelle électrique éclatant entre deux nuages, ou entre un nuage et la terre différemment électrisés; le tonnerre est le bruit de l'explosion des deux électricités qui se recombinent.

8. En général, vous ne connaissez de la foudre que la subite illumination qu'elle produit. Pour voir la foudre elle-même, il faut vaincre une frayeur que rien ne motive, et regarder attentivement les nuées centre de l'orage. D'un moment à l'autre, on voit alors serpenter un trait éblouissant, simple ou ramifié, et d'une forme sinueuse des plus irrégulières. La fournaise ardente, les métaux chauffés à blanc n'ont pas son éclat; seul, le soleil fournit un terme de comparaison digne de la souveraine splendeur de la foudre. La durée de cette brillante apparition, qui brûle la paupière, est tellement courte que, pour ainsi dire, elle ne compte pas dans le temps. La science a cherché à l'évaluer; elle a trouvé qu'un millionième de seconde dépassait en valeur la durée d'un éclair, lançant parfois à une ou deux lieues de distance son jet embrasé. Il n'est pas difficile de comprendre comment a été obtenu ce curieux résultat. Si, pendant l'obscurité d'une nuit profonde, on saisit l'instant d'un éclair pour jeter les yeux sur une voiture entraînée d'un mouvement rapide, elle apparaît immobile; les chevaux lancés à toute vitesse, les roues tournant avec rapidité, sont aperçus comme au repos. L'éclair est donc si prompt que, pendant sa durée, ni ces roues, ni ces chevaux ne peuvent se déplacer d'une quantité sensible. Supposons un mouvement beaucoup plus rapide que celui d'une voiture et de son attelage, supposons qu'à l'aide d'un mécanisme convenable on anime une roue d'une vitesse excessive, de manière que ses divers rayons puissent se déplacer d'une quantité appréciable dans l'intervalle d'un millionième de seconde. Eh bien, dans ces conditions qui atteignent l'extrême limite des vitesses qu'il nous soit possible de produire, la roue, tournant dans l'obscurité, apparaît encore immobile quand un éclair vient l'illuminer. La durée d'un éclair est donc moindre qu'un millionième de

seconde, puisqu'elle ne nous permet pas d'apercevoir. le moindre déplacement dans la roue.

9. Quand une étincelle jaillit de l'un des appareils imaginés pour obtenir de l'électricité, même de notre modeste feuille de papier, on entend un petillement sec qui représente en petit le tonnerre, comme l'étincelle représente elle-même la foudre et l'éclair. Le tonnerre n'est donc, vous ai-je déjà dit, que le bruit occasionné par l'explosion électrique. Pour les personnes voisines du lieu de l'explosion, ce bruit est une détonation de très-courte durée, mais si brusque, si puissante, que nul ne peut l'entendre sans tressaillir. Pour les personnes qui en sont éloignées, c'est un roulement qui gronde, s'enfle, éclate, semble s'apaiser, puis reprend, éclate encore à diverses reprises, et meurt enfin dans l'éloignement. On attribue ces roulements successifs à l'écho produit par le voisinage des nuées, du sol et surtout des montagnes. Dans les pays montueux, en effet, les éclats du tonnerre, roulant, rebondissant d'une montagne à l'autre, acquièrent un caractère de grandeur qu'ils n'ont jamais dans la plaine.

VINGTIÈME LEÇON

LA FOUDRE ET LE PARATONNERRE

Rôle providentiel de la foudre. — Émanations malsaines versées dans l'atmosphère. — Action de l'air électrisé sur les exhalaisons putrides. — Ozone. — Épuration de l'atmosphère par la foudre. — Valeur du danger que la foudre nous fait courir. — Relevés d'Arago. — Précautions à prendre en temps d'orage. — Un coup de foudre. — Soins à donner aux personnes foudroyées. — Divers effets de la foudre. — Fulgurites. — Odeur des objets foudroyés. — Franklin. — Propriété des pointes métalliques. — Comment un nuage orageux peut être désarmé par un jet d'électricité contraire. — Le paratonnerre. — Son mode d'action. — Les aurores boréales. — Leur explication.

1. Quel imposant spectacle que celui d'un ciel orageux, incendié des feux de l'éclair, et plein du solennel roulement du tonnerre ! Et cependant lorsque au sein des nuées flamboie le trait éblouissant de la foudre et que l'étendue retentit du fracas de l'explosion, une folle frayeur vous domine ; l'admiration n'a plus de place en votre esprit, et vos yeux terrifiés se ferment à la magnificence des phénomènes électriques de l'atmosphère, qui racontent, avec tant d'éloquence, la majesté des œuvres de Dieu. De votre cœur glacé de crainte aucun élan de reconnaissance ne monte, car vous ignorez qu'en ce moment, aux lueurs de l'éclair, au fracas de l'averse, du tonnerre et des vents déchaînés, un grand acte providentiel s'accomplit. La foudre, en effet, est une cause de vie bien plus qu'une cause de mort. Malgré les terribles mais rares accidents qu'elle occasionne, obéissant en cela aux décrets impénétrables de Dieu, elle est un des plus puissants moyens que la Providence emploie pour sauvegarder l'existence de ses créatures. C'est ce que vous aurez bientôt compris.

2. L'air, qui nous fait vivre, est sans cesse vicié par une foule de causes. La respiration des animaux, la décomposi-

tion des matières organiques, la combustion du charbon et du bois dans nos foyers, etc., déversent à torrents dans l'atmosphère un gaz irrespirable, l'acide carbonique, que les plantes sont chargées de faire disparaître, en le décomposant, en le dédoublant, sous l'influence de la lumière solaire, en charbon, qui reste dans les végétaux, et en gaz respirable, qui retourne dans l'atmosphère. Mais cette merveilleuse transformation ne suffit pas pour maintenir dans l'air le degré de pureté que réclame l'exercice de la vie, car il se dégage dans l'atmosphère des produits gazeux que les plantes ne peuvent faire disparaître, et bien plus meurtriers que l'acide carbonique. Partout, en effet, où des matières, soit animales, soit végétales, pourrissent, il se forme, outre l'acide carbonique, des émanations gazeuses infectes, qui ne sont apparemment que ces mêmes matières putrides dissoutes dans l'air. On leur donne le nom de miasmes. Ces émanations putrides sont tellement malsaines que la vie est en péril partout où elles se montrent d'une manière permanente, même en petite quantité. Aussi d'énergiques moyens sont-ils mis en œuvre par la Providence pour empêcher leur accumulation, qui rendrait bientôt l'atmosphère irrespirable. C'est d'abord le vent, qui les disperse et les rend pour le moment inoffensives en les disséminant à l'excès ; c'est ensuite l'électricité atmosphérique, qui les détruit en les brûlant. La haute importance de ce fait mérite des preuves à l'appui. Les voici :

5. Si l'on fait passer de fortes étincelles électriques à travers l'air contenu dans un flacon, cet air acquiert la propriété de détruire instantanément les exhalaisons les plus infectes et les plus malsaines en se combinant avec elles, ou, en d'autres termes, en les brûlant. Les expériences suivantes le démontrent. Lorsqu'on plonge un lambeau de viande corrompue dans un flacon plein d'air ayant subi l'action de l'étincelle électrique, toute odeur repoussante disparaît : la viande est désinfectée comme par enchantement.

Une salle infectée à dessein d'émanations insupportables avec des matières putréfiées, redevient inodore et salubre quand on y introduit de l'air électrisé. Les boues fétides retirées d'un égout perdent leur puanteur si l'on répand autour du tas quelques litres de cet air merveilleux. Ces exemples suffisent pour établir avec quelle facilité l'air que l'étincelle électrique a traversé, fait disparaître les miasmes pestilentiels de toute nature. On donne le nom d'ozone à l'air[1] que l'électricité a rendu apte à produire les remarquables effets que je viens de vous faire connaître. Le mot ozone signifie odorant. Cette dénomination vient de ce que l'air électrisé répand une odeur sulfureuse, pareille à celle qui régnait autour de la corde du cerf-volant, dans l'expérience de Romas. On retrouve cette odeur dans le voisinage des lieux atteints par la foudre.

4. Il est incontestable que, pendant un orage, il se passe dans l'atmosphère, sur une immense échelle, ce qui se produit dans l'air d'un flacon traversé par l'étincelle électrique. Sur le trajet de la foudre, cette prodigieuse étincelle de quelques kilomètres de longueur, il se forme en abondance de l'ozone, dont la mission est de débarrasser l'atmosphère des exhalaisons meurtrières engendrées par la pourriture. Chacun de ces éclairs qui vous font tressaillir de frayeur, est donc un gage de salubrité générale; chacun de ces coups de tonnerre qui vous glacent de crainte, est une preuve du grand travail de purification qui s'opère en faveur de la vie. Et qui ne sait avec quel délice, après un orage, la poitrine s'emplit d'un air plus pur, alors que l'atmosphère, assainie par les feux de la foudre, donne une nouvelle vie à tout ce qui respire? Soufflez donc, vents tempétueux; nuées orageuses, tonnez; éclairs, allumez l'incendie électrique; vous êtes les puissants purificateurs que la Providence met en œuvre pour la salubrité de la mer aérienne; vous êtes les auxiliaires de la vie,

---

[1] Le nom d'ozone s'applique plus exactement à la partie respirable de l'air, à la partie qu'en chimie on appelle oxygène.

car sans vous, l'atmosphère, changée en mortel réceptacle d'impures émanations, amènerait en peu de temps la dépopulation de la Terre ! Gardons-nous donc d'une folle terreur lorsqu'il tonne, mais élevons notre esprit vers Dieu, de qui le tonnerre et l'éclair ont reçu leur salutaire mission.

5. La foudre, comme toute chose en ce monde, accomplit un rôle ayant rapport à l'harmonie générale ; mais, comme toute chose encore, elle peut, suivant les vues secrètes de la Providence, à qui rien n'échappe, amener de rares accidents de détail qui nous font méconnaître l'immense service qu'elle nous rend. Rien n'arrive, ne l'oublions jamais, sans la permission de notre Père, qui est dans les cieux. Une respectueuse crainte de Dieu doit, en nous, exclure toute autre crainte. Examinons alors de sang-froid quelle est la valeur du danger que la foudre nous fait courir.

Le danger d'être atteint par la foudre pendant un orage, est tellement faible, qu'à moins de se trouver en des lieux particulièrement exposés, il est déraisonnable de s'en préoccuper. Des relevés faits avec soin par un illustre savant de la France, par Arago, établissent que, dans la ville la plus populeuse, dans Paris, on est exposé, en passant dans les rues, à un péril plus grand que celui dont nous menace le tonnerre. On y compte, en effet, plus de personnes écrasées par la chute d'une cheminée ou d'un vase à fleurs tombant des fenêtres, que de personnes foudroyées. Quel est celui cependant qui se préoccupe de la chute probable d'une cheminée sur sa tête ; quel est celui qui n'ose sortir de crainte d'être atteint par un pot de fleurs ? On va, on vient, on circule en foule dans les rues, sans se douter même que ce danger existe, tant sont rares les accidents qu'il amène. Le danger d'être foudroyé étant encore moindre, on ne devrait pas s'en préoccuper davantage ; mais la peur ne se raisonne pas.

Trop de sécurité pourtant pourrait nous être fatal dans certaines circonstances. Il ne faut pas perdre de vue que la foudre frappe de préférence les points les plus saillants du sol, parce que c'est là que l'électricité de nom contraire se porte en plus grande abondance, pour se rapprocher du nuage orageux qui l'attire. Les édifices élevés, les tours, les clochers sont, dans les villes, les points les plus exposés au feu du ciel. En rase campagne, il serait très-imprudent, pendant un orage, de chercher un refuge contre la pluie sous un arbre, surtout s'il est grand et isolé. Si le tonnerre doit tomber aux environs, ce sera certainement sur cet arbre, qui forme le seul point culminant du sol, et qui, mouillé par les eaux pluviales, constitue un bon conducteur très-favorable à l'écoulement de l'électricité. Les tristes exemples de personnes foudroyées qu'on déplore chaque année, se rapportent, en majeure partie, à de malheureux imprudents abrités de la pluie sous de grands arbres. Quant aux autres précautions qu'on est dans l'habitude de recommander, comme de ne pas courir, lorsqu'on est surpris par l'orage, pour ne pas déplacer l'air trop violemment, et de fermer les portes et les fenêtres afin d'empêcher les courants d'air, elles n'ont aucune espèce de valeur : la direction que suit la foudre n'est en rien influencée par les mouvements de l'air.

6. Si la foudre tombe de préférence sur les arbres et les autres points saillants de la plaine parce qu'ils sont plus près des nuages orageux, pour le même motif, elle frappe plus fréquemment encore les pics élevés des montagnes. C'est là surtout que le danger est grand au moment d'un orage. En voici un triste exemple. Un ingénieur exécutait des observations relatives à son art sur le sommet du mont Sentis, en Suisse, à 2500 mètres d'altitude, « quand, dit-il, de gros nuages venant de l'ouest se rapprochèrent et enveloppèrent la montagne. Bientôt un vent impétueux annonça une tempête ; le tonnerre retentit dans le lointain, et la grêle tomba avec une telle abondance qu'en quelques minutes elle couvrit le Sentis d'une couche glacée. Nous nous réfugiâmes, mon domestique et moi, ajoute l'ingénieur, dans notre tente, dont

je fermai toutes les issues pour ne pas laisser de prise au vent. Quelques instants, l'orage parut se calmer : mais c'était un silence, un repos pendant lequel se préparait une crise terrible. En effet, à huit heures du matin, le tonnerre gronda de nouveau, plus rapproché, plus violent, et presque sans discontinuer pendant des heures entières. Lassé de ma longue réclusion sous la toile de la tente, je sortis pour voir l'état du ciel et mesurer l'épaisseur de la grêle tombée. A peine avais-je fait quelques pas dehors, que la foudre éclata au-dessus de ma tête avec tant de fureur, que je jugeai prudent de regagner l'abri de la tente, où mon aide me suivit. Pour diminuer le danger d'être atteints par la foudre, nous nous couchâmes tous deux côte à côte sur quelques planches. En ce moment, un nuage épais et noir comme la nuit enveloppa le Sentis. La pluie et la grêle tombèrent par torrents; le vent souffla avec fureur; les éclairs se succédèrent sans intervalle, se croisèrent en tout sens, jetant autour de nous les lueurs d'un incendie. Les éclats précipités du tonnerre, répercutés par les flancs de la montagne, roulaient d'un écho à l'autre avec tant de force qu'à peine avec mon compagnon pouvions-nous nous entendre parler. C'était tout à la fois un déchirement aigu, un retentissement comme si le ciel eût croulé, un sourd et long mugissement. Enfin la violence de l'orage devint telle que mon compagnon ne put se défendre d'un mouvement d'effroi, et me demanda si nous ne courions pas danger de mort. J'essayai de le rassurer en lui racontant que pendant leurs observations en Espagne, Biot et Arago avaient été surpris par un orage pareil. La foudre était tombée sur leur tente, mais avait glissé sur la toile sans les toucher eux-mêmes.

7. « A peine avais-je fini mon récit, qu'en un même moment j'entendis ce cri de détresse : « Ah ! mon Dieu ! » je vis un globe de feu courir des pieds à la tête de mon compagnon, et je me sentis atteint moi-même à la jambe gauche d'une violente commotion. Notre tente venait de se déchirer au

milieu d'une terrible détonation. Je me tournai vers mon compagnon : le malheureux venait d'être foudroyé. Éclairé par la déchirure de la tente, je vis le côté gauche de son visage sillonné de taches brunes et rouges produites par le coup de foudre. Ses cheveux, ses cils, ses sourcils étaient crispés et brûlés; ses lèvres, ses narines étaient violacées; sa poitrine se soulevait encore par instants, mais bientôt le bruit de la respiration s'éteignit. Je souffrais horriblement moi-même; mais, oubliant ma souffrance pour chercher à porter quelque secours à celui que je voyais mourir, je l'appelai, je le secouai; il ne répondit pas. Son œil droit, ouvert, brillant, plein d'intelligence, semblait se tourner de mon côté et implorer mon aide; mais l'œil gauche demeurait fermé, et en soulevant la paupière, je vis qu'il était pâle et terne. Je crus un moment à un reste de vie : trois fois j'essayai de fermer cet œil droit qui me regardait toujours, trois fois il se rouvrit avec les apparences de la vie. Alors je portai la main sur son cœur : il ne battait plus. Je piquai ses membres, ses lèvres avec la pointe d'un compas : tout était immobile; c'était la mort et je ne pouvais y croire. La douleur m'arracha enfin à cette navrante contemplation. Ma jambe gauche était paralysée, j'y sentais un frémissement aigu, un bouillonnement de sang extraordinaire. J'éprouvais dans tout le corps un tremblement convulsif; une oppression générale me suffoquait; le cœur me battait d'une manière désordonnée. Allais-je périr comme mon malheureux compagnon! Grâce à Dieu, j'atteignis pourtant, avec les plus grandes peines, le village voisin. Je m'aperçus alors que mes instruments de mathématiques avaient été foudroyés. Tous les objets en métal qui se trouvaient dans la tente au moment du coup de tonnerre, portaient des traces du passage de la foudre; les pointes, les arêtes, les parties les plus délicates en étaient émoussées, fondues. »

8. Ainsi que vient de nous l'apprendre le récit précédent, la foudre, parfois, amène instantanément la mort. Tantôt,

la personne foudroyée porte des traces plus ou moins profondes de brûlure ; tantôt, au contraire, elle n'a aucune
blessure apparente, aucune meurtrissure, même des plus
légères. La mort ne provient donc pas des blessures que la
foudre peut occasionner, mais bien de la commotion soudaine et brutale qu'elle imprime à l'organisation. D'autres
fois, la mort n'est qu'apparente ; la commotion électrique
suspend simplement l'exercice des fonctions fondamentales
de la vie, la circulation du sang et la respiration. On peut
combattre cet état, qui deviendrait mortel en se prolongeant
trop, en donnant à la personne foudroyée les mêmes soins
que l'on donne aux asphyxiés, c'est-à-dire en réveillant les
mouvements respiratoires par l'insufflation ménagée de l'air
dans les narines et par de douces pressions sur la poitrine
et l'abdomen. D'autres fois, enfin, la commotion électrique
frappe de paralysie plus ou moins complète quelque partie
du corps, ou bien ne produit qu'un désordre passager qui se
dissipe de lui-même en peu de temps.

La foudre renverse, brise, déchire les corps mauvais
conducteurs. Elle fait voler les rochers en éclats, et en projette les fragments à de grandes distances ; elle enlève les
toitures de nos habitations ; elle fend le tronc des arbres
et en déchire le bois en menus filaments ; elle renverse les
murs, ou même les arrache de leurs fondations et les déplace tout d'une pièce. En pénétrant dans le sol, elle vitrifie
le sable sur son trajet et produit des tubes irréguliers à parois
vitreuses qu'on nomme *fulgurites*. Elle rougit, fond ou vola-
tilise les corps bons conducteurs, comme les chaînes métalliques, les fils de fer des sonnettes, les dorures des cadres.
C'est du reste sur les objets métalliques, c'est-à-dire sur les
meilleurs conducteurs, qu'elle se porte de préférence. On a
des exemples de coups de foudre réduisant en fumée, sur
des personnes restées sauves, les divers objets métalliques
qui se trouvaient sur elles, galons dorés, boutons en métal,
pièces de monnaie. Enfin, elle enflamme les amas de matières

combustibles, comme les tas de paille, les meules de fourrage sec. Aux points atteints par la foudre, on ne trouve rien de ce qu'on dit vulgairement. Les prétendues pierres du tonnerre, le soufre enflammé laissé par la foudre, n'ont aucune réalité. La foudre ne laisse d'autres traces de son passage que les dégâts qu'elle occasionne, et une assez forte odeur dont l'origine vous est déjà connue, c'est-à-dire l'odeur de l'air électrisé ou de l'ozone.

9. C'est à l'une des plus belles illustrations des États-Unis, c'est à Franklin que nous devons le paratonnerre, cet appareil, si simple et si efficace à la fois, qui protége les édifices contre les atteintes de la foudre. Nous savons que la foudre est une grande étincelle électrique formée par la réunion subite des deux électricités contraires, fournies par deux nuages voisins ou par un nuage et le sol. Le trait de feu qui foudroie le sol n'est pas uniquement produit par le nuage orageux ; il est produit tout à la fois par le sol et par le nuage. Le sol fournit une électricité, le nuage orageux fournit l'autre. Supposons alors qu'au moment où passe un nuage orageux, un objet terrestre, placé convenablement à sa proximité, puisse lui envoyer l'électricité contraire, mais peu à peu, avec une prudente lenteur, au lieu de la laisser s'écouler brusquement, toute à la fois ; n'est-il pas évident que ce nuage rentrera sans explosion à l'état neutre par la combinaison graduelle des deux électricités, et sera finalement désarmé ? Mais par quel prodige un objet terrestre pourra-t-il, pour ainsi dire, étouffer la foudre à sa naissance, en dirigeant vers le nuage orageux un jet d'électricité contraire, rendu inoffensif par sa lenteur ? C'est tout simple : Franklin nous a appris qu'une tige métallique, terminée en pointe, possède la propriété de laisser écouler l'électricité sans obstacle. Ainsi, lorsque sur un corps fortement électrisé on implante une tige métallique pointue, on voit, dans l'obscurité, l'électricité s'écouler par la pointe, sous forme d'une belle aigrette lumineuse. En même temps,

le corps perd rapidement toute trace d'électricité, si la charge
n'en est pas sans cesse renouvelée. De là au *paratonnerre*,
il n'y a qu'un pas.

10. Un paratonnerre est une forte tige de fer bien pointue
et longue de cinq à dix mètres. On l'implante au sommet
de l'édifice que l'on veut préserver. Une tringle en fer, qui
prend le nom de *conducteur*, part du pied de cette tige,
longe le toit et les murs auxquels elle est fixée par des
crampons, et va se rendre, à une assez grande profondeur,
dans un sol humide ou dans un puits, où elle se ramifie en
plusieurs branches. Ce conducteur doit remplir une condition très-essentielle : c'est de présenter, d'un bout à l'autre,
une parfaite continuité et d'être bien en rapport avec la
tige du paratonnerre, sinon l'appareil serait plus dangereux
qu'utile.

Soit maintenant un nuage orageux qui passe au-dessus de l'édifice. Sous l'influence de ce nuage, il se développe soudain dans l'édifice une charge d'électricité contraire qui, si le paratonnerre n'était pas là, ne pourrait se
porter librement vers le nuage, et s'accumulerait jusqu'à
ce que, suffisamment puissante, elle s'écoulât toute en une
fois. Les deux électricités contraires se recombineraient
donc brusquement en masse, et l'édifice serait foudroyé.
Avec le paratonnerre, les conditions changent. A mesure
qu'elle apparaît dans l'édifice, sous l'influence du nuage orageux, l'électricité contraire s'écoule par la pointe métallique, en produisant une aigrette lumineuse, visible la nuit,
et se rend dans le nuage, qu'elle ramène peu à peu à l'état
neutre. C'est ainsi qu'à notre insu, sans bruit, le paratonnerre conjure le plus souvent le danger qui nous menace.
Quelquefois, l'écoulement de l'électricité contraire par la
pointe n'étant pas assez rapide pour neutraliser à temps
celle du nuage, l'étincelle jaillit, et la foudre éclate, mais
sur le paratonnerre seulement, parce que cette haute tige
métallique est le point de l'édifice le plus rapproché du

Fig. 18. — Le paratonnerre.

nuage, le plus électrisé et le meilleur conducteur. Enfin, comme la foudre suit toujours les corps qui conduisent le mieux l'électricité, elle descend par le conducteur du paratonnerre et va se dissiper dans le sol, sans amener de dégât. Comme, à la suite de pareilles décharges, l'extrémité du paratonnerre, si elle était en fer, pourrait s'émousser, on surmonte la tige en fer d'une pointe de cuivre, métal bien moins altérable.

L'efficacité des paratonnerres est tellement grande, qu'on n'a pas d'exemple d'accidents de quelque importance occasionnés par la foudre sur des édifices armés de paratonnerres dans de bonnes conditions. Franklin lui-même eut à se louer personnellement de son admirable invention. En 1787, la foudre atteignit sa maison, heureusement armée de la tige métallique protectrice, et il n'y eut aucun dégât ; « de sorte, dit l'illustre physicien, qu'avec le temps l'invention a été de quelque utilité à l'inventeur, et a ajouté cet avantage au plaisir d'être utile aux autres. »

11. La précédente leçon nous a appris que, de toutes les sources d'électricité, la plus abondante est celle qui provient de l'évaporation de l'eau. Il suffit de songer que l'immense ceinture des océans recouvre les trois quarts de la surface de la Terre, pour se faire une idée de la prodigieuse quantité d'électricité que les vapeurs qui s'en élèvent constamment doivent entraîner dans l'atmosphère. Par l'effet de l'évaporation, la vapeur formée et les nuages qui en résultent, prennent l'électricité vitrée ; tandis que l'eau et le sol en contact avec elle, gardent l'électricité résineuse. L'équilibre ainsi troublé se rétablit tôt ou tard au moyen de la foudre, ce trait de feu électrique qui joint le ciel à la Terre pour recombiner les deux électricités séparées. Ce retour à l'état d'équilibre s'effectue d'une manière plus grandiose encore par les *aurores boréales*, dont voici l'explication due encore à Franklin.

Chauffées par un soleil torride, les mers des régions tro-

picales fournissent des masses énormes de vapeurs chargées
d'électricié vitrée. Ces vapeurs sont entraînées par un courant ascendant d'air chaud, qui gagne les hauteurs de l'atmosphère, et de là se répand vers les régions plus froides,
vers les contrées glacées de l'un et de l'autre pôle. Par
contre, un courant d'air froid arrive des régions polaires
par la partie inférieure de l'atmosphère et vient combler le
vide laissé par le premier. Ce courant inférieur, soufflant
exactement du nord au midi ou du midi au nord, si la Terre
était immobile, ce courant inférieur, dis-je, se combine avec
le mouvement de rotation de la Terre sur elle-même et
prend une direction intermédiaire entre la précédente et
celle de l'est à l'ouest. Ainsi se forment les *vents alizés*, qui
rendent si facile le trajet d'Europe en Amérique, mais entravent le trajet inverse. C'est en se laissant entraîner par
les vents alizés que Colomb aborda aux rivages prévus par
son génie.

12. Le courant supérieur donne naissance aux aurores
polaires. Chargé d'électricité vitrée par l'évaporation tro-
picale, il couvre d'un immense afflux électrique l'une et
l'autre des régions circumpolaires ; ce qui provoque un
afflux d'électricité contraire à travers la masse de la Terre,
électrisée résineusement par la même évaporation. Le ré-
tablissement d'équilibre électrique entre les couches supérieures de l'air et les couches inférieures en contact avec
le sol, constitue les aurores boréales, auxquelles il faut
joindre les aurores australes, moins fréquemment observées, mais qui se produisent, en général, en même temps
que les premières. « Ce phénomène, dit M. Pouillet, commence près de l'horizon, où l'on ne voit d'abord qu'une
lumière jaune et diffuse en forme d'arc mal défini. A mesure que cet arc s'élève, on le voit changer d'apparence :
une foule de points y deviennent plus sombres, d'autres
plus éclatants. Ceux-ci s'animent : ils lancent, ils dardent
des rayons semblables à d'immenses fusées, qui peu à peu,

en agrandissant leur course, vont converger vers un même point du ciel. Là se forme, pendant quelque temps, une magnifique coupole étincelante composée de rayons rouges et de rayons vert d'émeraude, rayons passagers, mobiles, sans cesse changeants, et se renouvelant sans cesse avec des nuances et des éclats différents ; c'est la couronne de l'aurore. Au-dessous de l'arc, c'est un autre aspect : on croirait voir un immense rideau couvert de rubis, de topazes et d'émeraudes, parfois phosphorescent, parfois étincelant, qui se replie, s'agite, palpite et forme de magnifiques ondulations dont les mouvements parcourent toute l'étendue du ciel. Après quelques heures, cette agitation prodigieuse se calme peu à peu ; les rayons deviennent moins vifs, moins fréquents, leur éclat s'affaiblit ; la lumière se dissipe ; on ne distingue plus que quelques rares éclairs de lumière diffuse qui à la fin s'éteignent d'eux-mêmes, et tout retombe dans le calme et les ténèbres de la nuit. »

Ces splendides météores sont le domaine exclusif des contrées les plus voisines des pôles. Ils remplacent, en quelque sorte, dans ces froides solitudes, la lumière du Soleil, absent pendant des mois entiers. Dans nos pays, les aurores boréales sont en général invisibles ; mais les plus fortes jettent jusque dans notre ciel une grande rougeur, une réverbération de l'immense embrasement électrique éclatant autour du pôle nord. Tel fut le cas de la grande aurore boréale qui apparut dans la nuit du 29 août 1859.

VINGT ET UNIÈME LEÇON

LA PILE DE VOLTA

La dissolution d'un métal dans un acide est une source d'électricité. — Un élément voltaïque. — La pile. — Ses divers effets. — Lumière voltaïque. — Ses emplois. — Chaleur voltaïque. — Fusion des substances les plus réfractaires. — Commotions données par la pile. — Leur action sur les cadavres. — Emploi médical des commotions voltaïques. — Galvanoplastie. — Reproduction d'une médaille. — Gravure. — Clichés. — Dorure et argenture galvaniques. — Résumé des services que la pile nous rend.

1. Toute modification profonde qui survient dans la matière, est accompagnée d'un développement d'électricité. Vous connaissez déjà un exemple important de ce fait ; vous savez que l'évaporation continuelle effectuée à la surface des mers, est la source la plus féconde de l'électricité atmosphérique, cause de la foudre et des aurores boréales. Dans ce cas, la modification matérielle qui dégage l'électricité est le passage de l'eau de l'état liquide à l'état de vapeur. Une foule d'autres changements dans la manière d'être d'une substance, peuvent aussi faire apparaître l'électricité ; telle est la dissolution d'un métal par un liquide convenable. Certains liquides, d'une saveur aigre insupportable et nommés acides, possèdent la propriété de dissoudre les métaux, quelquefois avec la même facilité que l'eau dissout le sucre ou le sel de cuisine. Un des plus remarquables d'entre eux est l'acide sulfurique ou huile de vitriol, liquide redoutable qui corrode, brûle, détruit la plupart des matières, et qu'il ne convient de manier qu'avec les plus grandes précautions. Cet acide dissout très-facilement le zinc et le fer, mais il attaque à peine le cuivre.

Supposons, comme le représente la figure ci-après, un grand bocal en verre plein d'un mélange formé de beaucoup d'eau et d'un peu d'acide sulfurique. Dans ce mélange, on plonge une lame de zinc large et épaisse, qui est aussitôt violemment rongée par l'acide. Or, pendant que le métal se dissout dans la liqueur acide, une chose remarquable se passe : les deux électricités de nom contraire sont mises en liberté. L'électricité résineuse se porte sur le métal corrodé ; l'électricité vitrée, dans le liquide corrosif. Soit maintenant une lame de cuivre plus mince que celle de zinc, mais aussi large, et plongée dans le même liquide en face de la lame de zinc, sans la toucher en aucun point. Cette lame de cuivre, qui n'est pas attaquée par l'acide sulfurique et qui constitue un excellent conducteur, a pour rôle de recueillir l'électricité vitrée répandue dans le liquide corrosif, et de l'amener à la portée de l'expérimentateur.

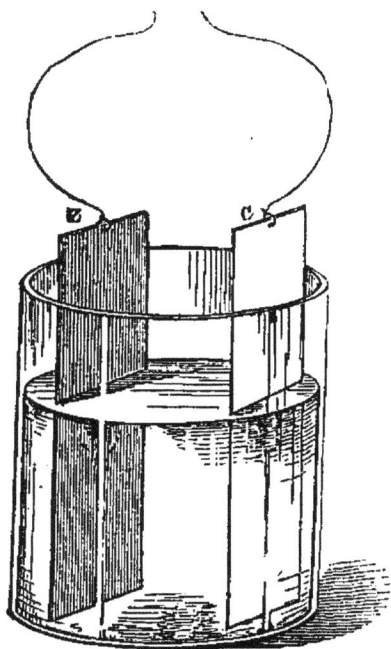

Fig. 19. — Élément voltaïque[1].

2. On a donc, dans le même bocal rempli de liqueur acide, deux grandes lames de métaux différents placées à une petite distance en face l'une de l'autre. La lame rongée par l'acide, le zinc, se charge d'électricité résineuse ; la lame non attaquée, le cuivre, se charge d'électricité vitrée. Rien n'est plus simple que de mettre les deux électricités en évidence et de les faire jaillir en étincelles ; il suffit de leur offrir une voie qui leur permette de se porter à leur rencontre mutuelle et de se recombiner. A cet effet, un fil métallique, d'une longueur arbitraire, est soudé par une de ses extrémités à chacune des deux lames. On saisit les

_____

[1] Z, lame de zinc, et C, lame de cuivre, plongeant dans un bocal contenant de l'eau acidulée avec de l'acide sulfurique.

extrémités libres de ces deux fils et on les rapproche l'une de l'autre. Quand la distance qui les sépare est suffisamment petite, une étincelle jaillit, formée par la recombinaison des deux électricités, accourant des deux lames par l'intermédiaire des fils conducteurs. A cette étincelle en succède une seconde, une troisième, indéfiniment, chaque fois qu'on rapproche les extrémités libres des fils conducteurs ; car, à mesure que la charge électrique des lames se dissipe pour produire l'étincelle, une autre se forme par la corrosion incessante du zinc. Ajoutons que pour obtenir des étincelles bien sensibles, il faut employer des lames très-larges et un bocal suffisamment grand. Si l'on se bornait, au contraire, à plonger dans un verre plein d'eau acidulée deux lames larges comme la main, on n'obtiendrait rien, parce que l'appareil serait trop faible. Il y a cependant, dans ces conditions, de l'électricité développée, mais en si faible quantité qu'elle ne peut jaillir en étincelles. Pour accumuler l'électricité en se servant de lames de peu d'étendue et lui faire produire des effets remarquables, il faut adopter la construction suivante :

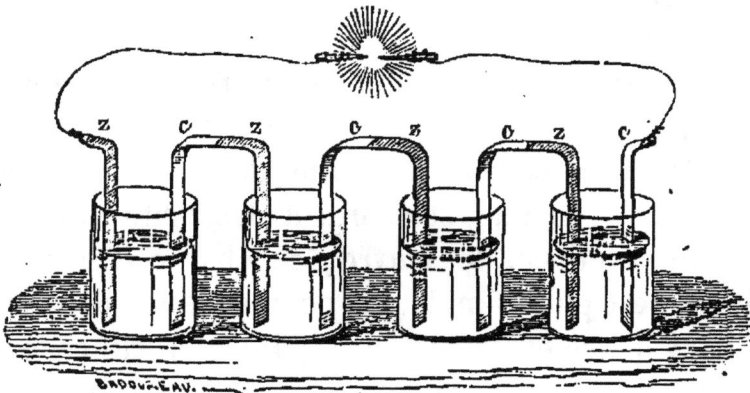

Fig. 20. — La pile.

3. On dispose plusieurs bocaux, de la contenance à peu près d'un grand verre à boire, absolument comme il vient d'être dit plus haut, c'est-à-dire qu'on met dans chacun de

l'eau acidulée, puis une lame de zinc et une lame de cuivre séparées par un léger intervalle. On range ces bocaux à la file l'un de l'autre, en ayant soin de faire communiquer intimement, par une soudure, la lame de cuivre du premier bocal avec la lame de zinc du second, puis la lame en cuivre du second avec la lame en zinc du troisième, et ainsi de suite, sans jamais intervertir l'ordre des communications. L'appareil ainsi construit s'appelle *pile de Volta*, en mémoire de l'illustre savant à qui on en doit la découverte [1], et chacun des bocaux qui le composent, avec son contenu, eau acidulée, zinc et cuivre, prend le nom d'élément voltaïque. La pile est d'autant plus puissante que le nombre de ses éléments est plus grand. D'après la disposition adoptée, on voit que, dans une pile ou série d'éléments voltaïques, une extrémité est formée par une lame de zinc et l'autre par une lame de cuivre. Ces deux lames extrêmes, qui sont isolées, tandis que toutes les autres sont reliées deux à deux, portent le nom de pôles de la pile. La lame extrême en zinc s'appelle pôle négatif. Là se rend l'électricité résineuse ou né-

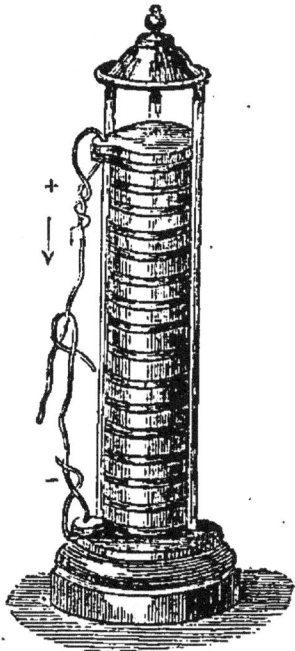

Fig. 21. — Pile de Volta.

[1] La pile telle que la construisit Volta, se composait d'éléments formés d'un disque de zinc et d'un disque de cuivre, séparés par une rondelle de drap humecté avec de l'eau acidulée. Ces éléments étaient empilés l'un sur l'autre toujours dans le même ordre : zinc, drap mouillé, cuivre, zinc, drap mouillé, cuivre, etc. Le tout formait une sorte de petite colonne, d'où le nom de pile donné à l'appareil. Depuis Volta, on a imaginé une foule de piles plus puissantes ou plus commodes, mais qui toutes, quelles que soient la nature et la disposition de leurs parties, sont basées sur le même principe, savoir : le développement de l'électricité par l'action corrosive d'un acide sur un métal, spécialement sur le zinc.

gative, ce qui est la même chose. La lame extrême en cuivre
se nomme le pôle positif. Là se rend l'électricité vitrée, ou,
comme on dit encore, positive. On termine enfin chaque pôle
par un fil conducteur en cuivre, et l'appareil est complet.
Voyons maintenant les effets les plus remarquables que produit une pile d'une certaine puissance.

4. Si les extrémités des deux fils conducteurs sont rapprochées jusqu'à se toucher presque, chaque électricité
accourt par le fil correspondant au-devant de l'électricité
contraire, et une étincelle jaillit, d'autant plus vive et plus
forte que les éléments de la pile sont plus nombreux et de
plus grande surface. En maintenant ces extrémités en face
l'une de l'autre, à la distance voulue, on obtient une suite
d'étincelles se succédant avec une telle rapidité, qu'elles forment un éclair continu, et cela sans interruption pendant
des jours, des semaines entières ; en un mot, tant que dure
la pile, tant que le zinc n'est pas entièrement dissous par
l'eau acidulée. La lumière électrique engendrée par la pile
est incomparablement plus brillante si chaque fil conducteur
se termine par une pointe en charbon très-dur. Mis en regard l'un de l'autre à une faible distance, les deux charbons
deviennent aussitôt incandescents, et, dans l'intervalle qui
les sépare, s'élance un jet continu d'une lumière si pénétrante, qu'on ne peut la comparer qu'à celle du Soleil. Il est
impossible de supporter sans précaution les splendeurs de
ce foyer électrique, qui vous frappe d'éblouissement si l'on
n'a soin d'abriter la vue derrière des verres noircis. La figure
même souffre dans son voisinage : la peau devient rouge et
douloureuse, absolument comme à la suite d'un coup de soleil. A diverses reprises, on a employé la lumière électrique
de la pile pour éclairer de grandes étendues et permettre de
continuer, la nuit, des travaux de construction très-pressés,
Sur un point élevé, dominant l'espace qu'il fallait illuminer,
on établissait deux pointes de charbon embrasées par une
puissante pile, et l'on obtenait ainsi une sorte de petit soleil

artificiel, versant un jour suffisant à un millier d'ouvriers répandus à la ronde. Enfin, on a essayé d'appliquer la vive lumière de la pile à l'éclairage des villes; mais le regard est tellement ébloui par l'éclat insupportable des charbons voltaïques remplaçant les réverbères ordinaires, qu'il a fallu y renoncer. La même difficulté n'existe plus au sujet des phares, ces hautes tours dressées au bord de la mer pour indiquer de nuit aux navigateurs, par des signaux divers, soit l'entrée d'un port, soit les points dangereux de la côte. Ces signaux se font au moyen d'une forte gerbe de lumière projetée, par intervalles, aussi avant que possible du côté de la mer. Il est dès lors tout simple que la lumière électrique, si puissante, si propre à percer l'obscurité la plus profonde et le brouillard le plus épais, trouve tôt ou tard au sommet des phares son plus bel emploi.

5. Le brasier électrique qui s'allume entre les deux charbons terminant les fils conducteurs d'une pile, n'est pas simplement la source de la lumière la plus vive que nous sachions produire; il est aussi la source de la chaleur la plus intense que nous puissions réaliser. Rien ne résiste à son excessive température. Les substances les plus réfractaires, le platine, le silex, la chaux, y fondent comme cire et tombent en larmes de feu; le fer, l'acier, l'argent y sont brûlés, volatilisés et projetés çà et là en étincelles éblouissantes. Le diamant lui-même, dont le nom signifie indomptable, le diamant, qui résiste à la chaleur des forges les plus violentes, se liquéfie dans ce brasier souverain, mieux que cela, s'y résout en vapeurs s'il est préservé du contact de l'air, qui en amènerait la combustion.

Mais eh. voilà assez sur cette chaleur qui n'a pas sa pareille au monde, et sur cette lumière trop vive pour nos regards. Demandons autre chose à la pile. Enlevons les charbons implantés à l'extrémité des fils conducteurs, et remplaçons-les par deux poignées en cuivre que nous saisissons à pleines mains... Mon Dieu! qu'est ceci? quelle secousse, quelle brutale commotion !... A peine les deux poignées sont-elles saisies, que les deux électricités, se rejoignant à travers le corps de l'expérimentateur, y suscitent une sorte d'orage intérieur, très-redoutable si la pile est puissante. Les mains, violemment contractées, n'obéissent plus à la volonté et ne peuvent lâcher les poignées ; les articulations, rudement ébranlées, semblent se disjoindre ; des secousses douloureuses traversent la poitrine, des convulsions désordonnées tordent les jambes et les bras. Avec une pile de plusieurs centaines d'éléments, la commotion est très-dangereuse et peut terrasser la personne la plus robuste. Avec une pile faible, on éprouve un simple frémissement dans les articulations des doigts.

La pile provoque encore des convulsions dans les cadavres peu de temps après la mort. En mettant les fils conducteurs en rapport avec telle ou telle autre partie du corps, on a vu, sur des suppliciés, les mouvements de la vie se reproduire avec une effrayante vérité. La poitrine se soulève et s'affaisse comme pour respirer ; le visage grimace et s'anime de mouvements passionnés ; le poing se ferme et frappe violemment la table où se fait l'expérience ; les jarrets fléchissent, puis se détendent brusquement ; enfin, les contorsions de tout le corps deviennent telles, que parfois les spectateurs se sont enfuis épouvantés, se demandant si l'on n'éveillait pas dans un cadavre de sacrilèges souffrances.

Une propriété aussi merveilleuse n'est pas restée un simple objet de curiosité. La médecine s'en est emparée ; et bien des fois, pour ramener la sensibilité et le mouvement volontaire dans une partie du corps paralysée, elle n'a d'autre ressource que la commotion de la pile.

6. Je vous ai déjà dit qu'avec un acide convenable, on peut dissoudre un métal quelconque, de même qu'on dissout du sucre en le mettant dans de l'eau. On a de la sorte des liquides contenant en dissolution soit du cuivre, soit de l'or, soit de l'argent, etc., suivant le métal employé. Dans ces

liquides, souvent incolores comme de l'eau pure, le métal
n'est nullement visible, pas plus que ne l'est le sucre dans
l'eau où il s'est fondu ; mais il ne s'y trouve pas moins, et
on peut, à l'aide de la pile, le faire reparaître avec sa consistance et son éclat métallique. Chose bien plus étonnante :
la pile, en le ramenant à son état primitif, peut faire prendre
à ce métal la forme que l'on veut, si compliquée qu'elle soit.
Arrivons vite à un exemple.

On prend une pile faible, formée d'un seul élément. A
l'extrémité du fil négatif, c'est-à-dire de celui qui communique avec le zinc, on suspend une médaille en métal qu'il
s'agit de reproduire ; à l'extrémité de l'autre fil, ou du fil
positif, on suspend une petite plaque de cuivre ; puis on
plonge la médaille et la plaque, côte à côte mais sans se
toucher, dans un verre rempli d'une dissolution de cuivre.
Aussitôt, sous l'influence de l'électricité qui traverse la dissolution, le cuivre commence à se séparer de son dissolvant
et à reprendre son aspect métallique, non pas dans tout le
contenu du verre indistinctement, mais au seul contact
immédiat de la médaille. Celle-ci se recouvre donc d'abord
d'une fine pellicule de cuivre, qui se moule, avec une
exquise perfection, dans tous les creux et sur tous les reliefs
du dessin ; cette pellicule augmente peu à peu d'épaisseur,
et, au bout de vingt-quatre heures, elle est assez solide pour
être détachée tout d'une pièce. On obtient ainsi un moule
en creux, reproduisant, avec une parfaite précision, jusqu'aux moindres détails de la médaille. On substitue alors
le moule en creux à la médaille, et on recommence l'opération. Le cuivre se dépose de nouveau, prenant cette fois la
forme en relief. La reproduction est si fidèle, qu'il est impossible de trouver la moindre différence entre le dessin de la
médaille modèle et celui de la médaille obtenue par la pile.

7. Pour ne pas éprouver de difficultés lorsqu'il faut enlever, tout d'une pièce, le cuivre déposé, on enduit légèrement d'une matière grasse soit la médaille, soit le moule en

creux, excepté la face qu'il s'agit de reproduire. Sur les parties enduites, le dépôt métallique ne s'effectue pas.

Le cuivre ne se dépose sur l'objet qu'il faut mouler qu'autant que cet objet est bon conducteur de l'électricité. Dans le cas précédent, cette condition est remplie, puisqu'on opère sur une médaille en métal. Tous les métaux, vous ne l'avez pas perdu de vue, sont d'excellents conducteurs. Mais si l'objet à reproduire est mauvais conducteur, s'il est, pas exemple, en bois, il faut, avant tout, lui communiquer la propriété de conduire l'électricité. On y parvient en le noircissant avec de la plombagine, c'est-à-dire avec cette matière qui forme la partie écrivante des crayons et laisse sur le papier une trace d'un noir luisant.

A mesure que du cuivre se dépose, la dissolution métallique s'appauvrit, puisque c'est dans la dissolution même que le cuivre est puisé. Il arrivera donc un moment où, faute de métal dissous, l'opération s'arrêtera. La plaque en cuivre fixée à l'extrémité du fil positif et plongeant dans le même bain que la médaille, remédie à cet inconvénient. Elle se dissout peu à peu, et fournit au liquide précisément autant de cuivre qu'il s'en dépose à l'extrémité de l'autre fil. La dissolution métallique se maintient ainsi toujours au même degré de richesse, tant que la plaque en cuivre n'est pas en entier dissoute.

On appelle galvanoplastie l'art du moulage par la pile. Ce mot rappelle le nom de Galvani, médecin célèbre de Bologne, dont les travaux ont grandement contribué à la découverte de la pile.

8. La galvanoplastie rend à l'industrie de très-grands services. Citons un exemple entre mille. De nos jours, la librairie met en vente, à des prix fort modérés, des ouvrages illustrés de nombreuses gravures parfaitement bien faites. Eh bien, ces gravures, que vous aimez tant, ces gravures, qui, sans trop en augmenter le prix, sont répandues à profusion dans une foule de livres pour reposer le regard et

faciliter le travail intellectuel, nous les devons à la galvanoplastie. On les obtient comme il suit. Sur une planchette
en buis bien polie, l'artiste trace d'abord le dessin au
crayon. Un ouvrier, appelé graveur, prend alors la planchette, et, avec des instruments en acier, il entaille et creuse
le bois sur tous les blancs du dessin, qui, finalement, apparaît seul en relief. Avant la découverte de la galvanoplastie,
le bois ainsi creusé servait lui-même au tirage des gravures. Un rouleau noirci d'encre d'imprimerie était passé
sur la planchette gravée, dont les parties saillantes seules
prenaient l'encre évidemment. Une feuille de papier était
alors appliquée sur la planchette; et, par une pression convenable, elle prenait l'empreinte du dessin encré. Mais la
pression violente que l'ouvrier doit exercer, soit pour
étendre l'encre avec le rouleau, soit pour bien appliquer la
feuille de papier, finissait par écraser les reliefs délicats
du dessin; et, après un nombre peu considérable d'épreu-
ves, la planchette gravée était hors de service. De là, le prix
élevé des gravures obtenues par ce procédé. Aujourd'hui, on
n'emploie presque plus les bois gravés, pour imprimer. On
reproduit en cuivre par la galvanoplastie, autant de fois
qu'on le désire, le travail du graveur, de la même manière
qu'on reproduit le relief d'une médaille. Les plaques gravées ainsi obtenues prennent le nom de clichés. Ce sont les
clichés qu'on emploie directement au tirage des gravures.
A mesure qu'ils sont usés, on les remplace par de nouveaux,
que le bois gravé fournit en aussi grand nombre que l'on
veut, sans éprouver jamais d'altération dans la finesse de ses
détails.

9. Les métaux les plus usuels, tels que le zinc, le cuivre,
le fer, le plomb, se ternissent au contact de l'air, s'altèrent,
se rouillent. Le cuivre et le plomb donnent même naissance
à des matières très-vénéneuses. D'autres métaux, au contraire, qualifiés, à cause de cela surtout, de métaux précieux, n'éprouvent pas d'altération, conservent toujours leur

brillant et ne contractent pas de propriétés dangereuses. De ce nombre sont l'or et l'argent. On communique aux ustensiles de toute nature, fabriqués avec les premiers métaux, l'inaltérabilité et l'innocuité des seconds, en les recouvrant d'une mince couche d'or et d'argent. La dorure et l'argenture se font encore au moyen de la pile, exactement comme se pratique la galvanoplastie. Pour la dorure, par exemple, ou suspend l'objet à dorer à l'extrémité du fil négatif d'une pile, et une lame d'or à l'extrémité du second fil. Enfin on plonge la lame d'or et l'objet dans un liquide tenant de l'or en dissolution. En peu de minutes, la dorure est obtenue; d'ailleurs, la couche d'or déposée sur l'objet est d'autant plus épaisse que l'opération dure plus longtemps. Pour argenter, il suffit évidemment de remplacer la lame et la dissolution d'or par une lame et une dissolution d'argent. Ces lames, soit d'or, soit d'argent, se dissolvent peu à peu dans le liquide qui les baigne, et servent, comme la lame de cuivre dans la galvanoplastie, à maintenir la dissolution à un degré constant de richesse métallique.

10. Résumons ici les services que nous rend la pile. La marine lui demande sa lumière incomparable, qu'elle projette du haut du phares sur les plaines des mers pour avertir les navigateurs de l'approche dangereuse des terres. L'architecte l'établit sur un point élevé et la charge d'éclairer, de nuit, à quelques kilomètres à la ronde, toute une armée de travailleurs. Le savant qui veut expérimenter sur les effets les plus puissants de la chaleur, trouve en elle un brasier irrésistible. Le médecin profite des secousses intimes qu'elle excite dans nos organes pour étudier les mystères de la vie et pour combattre la paralysie. L'artiste lui commande de reproduire ses médailles, ses statuettes, ses bas-reliefs, et la pile obéit; l'imprimeur exige d'elle des planches gravées pour ses livres, et la pile obéit encore; l'orfèvre lui demande de déposer, pour les rendre inaltérables, un vernis d'or ou d'argent sur les produits de son

art en métaux de peu de valeur, et la pile obéit toujours. La pile, c'est l'instrument; mais la force qui l'anime qu'est-elle? — Cette force, ouvrière qui fait tous les métiers; qui, tour à tour, à notre volonté, lutte d'éclat avec le soleil, surpasse la chaleur de la forge, semble rappeler la vie dans les cadavres, ébranle de commotions salutaires nos membres engourdis, sculpte, grave, moule, dore, argente; cette force, c'est l'électricité, c'est la brutale substance de la foudre, que le génie des recherches a su dompter et appeler à notre service en l'éveillant dans un morceau de zinc rongé par un acide.

VINGT-DEUXIÈME LEÇON

LE TÉLÉGRAPHE ÉLECTRIQUE

L'électro-aimant. — Sa construction. — Il attire le fer ou cesse de l'attirer suivant que l'électricité circule dans le fil ou n'y circule pas. — Mouvement de va-et-vient de l'armature. — Ce mouvement est obtenu, quelle que soit la longueur du fil reliant la pile à l'électro-aimant. — Principe de la télégraphie électrique. — Divers appareils télégraphiques. — Télégraphe de Morse. — La moitié du fil conducteur supprimée et remplacée par la terre. — Poteaux télégraphiques. — Fils. — Supports isolants. — Comment le même fil sert pour la demande et pour la réponse. — Télégraphes sous-marins. — Câble transatlantique.

1. Toutes les merveilles du précédent chapitre s'effacent devant celle-ci : entre les mains de la science, la substance de la foudre est devenue assez docile pour mettre sa prodigieuse vitesse au service de la pensée, et pour nous permettre de converser avec une personne placée à des centaines de lieues de nous, comme si cette personne était à nos côtés. Ce résultat, qui tient du prodige, est obtenu avec le télégraphe électrique. Au bord des grandes routes, au bord surtout des

voies ferrées, se dressent des poteaux plantés de distance et distance, pour servir de supports à de gros fils de fer, qui s'en vont d'une province à l'autre, d'un pays à l'autre, franchissant tous les obstacles, plongeant même dans les abîmes de la mer, et se dirigeant de çà et de là, dans leur immense trajet, vers les villes les plus importantes. Ces fils servent à la transmission des dépêches. Ils constituent la partie apparente, et la seule que vous connaissiez sans doute, des télégraphes électriques. Par leur intermédiaire, une nouvelle partie de Paris, je suppose, est reçue à l'instant même à Strasbourg, à Lyon, à Marseille, à Bordeaux et autres principales villes de la France ; à l'instant même encore, elle franchit la Méditerranée et arrive en Algérie ; elle franchit la Manche et se propage en Angleterre ; elle passe au delà des frontières et se répand dans toute l'Europe. Pour être connue dans la moitié du monde civilisé, la nouvelle a mis quelques instants. — Mon Dieu ! quelle chose incroyable ! Comment cela se fait-il ? Pouvons-nous le comprendre ? — Oui, sans grands efforts vous pouvez le comprendre. Écoutez.

2. Soit un morceau de fer courbé en forme de fer à cheval. Vous avez peut-être vu une forme pareille en d'autres morceaux de fer appelés aimants, qui possèdent la curieuse propriété d'attirer les aiguilles et les menus objets en fer. Si ces aimants vous sont en effet connus, n'allez pas les confondre avec le morceau de fer dont je parle et qui, pour le moment, n'attire rien du tout. C'est du fer, du simple fer, et pas autre chose. Sur une branche de ce fer à cheval, on enroule à tours pressés, en commençant par l'extrémité, un fil métallique recouvert de soie. Quand cette branche est couverte, on fait franchir au fil, sans le couper, l'intervalle séparant les deux branches, et l'on passe à la seconde, sur laquelle on enroule également le fil en finissant par l'extrémité. Enfin on ménage le fil métallique de telle sorte que les deux bouts en soient libres, et dépassent, d'une longueur aussi considérable que l'on voudra, l'une et l'autre des branches

du fer à cheval. L'appareil ainsi construit s'appelle électro-aimant. — Dans ces conditions, est-ce un aimant ? — Non, car, pas plus qu'avant, il ne peut attirer à lui la plus légère aiguille. Mais, si l'on met l'un des bouts libres du fil métallique en rapport avec un pôle d'une pile de quelques éléments, et l'autre bout en rapport avec le second pôle, aussitôt le fer devient un aimant d'une puissance énorme. Ce n'est pas une aiguille simplement ou une clef qu'il peut supporter, c'est un poids de dix, cent, mille kilogrammes, suivant la force de la pile. Si l'on détache un bout du fil, un seul, du pôle où il était fixé, aussitôt le poids soulevé retombe ; l'appareil n'est plus un aimant, il n'est qu'un morceau de fer tout simple. Si ce bout est remis en contact avec le pôle, l'aimantation reparaît : le fer à cheval attire tous les objets en fer qu'on lui présente avec la même énergie que tout à l'heure ; mais il redevient incapable d'attirer la moindre parcelle de fer si le fil est de nouveau détaché du pôle.

Fig. 22. — Électro-aimant[1].

3. Précisons encore mieux les détails de cette expérience fondamentale. Supposons les deux bouts du fil métallique en rapport chacun avec le pôle correspondant de la pile. Remarquez que, dans ces conditions, le fil part d'un pôle

---

[1] Électro-aimant avec son armature en fer à laquelle est suspendu un poids. Lorsque les deux bouts du fil métallique sont en rapport avec les deux pôles d'une pile, l'armature est attirée et retenue comme par un aimant ordinaire. Si la communication avec la pile est interrompue, l'armature retombe.

de la pile, se rend au fer à cheval, sur lequel il s'enroule, et revient au second pôle, sans aucune interruption dans son trajet. Il est alors évident que les deux électricités de la pile, ayant devant elles un passage libre, c'est-à-dire un corps bon conducteur, doivent parcourir ce fil dans toute sa longueur pour se recombiner. On dit alors que le courant électrique est établi. Vous vous rendez compte maintenant de l'utilité de l'enveloppe de soie qui revêt le fil métallique. La soie est mauvais conducteur; elle empêche donc l'électricité de se porter du fil métallique sur le fer; elle l'oblige à suivre le fil dans tous ses circuits, et à le parcourir dans toute sa longueur sans se porter, avant l'heure, d'un point à un autre. C'est au moment où le courant est établi, au moment où l'électricité parcourt le fil métallique, que le fer à cheval devient un aimant. Tant que le courant électrique passe, l'aimantation persiste; mais si le fil conducteur vient à être coupé quelque part, l'électricité ne peut plus circuler, le courant est interrompu et le fer à cheval perd subitement sa puissance. Couper le fil n'est pas chose nécessaire; il suffit de détacher l'un de ses bouts du pôle correspondant de la pile, et aussitôt l'électricité ne trouve plus de passage. En résumé : le fer à cheval, l'électro-aimant attire le fer quand le courant passe, ce qui exige que le fil métallique aille d'un pôle à l'autre de la pile sans aucune interruption; l'électro-aimant n'attire plus le fer quand le courant ne passe plus, ce qui nécessite une interruption dans le fil conducteur. Ainsi s'explique le mot d'électro-aimant, qui veut dire un morceau de fer possédant les propriétés d'un aimant tant que l'électricité circule autour de lui, et les perdant aussitôt que l'électricité ne circule plus.

4. Faisons la supposition que voici : imaginons la pile à Marseille et l'électro-aimant à Paris. Le fil métallique qui les relie traverse par deux fois la France dans sa longueur : en allant de la pile à l'électro-aimant, et en revenant de l'électro-aimant à la pile. Une personne qui, à Marseille, tiendra

à la main un des bouts du fil, tandis que l'autre bout restera
constamment fixé à l'un des pôles, pourra, tour à tour, établir ou interrompre le courant en appliquant le bout mobile
du fil sur le second pôle de la pile, ou en le soulevant. Que
se passera-t-il à Paris? Les deux appareils, électro-aimant et
pile, étant séparés par la longueur de la France, il se pas-
sera exactement la même chose que s'ils étaient placés sur
une même table. A l'instant précis où le courant sera établi à
Marseille, l'électro-aimant attirera le fer à Paris; à l'instant
précis où le courant sera interrompu à Marseille, l'électro-
aimant cessera d'attirer le fer à Paris. Et c'est tout simple :
pour parcourir un fil métallique enroulé par onze ou douze
fois autour de la Terre, il faudrait à l'électricité une seconde,
cette fraction de temps si minime qu'elle passe inaperçue
pour nous. Vous le voyez donc : il ne peut y avoir d'inter-

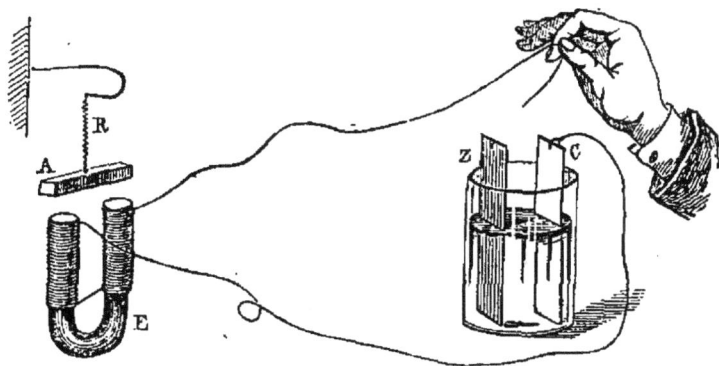

Fig. 234.

valle appréciable entre l'instant où le courant est établi à
une extrémité de la France et l'instant où l'électro-aimant
devient susceptible d'attirer le fer à l'autre extrémité.

[1] Du pôle C de l'élément voltaïque part un fil métallique qui s'enroule sur l'électro-aimant E, et revient à l'élément voltaïque. Au-dessus
de l'électro-aimant est suspendue l'armature en fer A, que soutient un
ressort R. Si la main applique sur le pôle Z l'extrémité du fil qu'elle
tient, le courant passe et l'électro-aimant attire son armature. Si la
main, au contraire, retire l'extrémité du fil, comme le représente la
figure, le courant ne passe plus et l'armature est soulevée par le ressort.

5. Vous voilà en pleine télégraphie électrique. Vous comprenez à merveille que cet électro-aimant, auquel une personne très-éloignée de là communique ou retire à volonté la propriété d'attirer le fer, peut devenir un signal, très-élémentaire encore, mais doué d'une rapidité sans égale. Allons plus loin : relevons l'électro-aimant, les deux branches en l'air ; et, au-dessus de ses branches, suspendons une petite plaque en fer ou armature, soutenue à une faible distance par un ressort en spirale, attaché lui-même à un appui quelconque (fig. 23). Si le courant passe, l'armature sera attirée par l'électro-aimant ; si le courant cesse de passer, l'armature, que rien ne retient plus, sera soulevée par le ressort. Si par deux, trois, quatre fois, on établit et on interrompt rapidement le courant à Marseille, l'armature sera attirée à Paris ce même nombre de fois, ce qui produira deux, trois, quatre chocs rapides de l'armature contre l'électro-aimant. Donnons à un choc la valeur de la lettre A, à deux celle de B, à trois celle de C, et ainsi de suite, n'aurons-nous pas là un alphabet de convention, propre à transmettre le discours le plus complexe à n'importe quelle distance ? Un pareil alphabet télégraphique serait trop lent, à cause de la multiplicité des allées et venues de l'armature nécessaire pour représenter telle ou telle autre lettre ; aussi a-t-on recours à d'autres moyens plus expéditifs, dans le détail desquels il est impossible d'entrer ici. Les mouvements de l'armature, plus ou moins rapides, plus ou moins de fois répétés suivant la volonté de la personne qui transmet la dépêche de l'autre extrémité de la ligne télégraphique, se communiquent à un mécanisme qui tantôt fait tourner une aiguille indiquant, l'une après l'autre, sur un cadran où se trouve tracé un alphabet ordinaire, les diverses lettres du mot envoyé ; qui, d'autres fois, fait mouvoir un crayon traçant sur une bande de papier lentement déroulée des points et des lignes plus ou moins longues, dont les combinaisons diverses signifient tel mot ou telle lettre ; qui, d'autres fois encore, met en

;eu de véritables caractères typographiques imprimant la dépêche en lettres ordinaires. Enfin, l'appareil télégraphique est d'une telle docilité, qu'on est parvenu à lui faire reproduire l'écriture, la signature d'une personne ; et cela si fidè-lement, qu'il serait impossible de distinguer le modèle de la copie tracée, à quelques centaines de lieues de là, par la pointe écrivante que dirige l'électricité. De tous les appareils télégraphiques proposés jusqu'ici, le plus rapide et le plus usité en Europe est celui de Morse, qui imprime la dépêche avec des combinaisons conventionnelles de points et de lignes.

6. Quelles qu'en soient les dispositions de détail, tout télégraphe électrique se compose nécessairement d'une pile à l'une des extrémités de la ligne, d'un électro-aimant et de son armature à l'autre extrémité, et enfin d'un fil conducteur, reliant la pile à l'électro-aimant. Dans les explications précédentes, vous avez vu que le fil conducteur doit faire deux fois le trajet : pour aller de la pile à l'électro-aimant, et pour revenir de celui-ci à la pile. De ces deux branches du fil, une seule est indispensable, et on peut supprimer l'autre, dont on ne laisse qu'un bout plus ou moins long rattaché à la pile, et un autre bout pareil du côté de l'électro-aimant. Ces deux tronçons du fil retranché plongent profondément dans un sol humide, ou mieux encore dans l'eau d'un puits. Dans ces conditions, le courant s'établit d'un côté par le fil restant, et de l'autre par les deux tronçons du fil supprimé et le sol, qui est un excellent conducteur de l'électricité. Sur certaines lignes télégraphiques, les poteaux ne supportent, en effet, qu'un seul fil. Vous en voyez maintenant la raison : le second fil est remplacé par le sol. Sur d'autres, ils en portent un nombre plus ou moins grand ; mais alors, ces fils n'ont entre eux aucun rapport, et ils se rendent à des destinations différentes. Tous ces fils sont en fer et recouverts d'une mince couche de zinc, qui les préserve de la rouille. Comme les poteaux qui les supportent deviennent

.de bons conducteurs lorsqu'ils sont mouillés par la pluie, il faut que les fils ne les touchent pas, sinon le courant électrique qui les parcourt se dissiperait en route. Voilà pourquoi chacun d'eux est supporté par un crochet implanté au fond d'une petite cloche en porcelaine, renversée et clouée au poteau. La porcelaine, conduisant mal l'électricité, empêche toute communication électrique entre le fil et le poteau.

Il nous reste à voir comment celui qui vient de recevoir une dépêche peut répondre, et en envoyer une à son tour. C'est tout simple : il n'a qu'à remplacer son électro-aimant par une pile, tandis qu'à l'autre extrémité de la ligne, celui qui doit recevoir la réponse remplace

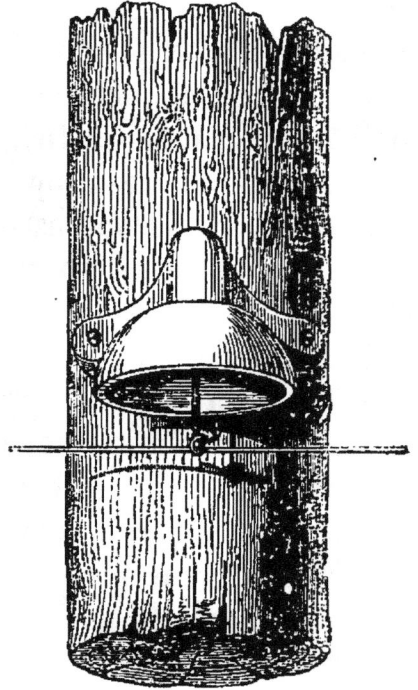

Fig. 24[1].

sa pile par un électro-aimant. Cela fait, la dépêche circulera par les mêmes conducteurs, le fil métallique et le sol, mais dans un sens inverse. Les mêmes conducteurs servent donc également pour la demande et pour la réponse ; et suivant qu'on veut envoyer une dépêche ou en recevoir une, on ememploie la pile ou l'électro-aimant.

7. La mer n'est pas un obstacle que la télégraphie électrique ne puisse franchir. Déjà de nombreux câbles conducteurs gisent au fond des mers pour établir une communication intellectuelle d'un rivage à l'autre. Les câbles télégraphiques sous-marins se composent d'un ou de plusieurs fils de cuivre recouverts séparément d'une forte enveloppe

---

[1] Portion d'un poteau télégraphique avec une cloche isolante en porcelaine, son crochet et un fragment du fil conducteur.

d'une matière non conductrice, qui empêche le courant électrique de se porter d'un fil à l'autre ou de se déperdre dans l'eau. Autour du faisceau de ces fils s'enroule une corde en chanvre goudronnée, ou mieux une corde métallique, qui protége le tout contre l'écrasement et l'usure. Un navire prend ce câble à bord, en laisse une extrémité au rivage et s'avance au large. Le câble se déroule peu à peu, tombe au fond de la mer, et, si le voyage s'effectue sans accident, son autre extrémité atteint le rivage opposé. La communication télégraphique à travers la mer est dès lors établie.

Le câble électrique le plus considérable qu'on ait encore confié aux profondeurs de l'Océan, est celui qui devait relier l'Angleterre aux États-Unis, à travers l'immensité de l'Atlantique. Sa longueur mesurait 4000 kilomètres ; son poids total était de 2 500 000 kilogrammes, et sa fabrication avait coûté 5 600.000 francs. Après beaucoup de tentatives infructueuses, il fut enfin déposé dans les abîmes de l'Atlantique, atteignant en quelques points quatre et cinq kilomètres de profondeur ; et, le 16 août 1859, une dépêche partie d'Angleterre annonçait au nouveau continent la réussite de la colossale entreprise. « Gloire à Dieu, disait le câble électrique, gloire à Dieu dans le ciel, et paix sur la terre aux hommes de bonne volonté. L'Europe et l'Amérique sont réunies par le télégraphe. » Pendant quelques jours, les dépêches circulèrent librement ; puis, sans motif connu, le câble devint muet pour toujours. Qu'était-il arrivé ? Le fil conducteur s'était-il rompu au fond des eaux ? On l'ignore ; toujours est-il que de cette grandiose entreprise, il ne reste plus rien que le souvenir, et quelques kilomètres de câble étalés sur le sol de l'Océan à des profondeurs inaccessibles.

En 1866, un nouveau câble a été immergé dans l'Atlantique. Plus heureux que son aîné, il fonctionne régulièrement. Une des premières nouvelles échangées a été celle-ci, venue de New-York : « L'énergie et le génie de l'homme» conduits par la Providence divine, ont réuni les deux continents. Puisse cette instrument servir à assurer le bonheur de toutes les nations et les droits de tous les peuples. »

VINGT-TROISIÈME LEÇON

LA LUMIÈRE

Obscurité et lumière. — Vision des objets. — Pour être visible, tout corps doit nous envoyer de la lumière. — Corps lumineux et corps non lumineux par eux-mêmes. — La Lune ne nous envoie que de la lumière réfléchie. — Se divers aspects incompatibles avec une lumière propre. — La lumière réfléchie par un corps peut en illuminer d'autres. — Clair de Lune et clair d Terre. — La lumière cendrée. — Nuits lunaires. — Propagation de la lumière en ligne droite. — L'ombre. — Les ombres que nous observons ici sont incomplètes à cause de la lumière réfléchie par les objets voisins. — L'ombre de la Terre et les éclipses de la Lune. — L'ombre de la Lune et les éclipses du Soleil. — Satellites de Jupiter. — Vitesse de la lumière. — Temps que la lumière met pour nous arriver du Soleil. — Temps qu'elle met pour nous arriver des étoiles. — Immensité de l'univers.

1. Dans une cave où le jour ne peut pénétrer, vainement les yeux s'ouvrent tout grands, ils n'aperçoivent rien, absolument rien. N'allez pas croire que l'obscurité profonde où l'on est alors plongé ait son existence propre, et forme comme un voile réel nous dérobant la vue des objets. Non : là où règne l'obscurité, il n'y a rien en plus, mais il y a la lumière en moins ; les ténèbres, la nuit ne proviennent pas d'une cause spéciale se dissipant à la clarté du jour, comme se dissipe un brouillard aux chauds rayons du soleil, elles proviennent uniquement de l'absence de la lumière, de même que le froid résulte de l'absence plus ou moins complète de la chaleur. Les ténèbres ne peuvent être palpables, comme on le dit quelquefois par un abus de langage ; elles ne peuvent être épaisses, car ces qualifications, prises dans

leur véritable sens, font allusion à une substance matérielle produisant l'obscurité. qui n'existe réellement pas. Les ténèbres sont la négation de la lumière, et voilà tout.

Voir, ce n'est pas précisément diriger nos regards vers les objets vus, c'est recevoir dans nos yeux la lumière envoyée par ces objets. Dans la vision, rien ne s'échappe de nous ; tout vient de la chose vue. En prenant les mots dans leur acception naturelle, nous ne lançons pas nos regards vers l'objet considéré ; c'est l'objet lui-même qui lance vers nous sa lumière. Tout corps, pour être visible, doit donc envoyer de la lumière, doit être lumineux; s'il n'en envoie pas, s'il est totalement obscur, il est par cela même invisible. Une lampe allumée, dans un appartement fermé ne recevant aucun jour du dehors, est visible par elle-même à cause de la lumière qu'elle lance en tous sens; mais les objets qu'elle éclaire, comment, d'invisibles qu'ils étaient d'abord, sont-ils devenus subitement visibles dès que la flamme a brillé? Illuminés par la flamme, ils ont acquis un éclat d'emprunt et sont devenus visibles en réfléchissant, en renvoyant vers nous la lumière qu'ils reçoivent de la lampe. On est ainsi conduit à classer les corps en deux catégories : ceux qui sont lumineux par eux-mêmes, et ceux qui ne le deviennent qu'en réfléchissant une lumière étrangère. Les premiers sont visibles sans aucun secours venu d'ailleurs ; le Soleil, les étoiles, la flamme, le bois qui brûle, la lampe allumée, les métaux incandescents, entrent dans cette catégorie. Les seconds ne sont visibles qu'autant qu'ils reçoivent et réfléchissent la lumière d'un corps lumineux par lui-même ; de ce nombre sont les planètes, la Lune, la Terre et presque tous les objets terrestres.

2. Vous m'accorderez peut-être difficilement que la Lune ne soit pas lumineuse par elle-même et ne nous envoie qu'une lumière d'emprunt, elle dont la mission est d'éclairer la Terre pendant la nuit. Mais remarquez que, si la Lune avait sa lumière propre, elle serait visible par elle-même, et

que, par conséquent, à toutes les époques, elle tournerait vers la Terre un disque lumineux complet, comme le fait le Soleil. Loin de là : tantôt, elle est en entier invisible, quoique aucun obstacle interposé ne la dérobe à nos regards ; tantôt encore, elle ne nous montre qu'un mince filet brillant, ou un croissant plus ou moins échancré ; tantôt, enfin, elle apparaît en son plein. Toutes ces apparences s'expliquent de la manière la plus simple en considérant que la Lune ne possède d'autre lumière que celle lui venant du Soleil. Si la face qu'elle tourne vers le Soleil est, en entier ou en partie, dirigée vers la Terre, la Lune nous apparaît pleine ou sous forme de croissant ; mais elle est invisible dans le ciel, si la face qu'elle tourne vers nous ne reçoit nulle part la lumière solaire. La Terre vue à une grande distance offrirait les mêmes phases d'illumination que la Lune en tournant vers l'observateur, suivant les époques, soit l'hémisphère éclairé par le Soleil, soit l'hémisphère opposé, soit une partie de l'un et de l'autre à la fois.

3. La lumière réfléchie par un corps peut illuminer d'autres corps et les rendre visibles, comme le fait, mais avec plus de force, la lumière directement émanée d'une source lumineuse. La clarté que la Lune répand sur la Terre en est la meilleure des preuves. Cette clarté ne lui est pas propre, elle lui vient du Soleil, et cependant, en se réfléchissant vers nous, elle dissipe l'obscurité des nuits. La Terre rend à la Lune le même service : son hémisphère éclairé renvoie vers cet astre la lumière du Soleil, et illumine des régions qui seraient sans cela dans une obscurité profonde. Il fait clair de Terre sur la Lune, comme il fait clair de Lune sur la Terre. Fréquemment nous pouvons d'ici être témoins des nuits lunaires éclairées par notre globe. Un peu après le coucher du Soleil, surtout en automne et au printemps, il n'est pas rare, alors que la Lune ne montre qu'un croissant lumineux très-étroit, de voir le reste de son disque faiblement éclairé d'une lumière bleuâtre ou cendrée. Le croissant lu-

mineux reçoit la lumière directe du Soleil, le reste du disque reçoit la lumière réfléchie par la Terre. C'est le jour pour le croissant, c'est la nuit pour le reste de l'hémisphère lunaire; mais cette nuit est illuminée par un superbe clair de Terre, dont la lumière cendrée que nous apercevons d'ici est un pâle reflet. Si la lumière cendrée de la Lune a si peu d'éclat quand elle arrive à nous, ses réflexions multiples, ses allées et venues, en sont cause. Cette lumière, en effet, vient d'abord du Soleil à la Terre, où elle éprouve une première réflexion; de là, elle se dirige vers la Lune, où elle subit une seconde réflexion; enfin elle revient vers la Terre et nous apporte alors un indice des splendeurs des nuits lunaires. Vue de la surface de la Lune, la Terre, à cause de son volume plus grand, apparaît comme un disque douze fois aussi large que celui de la Lune vue d'ici. On conçoit alors quel doit être l'éclat des nuits lunaires, éclairées, par la Terre en son plein, avec la même intensité que douze pleines lunes, pareilles à la nôtre et brillant à la fois, éclaireraient la Terre.

4. La lumière se propage en ligne droite. Votre attention a été déjà appelée sur ce point dans la première leçon. Vous savez qu'un rayon de soleil, en pénétrant dans une chambre obscure, trace une bande parfaitement rectiligne, que rend visible l'illumination des corpuscules de poussière flottant dans l'air. Lorsque l'eau courante rencontre une pierre sur son passage, elle la contourne, elle l'environne de partout et finit par couler aussi librement en arrière de l'obstacle qu'en avant. La lumière, dans sa marche, se comporte d'une façon toute différente : elle ne contourne pas les obstacles pour reprendre en arrière son trajet interrompu, parce que sa propagation ne peut se faire que suivant des lignes droites invariables. Ainsi, lorsqu'un corps non transparent se présente sur son trajet et lui barre le passage, la lumière ne peut arriver, ne peut couler pour ainsi dire, en arrière de ce corps; et là se produit ce qu'on appelle l'ombre. L'ombre

n'est donc pas une obscurité spéciale projetée par les corps ; c'est tout simplement le manque de lumière en arrière des corps qui, par leur opacité, empêchent les rayons lumineux d'aller plus avant. Les ombres que nous avons journellement sous les yeux sont toujours incomplètes, en ce sens qu'elles sont plus ou moins éclairées par les corps voisins. Si elles étaient complètes, il y régnerait une obscurité absolue et tout ce qui s'y trouverait plongé serait invisible. Examinez l'ombre d'une maison au soleil : dans tout l'espace qu'elle occupe, il ne pénètre aucun rayon solaire, et pourtant les plus menus objets contenus dans cet espace sont très-bien visibles. D'où cela provient-il ? Remarquez que si les rayons directs du Soleil ne peuvent pénétrer dans l'espace occupé par l'ombre, rien n'empêche les rayons réfléchis par l'atmosphère, par le sol et les objets voisins vivement éclairés, d'y pénétrer en toute liberté. C'est ce qui empêche l'obscurité totale là où n'arrivent plus les rayons du Soleil.

5. La Terre, en arrêtant les rayons du Soleil, projette dans l'espace une ombre en forme de cône immense, dont la longueur est d'environ 347 000 lieues, et dont la base enveloppe la circonférence de notre globe. Dans ce cône d'ombre règne une obscurité profonde, parce que, d'une part, la lumière solaire ne peut y parvenir, et que, d'autre part, il n'existe dans les espaces célestes que la Terre parcourt aucune matière susceptible de s'illuminer aux rayons du Soleil et d'éclairer par ses reflets l'étendue envahie par l'ombre terrestre. La Lune, dans ses révolutions autour de la Terre, plonge à certaines époques dans l'intérieur de ce cône d'ombre, alors qu'elle tourne en entier vers nous son hémisphère éclairé, ou, en d'autres termes, alors qu'elle est pleine. C'est ce qui donne naissance aux éclipses lunaires. A mesure qu'elle pénètre plus avant dans le cône obscur, la Lune devient graduellement invisible ; et, quand l'ombre l'enveloppe de toutes parts, elle disparait en entier. En ce moment,

bien qu'elle ne soit dérobée aux regards par l'interposition
d'aucun obstacle, la Lune cesse d'être visible, non-seulement des divers points de la Terre tournée de son côté, mais
encore de tous les points de l'espace, quels qu'ils soient. La raison en est évidente : ne possédant pas de lumière propre, elle doit être obscure et invisible quand elle a pénétré dans une région du ciel où les rayons du Soleil ne peuvent plus arriver, arrêtés qu'ils sont par la Terre. L'é-clipse totale dure tout le temps que la Lune met à traverser l'ombre ter-restre, ce qui exige quel-quefois près de deux heures. Enfin l'astre re-paraît de l'autre côté du cône d'ombre, et reprend peu à peu son éclat pri-mitif.

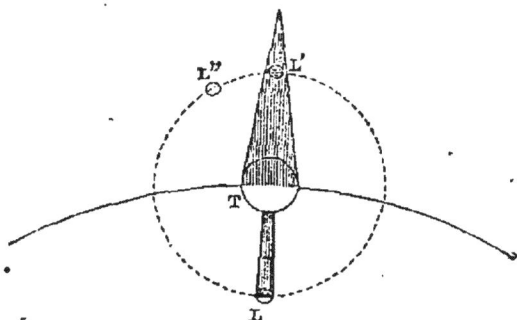

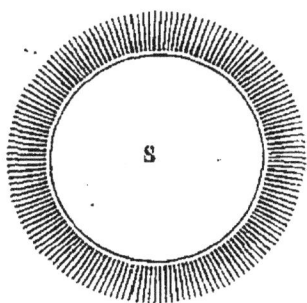

Fig. 251.

La Lune est également accompagnée de son cône d'ombre, dont les dimensions sont bien moindres que celles du
cône d'ombre de la Terre. Aux époques où elle tourne vers
nous son hémisphère non éclairé, ou, ce qui revient au
même, aux époques où elle est nouvelle, la Lune passe entre
la Terre et le Soleil. Alors, l'ombre lunaire peut atteindre

---

¹ S, le Soleil ; T, la Terre avec son cône d'ombre dans lequel la Lune
L' est plongé au moment d'une éclipse lunaire. L''; la Lune sortie du
cône d'ombre de la Terre. L, position qu'occupe la Lune lorsqu'elle
projette son cône d'ombre sur la Terre, et produit les éclipses de Soleil.

la Terre, mais sans jamais l'envelopper en entier, à cause de
sa médiocre étendue. Pour les contrées de la Terre qui sont
alors comprises dans l'ombre lunaire, il y a éclipse totale du
Soleil. Mais, en dehors de l'ombre, le Soleil continue à être
visible.

6. C'est de l'étude attentive de certaines éclipses se passant loin de notre petit monde, qu'on a déduit la vitesse de
propagation de la lumière. Le Soleil, astre central, éclaire et
réchauffe un cortége de nombreuses planètes, qui circulent
autour de lui à des distances inégales, et dont la Terre elle-
même fait partie. Ce sont, comme notre globe, des corps
obscurs par eux-mêmes, opaques, recevant du Soleil la lumière qui nous les rend visibles. La plus grande des planètes
porte le nom de Jupiter. Elle est séparée du Soleil par une
distance quintuple de celle qui nous en sépare nous-mêmes,
et son volume est 1414 fois plus grand que celui de la Terre.
Autour de Jupiter circulent quatre satellites ou lunes, remplissant par rapport à cette planète le même rôle que la Lune
par rapport à la Terre, et occasionnant des éclipses semblables
aux nôtres. Tantôt, un satellite passe entre le Soleil et la planète, et projette son ombre sur le disque brillant de celle-ci,
en produisant une tache ronde et noire, que le regard armé
d'une lunette peut très-bien observer d'ici. Pour les régions
de la planète que couvre cette tache, le Soleil est éclipsé.
Tantôt, le satellite passe au delà de la planète, pénètre dans
son ombre, et devient invisible, s'éclipse, absolument comme
notre Lune quand elle plonge dans l'ombre de la Terre. Les
instruments astronomiques permettent de suivre aisément
d'ici toutes les circonstances de ces lointaines éclipses.
Quand la Terre est dans une position favorable, le cône
d'ombre de Jupiter est en grande partie sous nos yeux, et
un observateur voit tantôt l'un, tantôt l'autre des satellites
y pénétrer graduellement, disparaître pendant tout le temps
employé à le traverser, et enfin reparaître avec tout son éclat
de l'autre côté de l'ombre.

7. L'un de ces quatre satellites tourne autour de Jupiter en 42 heures et 28 minutes. Il s'écoule donc ce même laps de temps entre deux de ses réapparitions consécutives en dehors du cône d'ombre de la planète. Supposons qu'à l'époque où la Terre est dans le voisinage du point A de son orbite (fig. 26), un observateur constate l'instant précis où le satellite en question sort de l'ombre de Jupiter. Après 42 heures et 28 minutes à partir de cet instant, aura lieu la seconde émersion du satellite hors de l'ombre; après deux fois, trois fois, neuf fois cette même durée, aura lieu la troisième, la quatrième,

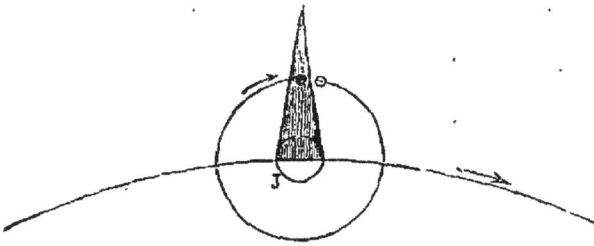

Fig. 26 [1].

la dixième émersion. Il est donc possible de calculer à l'avance l'instant exact où doit avoir lieu telle ou telle autre émersion. Supposons calculée de la sorte l'époque rigoureuse de la centième émersion. Quand cette époque

[1] S, le Soleil ; T, la Terre; J, Jupiter avec son cône d'ombre dans lequel est plongé le satellite éclipsé. A côté est figuré le même satellite au moment de son émersion du cône d'ombre.

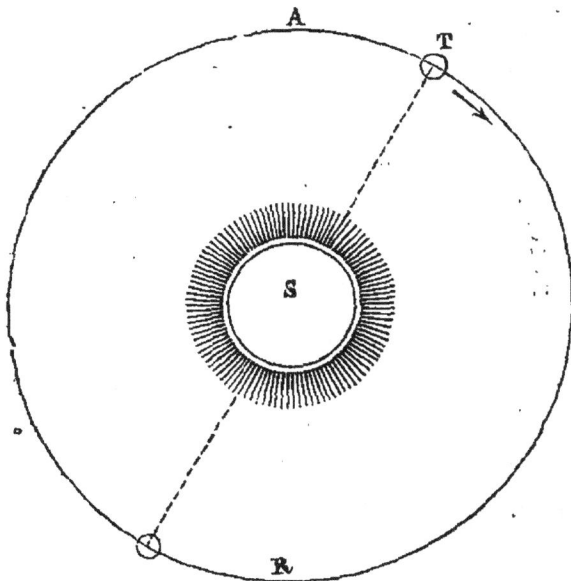

est venue, on observe le satellite, et, chose bien étonnante, car les mouvements astronomiques sont d'une admirable régularité, le calcul n'est pas d'accord avec l'expérience, l'émersion n'arrive pas à l'instant prédit. Pour la voir arriver, il faut attendre encore plus d'un quart d'heure, seize minutes environ. D'où provient cet étrange retard? Remarquez que pour atteindre l'époque de la centième émersion du satellique, il s'écoule près de six mois. Pendant ce temps, la Terre parcourt la moitié de son orbite et se transporte, du point A, où elle était d'abord, au point R, éloigné du premier de deux fois la distance qui la sépare du Soleil, ou de 76 millions de lieues. Jupiter, beaucoup plus lent dans son orbite, puisqu'il met 12 années comme les nôtres pour accomplir une révolution autour du Soleil, ne s'est pas, pendant ces six mois, déplacé suffisamment pour qu'il soit nécessaire d'en tenir compte; et nous pouvons le considérer comme étant resté au même point. La lumière partie du satellite à l'instant même de l'émersion doit donc, pour arriver jusqu'ici et nous porter la nouvelle de la fin de l'éclipse, parcourir, en plus qu'au début des observations, tout le diamètre de l'orbite terrestre, toute la distance de A en R, c'est-à-dire 76 millions de lieues; et telle est la cause de son retard. La route à parcourir s'étant allongée, le temps employé s'est également accru. Ainsi, pour franchir une distance de 76 millions de lieues, la lumière met 16 minutes environ : pour en franchir la moitié, ou la distance du Soleil à la Terre, elle met 8 minutes, résultat que vous connaissiez déjà.

8. Cette vitesse confond la pensée; et cependant l'Univers est tellement immense que, pour nous venir d'un autre soleil que le nôtre, pour nous arriver de l'une de ces innombrables étoiles que le Créateur a semées comme une poussière d'or dans les champs de l'étendue, la lumière met des années, des siècles et davantage. Avant de nous parvenir, la lumière issue de l'étoile la plus rapprochée de la Terre

reste près de quatre ans en voyage. Le rayon lumineux qui en ce moment nous la rend visible, nous apprend, non ce qui passe actuellement dans cette étoile, mais ce qui s'y est passé à une époque bien antérieure, car il en est parti il y a quatre années. La lumière de Sirius, la plus belle étoile de notre ciel, emploie 14 ans à nous parvenir : celle de la Polaire en emploie 30. Jetez les regards sur la première venue de ces étoiles qu'un éloignement excessif fait paraître si petites. A l'époque où s'est mise en route la lumière qui maintenant atteint notre vue, personne de nous n'était au monde ; et personne de nous ne verra la lumière qui en part en ce moment, car son voyage est d'une durée plus que séculaire. Si, par impossible, ce soleil éloigné venait à s'anéantir, on le verrait encore de la Terre pendant des siècles, tant que le faisceau lumineux, en route au moment de la destruction de l'étoile, n'aurait pas terminé son trajet. Dupes d'une illusion occasionnée par la propagation de la lumière, relativement si lente pour ses effrayantes étendues, nous croirions assister à un spectacle réel alors que le corps lumineux depuis longtemps n'existerait plus

VINGT-QUATRIÈME LEÇON

LA COLORATION

La coloration des corps est due à la lumière. — La nacre d'une coquille et la gorge d'un pigeon. — La fleur de coquelicot. — L'arrangement de la matière d'un corps détermine la nuance de sa couleur. — Réfraction. — Inégale déviation d'un faisceau de lumière blanche par l'effet d'un prisme. — Décomposition de la lumière blanche. — Spectre solaire. — Coloration des objets vus à travers un coin de verre. — L'arc-en-ciel. — Le jet d'eau et la cascade. — Recomposition de la lumière blanche par la superposition des sept rayons du spectre. — Le ruban de feu. — Persistance de l'impression produite sur la vue. — Disque de Newton. — La coloration d'un corps dépend de la nature de la lumière qu'il réfléchit. — D'où provient l'inépuisable richesse de coloration de la lumière.

1. Par eux-mêmes, les corps n'ont pas de couleur ; ils la doivent entièrement à la lumière qui les éclaire. C'est elle qui les colore de rouge, de vert, de bleu, etc., suivant la manière dont elle est réfléchie à leur surface. La couleur est si peu dépendante de la nature matérielle d'un corps, qu'elle change sans qu'il y ait aucun changement dans le corps lui-même. Regardez au soleil la nacre d'une coquille, ou la gorge d'un pigeon. De ce côté-ci, vous apercevrez des reflets d'un vert doré ; de ce côté-là, vous distinguerez des teintes de feu. Inclinez-vous davantage ; voici des miroitements pourpres, des lueurs azurées, des éclairs pareils à ceux de l'acier poli ; dans cette autre position, c'est du brun, c'est du noir que vous voyez. Toutes ces féeriques apparitions ne sont qu'un effet de la lumière : la nacre de la coquille et la gorge du pigeon ne sont ni pourpres, ni azurées, ni couleur de feu ; mais, en réfléchissant la lumière de telle façon ou de telle autre, elles prennent tour à tour ces différentes teintes, suivant la position d'où vous les observez. Les couleurs de toute chose sont déposées par un seul pinceau : la lumière, qui renferme à la fois l'ensemble des teintes possibles. L'arrangement matériel de la surface des

corps détermine la teinte que chacun d'eux prend dans cet ensemble. Si cet arrangement change, la couleur du corps change aussi. Une fleur de coquelicot passe du rouge éclatant au vineux sale, quand on l'écrase entre les doigts. L'arrangement primitif de la matière de la fleur est détruit pour faire place à un autre, et la coloration change à l'instant parce que la lumière n'est pas réfléchie de la même manière. Par les mêmes motifs, la résine, d'abord d'un jaune de miel, devient blanche comme de la farine quand on la réduit en poudre fine ; de l'eau et de l'huile bien battues ensemble forment un mélange laiteux, où rien ne rappelle la belle transparence de l'eau et la teinte dorée de l'huile. Examinons avec quelque soin comment la lumière, qui nous semble incolore, est la source unique cependant de toutes les couleurs.

2. Imaginons un filet de lumière qui pénètre dans une chambre obscure par une ouverture pratiquée dans le volet. Rien de particulier ne se passe dans ces conditions : le filet lumineux figure un trait d'une rectitude parfaite, dans lequel tourbillonnent et brillent les grains de poussière suspendus dans l'air. Une lame de verre interposée sur son trajet ne lui fait rien éprouver de remarquable : le filet de lumière franchit cet obstacle transparent, et poursuit par delà son chemin en ligne droite. Mais si le morceau de verre, au lieu d'être aplati en lame, est taillé en forme de coin, ou, comme on dit, en *prisme*, aussitôt apparaissent les résultats les plus inattendus. Le faisceau de lumière, au lieu de poursuivre sa marche en ligne droite, se coude brusquement au sortir du prisme et figure les deux côtés d'un angle dont la pointe est dans le morceau de verre, cause de ce changement subit de direction. On appelle *réfraction* cette propriété que possède la lumière d'être ainsi déviée de sa direction primitive par son passage à travers un prisme de verre. Outre cette déviation, la lumière éprouve, en traversant le prisme, une autre modification bien remarquable. Le filet lumineux,

moulé sur l'orifice par où il pénètre dans la chambre obscure, conserve jusqu'au prisme sa forme et sa grosseur; mais, en pénétrant dans le coin de verre, il s'élargit. Il s'élargit en-

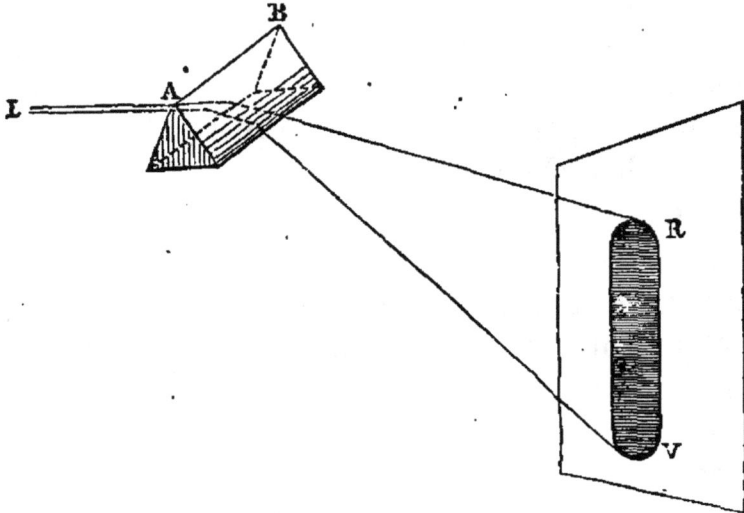

Fig. 27 ¹.

core davantage au sortir du prisme et s'épanouit en éventail. La déviation par l'effet du prisme n'est donc pas la même pour tout le filet lumineux primitif, puisque celui-ci, après avoir traversé l'iustrument, s'étale en une nappe anguleuse, dans laquelle une foule de directions différentes se trouvent comprises; en d'autres termes, la lumière envoyée par le soleil n'est pas homogène, n'est pas la même dans toute l'étendue d'un faisceau lumineux. Si cette homogénéité avait lieu réellement, ne voyez-vous pas que l'effet du prisme, quel qu'il soit, serait le même pour tout le faisceau, et qu'alors, à l'issue du prisme, celui-ci, tout en chan-

¹ AB, coin en verre ou prisme à travers lequel passe un filet de lumière LA. Par l'effet du prisme, ce filet lumineux est dévié de sa direction et élargi, déployé en éventail. Reçu sur un écran, le filet lumineux ainsi déployé, décomposé, produit une bande colorée VR, dans laquelle le violet, V, occupe la partie inférieure, et le rouge, R, la partie supérieure.

geant de direction, conserverait sa forme primitive, au lieu de s'étaler en éventail ?

3. Mais poursuivons. Sur le trajet du faisceau étalé par le prisme, on interpose une feuille de papier blanc (fig. 27). Aussitôt se dessine sur l'écran une figure lumineuse oblongue, resplendissante des couleurs si vives, si pures de l'arc-en-ciel, et se succédant dans l'ordre suivant :

- *Violet, indigo, bleu, vert, jaune, orangé, rouge.*

On donne à cette figure colorée le nom de spectre solaire. Le mot spectre signifie ici simplement image. Rien de plus simple que l'explication du spectre. La lumière solaire, avons-nous dit, n'est pas homogène ; ses différents éléments, ses différents rayons éprouvent, par l'effet du prisme, des déviations inégales, se séparent l'une de l'autre, s'isolent et viennent, chacun, peindre de leur couleur propre des points divers de l'écran ; d'où résulte la succession des teintes du spectre. Il y a donc dans la lumière ordinaire, dans la lumière blanche du soleil, des rayons différemment colorés ; il y en a de violets, de bleus, de verts, de jaunes, etc. Quand ces rayons élémentaires sont réunis en un seul faisceau, ils constituent de la lumière blanche ; mais s'ils sont séparés l'un de l'autre par le prisme, chacun reprend la nuance qui lui est propre. Le spectre solaire ne renferme pas seulement les sept couleurs citées plus haut, il renferme aussi toutes les nuances intermédiaires, ménagées avec une gradation tellement insensible qu'il est impossible de dire, par exemple, où le vert finit et le jaune commence ; de sorte qu'en réalité la lumière blanche comprend une infinité de rayons différemment colorés, et inégalement déviables par le prisme. Le spectre solaire est donc une espèce de clavier des couleurs qui renferme toutes les nuances, en commençant par le violet et finissant par le rouge ; comme le clavier d'un instrument musical renferme toutes les notes depuis la plus grave jusqu'à la plus aiguë.

4. La réduction de la lumière blanche en ses rayons élé-

mentaires est une des plus belles expériences que l'on puisse
faire ; malheureusement il faut un prisme, et tout le monde
n'en a pas à sa disposition. Tâchons alors de nous en passer.
Prenez le premier morceau venu de verre taillé à facettes,
et à travers une de ses arêtes regardez la flamme d'une
lampe. Vous verrez là les sept couleurs du spectre; vous
aurez ramené la lumière de la lampe à ses rayons élémentaires, en lui faisant traverser une partie du verre façonnée
en coin. L'arc-en-ciel, d'ailleurs, nous présente, de temps
à autre, le beau spectacle des sept couleurs de la lumière,
disposées en forme d'arche de pont immense, dont les pieds
touchent à terre et dont la voûte monte dans les hauteurs
du ciel. Ce pont merveilleux est un jeu de lumière : il est
formé par les rayons du soleil qui se décomposent dans les
goûtes de pluie, comme ils se décomposeraient en traversant des prismes de verre. Il se montre à la fin d'un orage,
quand le soleil reparaît. Pour le voir, il faut se trouver entre
le soleil qui brille et un nuage se résolvant en pluie. Alors,
les rayons solaires se rendent aux gouttes de pluie, tombant,
à une distance quelconque, en face de l'observateur, s'y décomposent en leurs éléments colorés, s'y réfléchissent et
reviennent à l'observateur, revêtus de splendeurs nouvelles
par cette décomposition. L'ar-en-ciel ne peut être vu de
toutes les positions indifféremment. En le contemplant, le
désir ne vous est-il jamais venu d'accourir, pour l'observer
de plus près, là où sa base paraît reposer sur le sol? Si vous
obéissez un jour à ce désir, une déception vous attend.
Quand vous arriverez sur les lieux où vous le voyiez d'abord,
l'arc-en-ciel n'y sera plus, il se sera évanoui ; ou plutôt il y
aura encore tout ce qu'il faut pour le former, rayons de soleil et chute de gouttes de pluie, mais vous ne pourrez plus
le voir parce que vous ne serez pas à la place voulue. Pour
le voir, il faut de toute nécessité se trouver entre le soleil
et le nuage pluvieux. L'arc-en-ciel apparaît alors de telle
sorte que le soleil, la tête de l'observateur et le centre du

cercle dont cet arc fait partie, se trouvent rigoureusement sur une même ligne droite. C'est vous dire que, divers observateurs étant éloignés l'un de l'autre et placés dans des conditions favorables, chacun d'eux voit un arc-en-ciel différent, invisible pour les autres. L'arc-en-ciel présente les mêmes nuances que le spectre solaire et dans le même ordre, puisqu'il est produit par la même cause, savoir : la décomposition de la lumière. Le rouge se montre à l'extérieur de l'arc; le violet, à l'intérieur. Quelquefois l'arc-en-ciel est double. Alors dans l'arc supplémentaire, placé en dehors du premier, les couleurs sont disposées dans un ordre inverse de l'ordre précédent.

On peut aisément se convaincre par l'expérience que l'arc-en-ciel est produit, en effet, par les gouttes de pluie, qui réfléchissent la lumière solaire vers l'observateur, après l'avoir décomposée. Il suffit de tourner le dos au soleil et de se mettre en face d'un jet d'eau ou d'une faible cascade retombant en pluie fine. Immédiatement, un arc coloré des teintes du spectre solaire apparaît, plus ou moins complet.

5. Si la lumière blanche peut se décomposer en rayons différemment colorés, pareillement ces rayons de teintes diverses peuvent, étant rassemblés, reconstituer de la lumière blanche. Voici comment on le démontre. Avec un prisme, on produit d'abord un spectre solaire. Ensuite avec un petit miroir, placé dans la région rouge, on réfléchit la lumière rouge du spectre sur une feuille de papier fixée contre le mur. Un second miroir, placé dans la région orangée, est convenablement incliné de manière à transporter, par réflexion, la lumière orangée exactement à la même place que la lumière rouge occupe déjà sur le papier. En se superposant, ces deux lumières ne donnent ensemble ni du rouge ni de l'orangé, mais une teinte intermédiaire. Un troisième miroir réfléchit le jaune à son tour et le superpose aux deux lumières précédentes; un quatrième en fait autant pour le vert; et ainsi de suite, jusqu'à ce que les sept

rayons du spectre, réfléchis par sept miroirs différents, se superposent exactement au même endroit de la feuille de papier. Quand cette superposition est obtenue, savez-vous ce que l'on a ? On a de la lumière blanche, de la lumière ordinaire, comme celle qui nous arrive du soleil. Le spectre, en mélangeant tous ses rayons, a perdu toutes ses couleurs. La lumière blanche résulte donc du mélange de tous les rayons lumineux différemment colorés. Si un seul de ces rayons manque, à plus forte raison s'il en manque plusieurs, la lumière n'est plus blanche et présente une teinte intermédiaire entre toutes celles des rayons qui entrent dans sa composition.

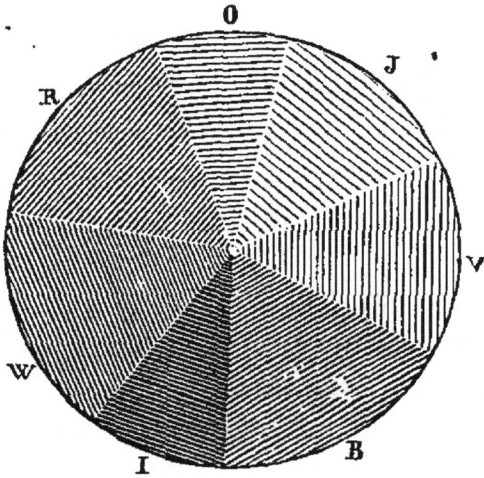

Fig. 28.

6. Vous pouvez vous-mêmes constater la recomposition de la lumière blanche au moyen de l'ingénieux procédé que voici. Sur un cercle en carton bien blanc (fig. 28), d'une paire de décimètres de largeur, on trace au crayon des lignes droites partant du centre pour aboutir à la circonférence, de manière

¹ W, violet; I, indigo; B, bleu; V, vert; J, jaune; O, orangé; R, rouge.

à partager le cercle en sept compartiments angulaires, nommés secteurs en géométrie[1]. On colorie l'un en violet, le second en indigo, le troisième en bleu, et ainsi de suite, en reproduisant les sept teintes du spectre dans leur ordre naturel. Quand on fait rapidement tourner autour d'un axe le cercle de carton ainsi préparé, on le voit blanc dans toute son étendue. Toutes ses nuances se fondent, pour ainsi dire, en une seule et donnent la sensation du blanc. Les choses se passent comme si l'on voyait en même temps, au même endroit, du rouge, de l'orangé, du jaune etc. Un charbon allumé qu'on agite rapidement paraît former un ruban de feu continu, parce que l'impression qu'il produit sur nous dans l'une de ses positions, persiste quand se produisent les impressions correspondant aux positions suivantes. Nous sommes donc impressionnés comme si le charbon occupait à la fois toute l'étendue de sa course; de là résulte l'apparence d'un ruban de feu. De même, quand notre cercle tourne rapidement, la persistance des sensations pendant un temps au moins égal à celui d'une rotation complète, fait que nous voyons à la fois un cercle entier violet, un autre indigo, un autre bleu, etc., chacun de ces cercles étant produit par le mouvement rapide du secteur de même teinte, comme le ruban de feu est produit par le déplacement du charbon allumé. De la superposition de ces impressions résulte la sensation de la lumière blanche.

7. La lumière, avons-nous dit en tête de ce chapitre, est la cause de la coloration des corps. Par eux-mêmes, les corps ne sont pas colorés ; ils sont invisibles, obscurs, noirs. Ils ne deviennent visibles, ils ne deviennent colorés qu'en réfléchissant telle ou telle autre nature de lumière. Si le Soleil n'envoyait à la Terre que de la lumière rouge, les objets

---

[1] A la rigueur, ces secteurs ne devraient pas être égaux, mais proportionnels à l'étendue des sept régions du spectre, qui sont elles-mêmes fort inégales. Mais en les faisant égaux, on simplifie la construction sans modifier beaucoup le résultat final.

terrestres seraient rouges, sans aucune trace d'une autre
teinte. Le ciel, la mer, le sol, le gazon, le feuillage des arbres,
les animaux, tout serait rouge. S'il n'envoyait que de la lumière verte, tout serait vert sans exception. Et en effet, si,
dans une des bandes colorées du spectre solaire, on expose
un objet d'une couleur quelconque, cet objet perd immédiatement sa coloration primitive pour prendre la teinte de
la lumière qui l'éclaire. Un pétale de coquelicot, d'un rouge
si éclatant, ne paraît pas rouge dans la lumière verte du
spectre ; il paraît vert. Il ne paraît pas rouge non plus dans
la lumière bleue, dans la lumière jaune ; il paraît bleu ou
jaune, et voilà tout. Il ne reprend sa couleur rouge que
lorsqu'il est exposé à la lumière blanche. Donc, un corps
n'a d'autre couleur que celle de la lumière qu'il réfléchit ;
et si la lumière du soleil était simple au lieu d'être composée, tout, absolument tout, se montrerait à nos regards avec
la teinte uniforme de cette lumière simple.

Comment se fait-il que, dans la lumière ordinaire, les corps
nous apparaissent avec une coloration aussi variée ? — Le
voici. Les divers rayons élémentaires de la lumière blanche,
en arrivant à la surface d'un corps, éprouvent, suivant la
nature de ce corps, des modifications fort différentes. Les
uns sont réfléchis sans altération ; les autres sont étouffés,
éteints, et n'ont désormais plus de rôle à remplir, car ils
n'existent plus comme lumière. Les rayons réfléchis contri-
buent seuls à la visibilité et à la coloration des corps. Cela
dit, supposons un objet éclairé par la lumière solaire. Si cet
objet réfléchit les rayons rouges seulement et éteint tous les
autres, il paraît lui-même rouge ; s'il réfléchit les rayons
bleus à l'exclusion des autres, il paraît bleu ; s'il réfléchit à
la fois des rayons rouges et des rayons bleus en éteignant
les autres, il ne paraît ni rouge ni bleu, mais coloré d'une
teinte intermédiaire, dont la nuance dépend de la proportion
relative des rayons rouges et des rayons bleus réfléchis.

8. Enfin, si cet objet réfléchit tous les rayons élémentaires

de la lumière blanche sans en éteindre aucun, il apparaît blanc ; s'il n'en réfléchit aucun, au contraire, et les éteint tous, il est invisible, il est incolore, il est noir. Le noir est donc l'absence de toute coloration, et le blanc est la réunion de toutes les couleurs du spectre.

En résumé, la lumière est la palette inépuisable où la nature entière puise ses couléurs, depuis les plus éclatantes jusqu'aux plus modestes. C'est la lumière qui donne aux fleurs leur riche coloris, au ciel son riant azur, à la mer son indigo sombre ; c'est la lumière qui fait verdir les feuilles, empourpre les fruits et dore la moisson ; c'est elle qui fait resplendir les métaux et scintiller les pierres précieuses. C'est la lumière qui peint le plumage des oiseaux, sème des rubis et des émeraudes sur les élytres des scarabées, et jette sur l'aile du papillon d'inimitables reflets; c'est elle qui incendie les nuages du soleil couchant, qui teint de rose l'aube matinale et donne l'éblouissant aspect de l'ouate aux nuées où couve l'orage. Mais comment donner même une faible idée de tout ce que les trésors de la lumière renferment de teintes, de nuances, de reflets; comment surtout rendre compte d'une telle richesse de coloration avec des moyens aussi simples ! Sept rayons différemment colorés, qui se réfléchissent, séparés ou réunis, dans des proportions variables, constituent l'interminable échelle des couleurs ! Pour chaque nuance, pour si peu qu'elle diffère des autres, il faut, dans la surface du corps qui la présente, une structure spéciale propre à réfléchir tels rayons et non tels autres; et cela dans des proportions rigoureusement déterminées. Il faut, pour chaque teinte de la matière, un arrangement subtil que la raison devine, mais que l'œil n'apercevra jamais. Regardez une simple fleur des champs : voyez ce blanc si pur, ce rose si tendre, ce rouge si vif, ce jaune, ce vert, ce brun et toutes ces teintes qui tranchent ici vivement, qui là passent de l'une à l'autre par des transitions graduées avec une perfection exquise ; songez aux mille combinaisons nécessaires, dans l'arrangement intime de la matière de la plante, pour produire tous ces effets de lumière colorée, et reconnaissez qu'une main aussi délicate dans l'infiniment petit que puissante dans l'infiniment grand, que la main de Dieu est là.

VINGT-CINQUIÈME LEÇON

LA VUE

Description de l'œil. — Rôle de la cornée. — Rôle de l'iris. — Fibres musculaires de l'iris. — Agrandissement et rétrécissement de la pupille. — La pupille du chat. — Éblouissement subit que produit une vive lumière quand on vient de l'obscurité. — Cécité momentanée qu'amène une lumière faible quand on vient du grand jour. — Les mouvements de l'iris sont involontaires. — La lentille. — Elle concentre en un même point les rayons du soleil. — Elle donne une image renversée des objets lumineux qu'on lui présente. — Relations entre les distances de l'objet lumineux et de l'écran à la lentille. — Paysage donné par la lentille. — Photographie. — Chambre obscure. — Rôle du cristallin. — La rétine et le nerf optique. — L'œil est un miracle d'optique. — Rôle de la choroïde. — Les albinos. — Fonctions de l'humeur aqueuse et de l'humeur vitrée. — Les rayons calorifiques éteints. — Myopie. — Presbytisme. — Les lunettes. — La Providence se rit de l'impossible. — L'œil des oiseaux. — La chasse du milan. — Son œil presbyte ou myope à volonté. — Paupières. — Cils. — Sourcils. — Leurs fonctions. — Glande lacrymale, larmes, points lacrymaux et sac lacrymal. — Rôle des larmes et de la matière onctueuse déversée par les paupières.

1. Quelques notions sur la structure de l'œil et sur la manière dont s'opère la vision termineront nos études élémentaires sur la lumière.

L'œil ne montre à découvert que sa face antérieure; le reste en est toujours voilé par les paupières, ou enfoncé dans une cavité spéciale de la tête, nommée *orbite*. Dans son ensemble, il forme un globe creux, rempli d'humeurs diaphanes. Son enveloppe extérieure comprend deux parties bien distinctes: l'une blanche et opaque, nommée *sclérotique*;

l'autre transparente comme une mince lamelle de corne, et
appelée *cornée.* La première entoure le globe oculaire de
partout, excepté en avant, où elle laisse une large ouverture ronde, dans laquelle la seconde est enchâssée comme
un verre de montre. Sur la face visible de l'œil, la sclérotique constitue la partie blanche ; la cornée forme le reste.
En arrière de la cornée et dans l'intérieur de l'œil est tendu
transversalement un rideau membraneux et circulaire, qui
se rattache au bord de la sclérotique, tout autour de la cornée. On lui donne le nom d'*iris*[1]. Sa couleur est variable

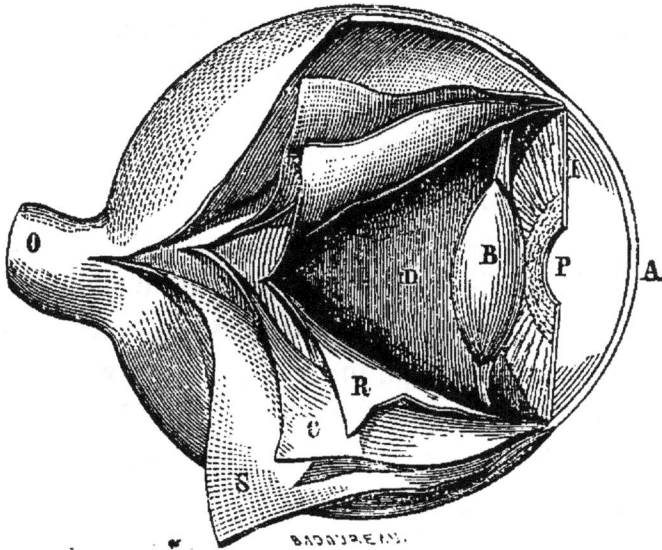

Fig. 29[2].

suivant les personnes, tantôt bleue, tantôt noir ou verdâtre. Au centre de l'iris est percé un orifice rond, qu'on
aperçoit au milieu de l'œil comme un gros point noir. Cet
orifice s'appelle *pupille.* Un peu en arrière de l'iris, bien

---

[1] Voyez aussi la figure 31.
[2] Le globe de l'œil ouvert pour montrer ses diverses parties. A, cornée; I, iris avec son ouverture circulaire ou pupille P; B, cristallin;
D, humeur vitrée; R, rétine; C, choroïde; S, sclérotique; O, nerf optique.

en face de la pupille, est placé le *cristallin*. C'est un noyau solide, aussi transparent que du cristal, fortement bombé sur les deux faces et renfermé dans une *capsule* ou sac membraneux diaphane, qui l'enveloppe étroitement de toutes parts. L'espace compris entre le cristallin et la cornée se trouve de la sorte divisé, par la cloison de l'iris, en deux parties ou chambres, communiquant entre elles par l'ouverture de la pupille. En avant de l'iris, c'est la *chambre antérieure;* en arrière, c'est la *chambre postérieure*. Un liquide, nommé *humeur aqueuse*, clair et fluide comme de l'eau, remplit l'une et l'autre chambre. La cavité située en arrière du cristallin est occupée par l'*humeur vitrée*, c'est-à-dire par une substance à demi fluide, gélatineuse et douée de la transparence du verre. Le blanc de l'œuf non cuit rappelle, à peu de chose près, son aspect. De partout, excepté en avant, où se trouve le cristallin, l'humeur vitrée est enveloppée par une membrane molle et blanche, qui constitue la partie de l'œil sensible à la lumière et prend le nom de *rétine*. Elle est formée par un rameau nerveux du cerveau, par le *nerf optique*, dont l'extrémité s'épanouit, s'évase en godet, de manière à tapisser toute la paroi intérieure de l'œil en arrière du cristallin. Enfin, entre la sclérotique et la rétine, est appliquée une dernière membrane, la *choroïde*, imprégnée d'une matière noire, qui donne à l'intérieur de l'œil la teinte sombre apparaissant à travers la pupille.

2. Pour nous donner connaissance des objets qui nous entourent, la lumière doit arriver au fond de l'œil et dessiner sur la rétine l'image en petit de ces objets. Suivons-la donc dans son trajet à travers l'organe de la vue. En premier lieu, elle rencontre la cornée, dont la transparence parfaite lui permet une entrée libre. Quant à celle qui tombe sur la portion blanche du globe de l'œil, c'est-à-dire sur la sclérotique, elle ne remplit évidemment aucun rôle dans la vision, parce que l'opacité de cette enveloppe l'empêche d'aller plus avant. Dès que la lumière a traversé la cornée

et l'humeur aqueuse de la chambre antérieure, un écran opaque se présente et lui barre partiellement le passage. Cet écran, c'est l'iris, destiné à choisir les rayons les plus efficaces du pinceau lumineux et à écarter tous les autres. Au moyen de la pupille dont il est percé, l'iris admet seulement dans l'œil le filet lumineux central, qui, par sa direction régulière, est apte, mieux que tout autre, à former une image nette de l'objet d'où il est parti. Cette espèce de triage des rayons lumineux est d'une haute importance; sans lui, nous n'aurions qu'une vision très-confuse des objets.

Mais là ne se borne pas le rôle de l'iris. Dans son épaisseur sont distribués des filaments contractiles, ayant la propriété de se tendre et de se relâcher tour à tour, de s'allonger et de se raccourcir, à peu près comme s'allonge et se raccourcit un fil de gomme élastique, avec cette différence cependant que les filaments contractiles de l'iris exécutent d'eux-mêmes leur allongement, tandis que les fils élastiques ne le font que tirés par la main. On les appelle des *fibres musculaires*. Dans l'iris, il y en a de deux sortes : les uns se dirigent en rayonnant du bord de la pupille vers la paroi de l'œil, les autres sont circulaires et entourent la pupille comme autant d'anneaux. Si les premiers filaments se raccourcissent, la pupille, dont le bord est tiraillé de dedans en dehors, s'agrandit; si les seconds se contractent, la pupille, au contraire, se rétrécit, comme le fait l'ouverture d'une bourse dont on serre les cordons.

3. Par le mécanisme des fibres musculaires de l'iris, la pupille peut donc, suivant que les circonstances l'exigent, devenir plus étroite ou plus grande. Mais quelle nécessité y a-t-il que cette ouverture se rétrécisse ou s'agrandisse? — C'est ce que vous avez déjà soupçonné, sans doute, s'il vous est arrivé d'observer avec attention les yeux d'un chat, par exemple, tour à tour dans une demi-obscurité et en plein soleil. Dans le premier cas, la pupille du chat est toute ronde et grandement ouverte, parce que, dans la demi-

obscurité où l'animal se trouve, l'œil ne peut recueillir la quantité de rayons nécessaires à la vision qu'en ouvrant à la lumière la plus large voie possible. Au soleil, au contraire, la pupille du chat n'est plus qu'une fente étroite, semblable à un trait noir. Comme la lumière est alors très-vive et qu'elle fatiguerait la vue par son éclat en pénétrant dans l'œil en trop grande abondance, la pupille se rétrécit pour n'en laisser passer que la quantité nécessaire à la vision. Lorsque nous sommes incommodés dans un appartement par la lumière du dehors trop vive, nous fermons plus ou moins les volets; mais nous les ouvrons pour profiter en entier d'une faible lumière extérieure. Ainsi fait le chat : il ouvre ou ferme la fenêtre de l'œil, la pupille, suivant le degré d'intensité de la lumière. Ainsi faisons-nous tous : nous élargissons nos pupilles quand la lumière est faible, afin d'en recevoir davantage; nous les rétrécissons quand la lumière est forte, afin d'en recevoir moins. Il ne sera pas inutile d'ajouter qu'en s'amoindrissant, la pupille humaine ne prend jamais la forme d'une fente étroite, comme celle du chat, mais qu'elle reste toujours ronde.

4. C'est à notre insu que les fibres musculaires de l'iris agrandissent la pupille, pour nous rendre la vision possible dans un lieu peu éclairé, et l'amoindrissent dans une lumière trop vive, pour nous préserver de l'éblouissement. Qui d'entre vous, avant de lire ces lignes, avait entendu parler de l'iris et de ses fibres? Personne, peut-être. Et cependant ces fils délicats, dont vous ne soupçonniez pas même l'existence, accomplissaient leurs fonctions dans vos yeux, se tendaient et se détendaient, parce que leurs mouvements sont à tout jamais réglés par la même volonté qui a tracé leur rôle aux osselets de l'ouïe, indépendants eux aussi de notre volonté ignorante.

Et maintenant que nous connaissons les fibres de l'iris et leur mécanisme, les avons-nous à nos ordres; pouvons-nous à notre gré les détendre ou les contracter? — Pas davantage : c'est toujours sans nous, malgré nous, que leurs mouvements s'exécutent. L'expérience que voici le démontre. Vous êtes, je suppose, au milieu de la clarté éblouissante d'un soleil d'été ; et de là vous passez, sans transition, dans un appartement obscur. Tout d'abord, vous ne voyez rien de ce qui vous entoure ; votre pas hésite, comme dans une nuit profonde. L'appartement serait-il donc trop obscur pour permettre d'y voir?—Non, car les personnes qui s'y trouvent déjà, depuis quelque temps, y voient fort bien, vont et viennent sans hésitation, ainsi qu'en plein jour. Si elles vous voient, tandis que vous ne pouvez les voir, si les objets environnants sont visibles pour elles et ne le sont pas pour vous, tout cela provient de la dilatation respective des pupilles. Vos pupilles sont amoindries parce que vous venez du soleil, où la lumière est très-vive ; les leurs sont élargies à cause de la faible clarté de l'appartement. Il ne vous manque, pour voir aussi clair que les autres, qu'un peu plus d'ampleur dans l'ouverture de l'iris ; mais, en cela, tous les efforts de votre volonté sont sans effet : ils ne peuvent accélérer ce surcroît d'ampleur pas plus que le retarder. Peu à peu, sans prendre vos ordres, la pupille se dilate donc seule, et, comme par enchantement, l'obscurité se dissipe ; vous y voyez.

Un fait inverse a lieu quand nous passons brusquement de l'obscurité au soleil. A cause de l'ampleur des pupilles, dilatées dans l'obscurité, nous recevons trop de lumière et nous sommes frappés d'une cécité momentanée. Pour mettre fin à l'éblouissement qui nous saisit, il suffirait de contracter l'ouverture de l'iris ; mais cela n'est pas en notre pouvoir, et il faut attendre que cette contraction s'effectue d'elle-même. Alors seulement le regard cesse d'être ébloui.

5. Après avoir franchi la pupille, le filet de lumière arrive sur le cristallin. Pour bien comprendre le rôle de ce globule, qui semble fait du cristal le plus pur, il nous faut connaître ce qu'en physique on appelle une *lentille*. C'est

un morceau de verre bien transparent, bombé sur ses deux
faces et poli avec soin. Le légume qui porte également le
nom de lentille, représente en petit la forme des verres dont
je vous parle. Il se peut que des verres pareils aient passé
entre vos mains, et alors vous les connaissez sous le nom
de verres brûlants, à cause de la propriété qu'ils ont d'allumer de l'amadou aux rayons concentrés du soleil. Eh bien,
ces verres brûlants sont des lentilles. Le cristallin lui-même
en est une à faces très-convexes. Examinons rapidement les
propriétés fondamentales des lentilles.

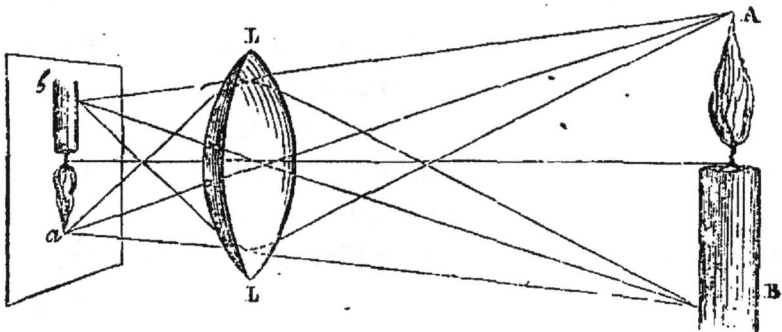

Fig. 30 ¹.

Vous savez déjà qu'en exposant une lentille au soleil, on
concentre en un seul point très-brillant et très-chaud l'ensemble des rayons qu'elle reçoit ; mais ce que vous ne savez
pas encore apparemment, c'est ceci : une lentille donne une
image des objets lumineux qu'on lui présente. Avec un verre
brûlant, vous pouvez en faire l'expérience comme il suit.
Dans un lieu obscur, vous allumez une bougie. Vous tournez
votre verre vers la flamme, à une distance assez grande ;
et, derrière le verre, tantôt plus près, tantôt plus loin, vous
placez un petit carré de papier blanc. Après quelques tâ-
tonnements, vous aurez trouvé la position qu'exige l'écran
de papier ; et vous verrez alors se peindre sur l'écran, avec

¹ LL, lentille qui, en recevant la lumière d'une bougie allumée AB,
produit sur un écran placé de l'autre côté une image *ab* plus petite et
renversée de cette bougie.

une perfection admirable, une image de la bougie allumée. — C'est bien cela : voilà la flamme toute resplendissante ; voici la mèche, noire à la base, rouge de feu au sommet ; voici la bougie aussi blanche que l'objet lui-même. Tout s'y retrouve : forme, couleur, éclat. Seulement l'image est très-petite ; et, chose bien plus singulière, elle est renversée : la flamme est en bas de l'écran, la bougie est en haut. Est-il nécessaire d'ajouter que cette image n'est qu'un jeu de lumière, et que le papier n'en conserve aucune trace quand il n'est plus derrière la lentille? De cette expérience nous concluerons ce premier point : une lentille donne, sur un écran convenablement disposé, une image amoindrie et renversée des objets lumineux qu'on lui présente.

6. L'écran, disons-nous, doit être convenablement disposé ; en d'autres termes, il doit se trouver derrière la lentille, à une distance déterminée par l'éloignement de la lentille elle-même à la bougie. Et en effet, lorsque après quelques essais on a trouvé, pour l'écran de papier, la position qui donne l'image la plus nette, si l'on avance ou si l'on recule un peu cet écran de la lentille, sans changer la lentille elle-même de place, on reconnaît que l'image devient confuse et même s'efface en entier. Il y a donc pour l'écran une position unique correspondant à une image nette. Mais cette position ne reste pas la même si la distance de la lentille à la bougie vient à changer. En éloignant la lentille de la bougie, vous verrez qu'il faut rapprocher un peu l'écran du verre pour obtenir une image satisfaisante ; en rapprochant la lentille de la bougie, c'est tout le contraire : il faut éloigner l'écran pour avoir la netteté de l'image. En outre, dans ses diverses positions, l'image est plus ou moins grande, mais toujours renversée. Tout cela peut se résumer ainsi, en supposant la lentille fixée à la même place : si la bougie s'éloigne de la lentille, l'image s'en rapproche et devient plus petite : si la bougie se rapproche de la lentille, l'image s'en éloigne et devient plus grande.

7. Une lentille ne donne pas simplement l'image des objets lumineux par eux-mêmes, d'une bougie allumée, par exemple ; elle donne aussi l'image des objets éclairés par la simple clarté du jour. Reprenez le verre brûlant et placez-vous au fond d'une chambre, en face de la fenêtre ouverte ; vous verrez la lentille dessiner sur l'écran de papier l'image de cette fenêtre et des divers objets extérieurs, arbres, nuages et maisons. Vous aurez là un tout petit paysage d'une délicatesse, d'une perfection inimitables. Il sera renversé comme l'image de la bougie ; mais n'importe, vous le trouverez si beau, avec son ciel bleu, ses maisonnettes blanches, ses arbres verts et touffus, que vous vous direz à coup sûr : Quel dommage que ce ne soit qu'une peinture fugitive ! Quel artiste admirable que la lumière ! Comme on obtiendrait de magnifiques dessins, si les images des lentilles ne s'enfuyaient pas de l'écran !

Eh bien, votre souhait, qui est aussi celui de tous, est, en partie du moins, réalisé par la science. Elle sait arrêter ces images sur le papier, elle sait les rendre durables. On nomme *photographie*, mot qui veut dire dessin par la lumière, l'art de fixer les images obtenues au moyen des lentilles. Le papier destiné à recevoir et à conserver l'image, subit des préparations savantes dont les détails ne peuvent entrer ici. Il est alors disposé au fond d'une *chambre obscure*, c'est-à-dire au fond d'une boîte, percée à la face antérieure d'une ouverture où se trouve enchâssée une grande lentille. L'image des objets placés en face de cette lentille vient se peindre sur le papier préparé, et y laisse un dessin ineffaçable, qui malheureusement, au lieu de conserver la coloration de l'image lumineuse, ne se compose que de noir et de blanc. Vous avez vu peut-être des portraits photographiés avec les couleurs naturelles. Ces couleurs n'ont pas été déposées par la lumière, mais après coup par la main de l'artiste, sur le dessin noir et blanc.

8. Revenons maintenant au cristallin. Puisque ce corps a la forme des verres lenticulaires, il doit, comme eux, donner, sur un écran convenablement disposé, l'image des objets dont il reçoit la lumière. Et c'est, en effet, ce qui a lieu : au fond de l'œil se forme une toute petite image renversée des objets que l'on regarde ; et l'écran où se peint cette image est précisément la rétine, c'est-à-dire cette couche, sensible à la lumière, qui résulte de l'épanouissement du nerf optique et tapisse la cavité oculaire. Impressionnée par l'image peinte à sa surface, la rétine transmet son impression au nerf optique, qui la transmet au cerveau, d'où il provient, et cela fait, on a vu. — Comment cela ? — Nul ne le sait. On vous l'a dit déjà au sujet de l'ouïe : les rapports de l'âme avec le monde extérieur sont des mystères impénétrables ; Dieu s'en est réservé le secret. Occupons-nous donc simplement de la structure de l'œil, considéré comme appareil d'optique.

Dans son mécanisme général, l'œil, vous le voyez, reproduit l'expérience que je vous ai proposé de faire avec un verre brûlant. Le cristallin représente votre verre lenticulaire ; comme lui, il donne une image renversée et colorée des objets. La rétine représente l'écran sur lequel vous recueillez l'image. Mais dans l'œil, quelle inexplicable perfection ! Écoutez. Vous savez que dans votre expérience, pour obtenir une image nette, il faut placer l'écran de papier à une distance variable suivant l'éloignement de l'objet lumineux à la lentille. Si l'objet s'éloigne de la lentille, l'écran doit s'en rapprocher ; s'il s'en rapproche, l'écran doit s'en éloigner, sinon l'image perd sa netteté, devient confuse et même disparaît. Ce n'est pas uniquement dans notre grossière expérience que les choses se passent ainsi. Partout où se trouve une lentille, quelque savant que soit l'appareil, le même fait se reproduit : l'écran doit changer de place, si l'objet en change lui-même, sinon l'image est défectueuse.

Pour l'œil, cette loi est méconnue. Nous voyons bien à un mètre de distance ; nous voyons bien à deux, à trois, à dix, à cent, etc. Les images des objets situés à des distances très-diverses du cristallin se forment donc toujours avec netteté sur l'écran nerveux, et cependant, la rétine, ainsi que le cristallin, est invariable de position. Cet étrange et précieux privilége de la vue n'a jamais été expliqué par la science et encore moins imité. L'œil, œuvre d'un art divin, est un vrai miracle d'optique.

9. On peint en noir l'intérieur des divers instruments d'optique, des lunettes d'approche en particulier, pour obtenir une plus grande netteté de l'image en éteignant tous les rayons lumineux qui ne concourent pas à sa formation. La membrane imprégnée de couleur noire, la choroïde, qui tapisse le fond de l'œil immédiatement en dessous de la rétine, remplit un rôle pareil. Elle éteint les rayons lumineux étrangers à l'image, et rend impossibles, dans le globe oculaire, les reflets qui troubleraient la vision.

La choroïde est privée quelquefois de sa matière noire. Un animal atteint de cette infirmité n'a plus la pupille d'un noir sombre, mais d'un rouge clair. En outre, sa fourrure est d'une éclatante blancheur : pour ce motif on lui donne le nom d'*albinos*, qui veut dire blanc. Les lapins blancs avec des yeux rouges sont des albinos. La même infirmité se rencontre aussi chez l'homme. Les albinos ont la vision extrêmement imparfaite. En plein jour, la lumière les éblouit, et ils y voient à peine pour se conduire ; mais de nuit, et surtout au crépuscule, leur vue devient distincte.

Les fonctions de l'humeur aqueuse et de l'humeur vitrée ne sont pas moins importantes que celles de la choroïde. Ces substances diaphanes concourent, avec le cristallin, à la formation de l'image ; et de plus, elles remplissent un rôle spécial que voici. Une lentille concentre tout à la fois la lumière et la chaleur, comme le prouve le verre brûlant, qui, présenté aux rayons du soleil, les rassemble en un point lumineux assez chaud pour allumer de l'amadou. Quand nous regardons la flamme d'un foyer, comment se fait-il donc que la rétine ne soit pas brûlée par l'image, où le cristallin doit concentrer aussi bien les rayons de chaleur que ceux de lumière? Si la rétine n'est pas, en effet, brûlée, ou même simplement incommodée par les rayons d'un foyer ardent, et, d'une manière plus générale, par la lumière que la chaleur accompagne plus ou moins, nous le devons à l'humeur aqueuse et à l'humeur vitrée. Ces humeurs font, en quelque sorte, le triage des rayons complexes ; elles arrêtent, éteignent les rayons de chaleur, et ne laissent arriver sur la rétine que les rayons lumineux.

10. La netteté de la vision exige que l'image des objets vienne se peindre exactement sur l'écran nerveux sensible à la lumière, sur la rétine ; mais cela n'a pas toujours lieu, pour divers motifs : en particulier, à cause de la convexité trop forte ou trop faible de la cornée.

Lorsque la cornée est trop convexe, les objets rapprochés sont les seuls dont l'image se forme sur la rétine ; et, par suite, ils sont les seuls qui soient nettement vus. Quant aux objets éloignés, ils restent invisibles, ou ne sont aperçus que d'une manière confuse et comme à travers un brouillard, parce que leur image, au lieu de se peindre sur la rétine, se forme un peu en avant de cet écran. On nomme *myopie* ou *vue courte* cet état défectueux de l'œil. Les personnes myopes se servent de lunettes dont les verres sont plus épais au bord qu'au centre, ou, en d'autres termes, sont *concaves*. De la sorte, la trop grande convexité de la cornée est corrigée par la concavité du verre et la vision gagne en étendue.

Enfin, si la convexité de la cornée est trop faible, les objets éloignés forment leur image sur la rétine et les objets rapprochés la forment en arrière. Dans ces conditions, on voit distinctement les objets éloignés, mais on voit mal les autres. Cette seconde infirmité des yeux s'appelle *presbytisme* ou *vue longue*. On y remédie par des lunettes dont les verres, plus épais au milieu qu'au bord, ou bien *convexes*, suppléent par leur convexité à la convexité trop faible de la cornée.

La myopie affecte les personnes jeunes ; et le presbytisme, les personnes âgées. La raison en est évidente, si l'on considère que le degré de convexité de la cornée provient de l'abondance plus ou moins grande des humeurs de l'œil. Dans le jeune âge, alors que la vie surabonde et que l'organisation est dans toute sa séve, l'humeur aqueuse du globe oculaire gonfle parfois la cornée outre mesure ; et alors survient la myopie. Dans la vieillesse, au contraire, l'œil s'appauvrit comme toute l'organisation ; ses humeurs diminuent, et la cornée, en devenant moins tendue, moins bombée, détermine le presbytisme.

11. Le presbyte voit bien ce que le myope ne voit pas : les objets éloignés. Le myope, de son côté, aperçoit ce qui reste invisible pour le presbyte : les objets rapprochés. Dans les deux cas, la vue, excellente pour des distances convenables, est défectueuse d'une manière générale, car elle n'embrasse l'étendue qu'en partie au lieu de l'explorer en entier. Mais, si le même œil devenait à volonté presbyte ou myope, s'il pouvait, suivant les circonstances, acquérir les qualités que donne une cornée trop ou trop peu convexe, sans être affecté des défauts correspondants, n'est-il pas vrai que cet œil serait doué d'une puissance de vision extraordinaire ? Rien ne lui échapperait, n'importe la distance, grande ou petite. — C'est juste, me direz-vous sans doute, seulement cet œil parfait est impossible, car il posséderait des qualités s'excluant l'une l'autre. S'il voit bien de loin, il ne peut bien voir de près ; s'il voit bien de près, il ne peut bien voir de loin. Il est ou presbyte ou myope, mais non les deux à la fois, par la raison toute simple que sa cornée ne saurait être en même temps aplatie et convexe. — Eh bien, cet œil en apparence impossible, cet œil à volonté ou presbyte ou myope, existe réellement chez les espèces animales dont le genre de vie nécessite une pareille réunion de qualités vi

suelles contradictoires. La Providence ne connait pas le difficile, elle se rit de l'impossible. Si la conservation de ses créatures, même des moindres, exige dans tel ou tel autre organe une perfection exceptionnelle, soyez persuadés qu'elle s'y trouve toujours, obtenue le plus souvent avec une simplicité de moyens qui nous confond. L'œil des oiseaux nous en fournit un exemple..

12. Vous avez vu le milan lorsqu'il plane. Tantôt, d'un élan vertical, il monte, comme en se jouant, au-dessus des nuages; tantôt, les ailes étendues et immobiles, il se laisse mollement bercer par l'air. Le voilà perdu dans le bleu du ciel, pareil à un point noir à peine visible. Il guette de la pâture pour sa couvée; il chasse. Des hauteurs où notre regard ne peut le suivre, il voit, lui, tout ce qui se passe à terre; il examine les sillons l'un après l'autre; il inspecte chaque buisson. Si quelque passereau apparait, c'en est fait de lui : le pauvret, malgré la distance, ne peut échapper à l'œil perçant de l'oiseau chasseur devenu presbyte. Il n'y échappera pas davantage si la distance diminue, car le milan, en se rapprochant, cessera d'être presbyte, deviendra même myope, de manière à ne jamais perdre de vue la proie aperçue du haut des airs... Et voyez, c'est déjà fait : comme un plomb qui tombe, l'oiseau de rapine s'est précipité à terre. Un cri plaintif est parti du milieu des blés, et le milan s'est aussitôt relevé avec une touffe de plumes sanglantes dans les serres.

Tous les oiseaux chasseurs font comme le milan : pour inspecter la plaine et découvrir les petits animaux dont ils se nourrissent, ils s'élèvent dans l'air à des hauteurs où, malgré leur volume, ils cessent d'être visibles. De cette élévation, ils voient cependant avec netteté le moindre oiseau sautillant dans les guérets, et fondent sur lui avec une parfaite sûreté de coup d'œil. Pour bien voir, des régions des nuages, une proie aussi petite qu'un passereau, il faut que l'oiseau chasseur soit démesurément presbyte; et pour bien la voir encore en arrivant à terre, il faut qu'il dispose ses yeux pour de faibles distances et devienne myope. Ce changement soudain dans la portée de la vue est produit par un mécanisme admirable de simplicité. Dans l'épaisseur de la sclérotique, tout autour de la cornée, est enchâssé un anneau d'osselets, que l'oiseau peut, à son gré, resserrer ou relâcher. En le resserrant, l'oiseau devient myope, car il comprime ainsi l'humeur aqueuse, la refoule en avant et rend, par suite, la cornée plus convexe; en le relâchant, il devient presbyte, parce que la cornée s'aplatit en cessant d'être poussée par les humeurs de l'œil. Vous le voyez, c'est on ne peut plus simple : un cercle d'osselets qui se contracte ou se dilate, voilà tout le mystère de cet œil merveilleux tour à tour ou presbyte ou myope. Partout, dans les œuvres de Dieu, se retrouvent les mêmes caractères de perfection, c'est-à-dire la simplicité des moyens et la grandeur des résultats.

13. Les yeux, organe d'une délicatesse tout exceptionnelle, sont protégés par les *orbites*, les *paupières*, les *cils* et les *sourcils*. Les orbites sont des cavités profondes creusées dans les os de la face. Elles sont matelassées d'une couche graisseuse, au milieu de laquelle reposent les globes oculaires, à l'abri de tout rude contact. Les paupières sont des rideaux qui garantissent l'œil des violences extérieures par leur occlusion instantanée. Elles sont douées d'un mouvement rapide, nommé *clignement*, qui revient à intervalles rapprochés pour balayer la surface de la cornée et la débarrasser des poussières fines que l'air peut y déposer. Pendant le sommeil, elles se ferment et empêchent l'accès importun de la lumière et de l'air; pendant la veille, elles s'entr'ouvrent plus ou moins suivant le degré de clarté, de manière à ne laisser pénétrer dans l'œil que la quantité de lumière nécessaire à la vision. Chacune d'elles est bordée d'une rangée de poils courts et roides nommés cils. Les cils ont pour fonction de tamiser l'air qui vient au contact avec

l'œil, et d'arrêter au passage les corpuscules de poussière.
Ils servent encore à adoucir l'éclat d'une lumière trop vive,
qui pourrait fatiguer la rétine. Les sourcils sont des saillies
transversales de la peau placées sur l'arcade supérieure de
l'orbite, et couvertes de poils serrés. Ils projettent leur ombre sur les yeux pour modérer l'impression de la lumière.
Enfin, ils arrêtent et détournent la sueur du front, qui, sans
cet obstacle, irait endolorir par son âcreté la surface délicate des globes oculaires.

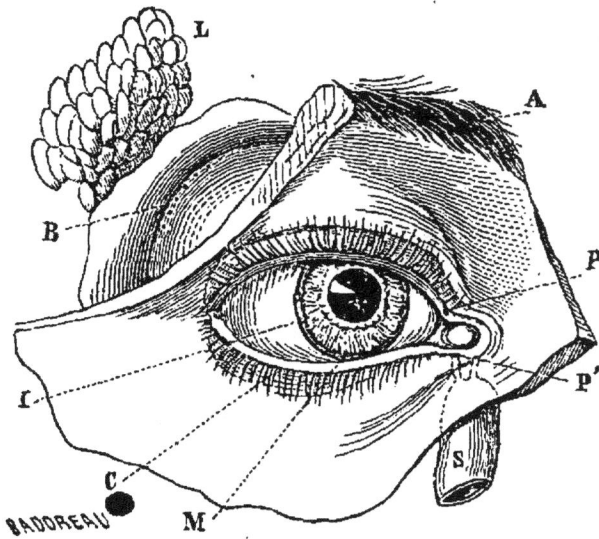

Fig. 31 [1].

14. La lumière est chose tellement subtile, que la moindre impureté à la surface de la cornée amène aussitôt un
trouble dans la vision. Il faut donc que la cornée, malgré

---

[1] L'œil vu de face avec ses divers appareils protecteurs. A, sourcils;
C, cils; I, iris; M, bord de la paupière inférieure, qui laisse suinter
un vernis onctueux. Le bord de la paupière supérieure en fait autant
Sous la peau, qu'on a enlevée aux points nécessaires, se trouvent : la
glande lacrymale L et les orifices B, par où les larmes sont amenées
sous la paupière supérieure. Après avoir lavé le globe de l'œil, les
larmes s'écoulent par les deux points lacrymaux P et P', et se rendent
dans les fosses nasales en traversant le sac lacrymal S, en communication avec les points lacrymaux par des canaux représentés ici en ligne
ponctuée.

ses rapports avec l'air, charriant toujours des poussières, soit maintenue parfaitement nette et polie. Lorsque **nous** voulons donner à un objet toute la netteté, tout le poli possibles, nous le frottons avec une étoffe douce, nous le lavons, nous le vernissons. Eh bien, tout cela se passe au sujet de l'œil, mais avec une extrême délicatesse de moyens. A l'angle externe de l'orbite est logé, sous la peau, un organe nommé *glande lacrymale*, sorte d'éponge toujours humide, qui, gouttelette à gouttelette, déverse sous la paupière supérieure un liquide à peine différent de l'eau ordinaire (fig. 31). Ce liquide constitue ce qu'on appelle les *larmes*. A mesure qu'une larme arrive, les paupières s'en emparent, l'étendent sur le globe de l'œil, et, par un doux frottement, lavent la surface de la cornée. Après chaque lavage, le liquide qui a servi à le faire s'amasse sur le bord de la paupière inférieure, comme dans une rigole, et se porte vers l'angle interne de l'œil, où se trouvent deux petits orifices d'écoulement nommés *points lacrymaux*. Deux canaux, partant de ces orifices, amènent les larmes dans un large conduit appelé *sac lacrymal*; enfin, ce dernier les déverse dans les cavités du nez, qu'elles humectent pour les rendre plus aptes à percevoir les odeurs. Les larmes remplissent donc un double rôle : elles lavent la surface de l'œil ; elles maintiennent dans les cavités nasales le degré d'humidité nécessaire à la perception des odeurs. C'est vous dire qu'elles doivent couler sans interruption, sinon l'odorat et la vue ne pourraient s'exercer d'une manière continue. Quand, à la suite d'une émotion de l'âme, elles deviennent trop abondantes, leur passage rapide dans le nez se trahit par un fréquent besoin de se moucher ; enfin, si les points lacrymaux ne peuvent suffire à leur écoulement, elles débordent la paupière et coulent sur les joues.

Chaque paupière, en arrière des cils, est percée d'une rangée de très-petits trous, par où suinte peu à peu une matière onctueuse élaborée dans son épaisseur. Quelquefois, surtout pendant le sommeil, cette matière s'amasse sans emploi et se dessèche sur les cils et dans l'angle interne de l'œil en formant ce qu'on appelle la *chassie;* mais, dans les conditions régulières, elle est étendue comme un vernis, par l'effet du clignement, sur la face antérieure de l'œil, pour adoucir le glissement continuel des paupières et donner du poli à la cornée.

FIN.

TABLE DES MATIÈRES

—

Vᵉ LEÇON — LE SOLEIL

Vᵉ LEÇON — LE THERMOMÈTRE

VIᵉ LEÇON — LE VENT

VIIᵉ LEÇON — LES NUAGES

VIIIᵉ LEÇON — LA PLUIE

IXᵉ LEÇON — LA NEIGE

Xᵉ LEÇON — LA GLACE

XIe LEÇON — EXPANSION DE LA GLACE

XIIe LEÇON — LES NIDS

XIIIe LEÇON — LA SERRE

XVIIIᵉ LEÇON — L'OUIE

XIXᵉ LEÇON — L'ÉLECTRICITÉ

XXᵉ LEÇON — LA FOUDRE ET LE PARATONNERRE

XXIᵉ LEÇON — LA PILE DE VOLTA

XXIIᵉ LEÇON — LA TÉLÉGRAPHIE ÉLECTRIQUE

XXIIIᵉ LEÇON — LA LUMIÈRE

XXIVᵉ LEÇON — LA COLORATION

XXVᵉ LEÇON — LA VUE

Corbeil, — Imprimerie de Crété.